Angela Völker

Biedermeierstoffe

Angela Völker

Biedermeierstoffe

Die Sammlungen des
MAK – Österreichisches Museum
für angewandte Kunst, Wien
und des Technischen Museums Wien

Mitarbeit
Ruperta Pichler

Prestel
München · New York

Inhalt

Vorwort

Die dem Österreichischen Museum für angewandte Kunst und dem Technischen Museum um 1914 übergebene Stoffmusterkollektion aus dem Technologischen Gewerbemuseum umfaßt heute noch etwa 20 000 Beispiele. Sie stammen aus Sammlungen, die Kaiser Franz I. und sein Sohn, ab 1835 Ferdinand I., in der ersten Hälfte des 19. Jahrhunderts anlegten, und dokumentieren in einzigartiger Weise die Textilproduktion der österreichischen Monarchie. Die vielfältigen und ungewöhnlich gut belegten Textilien publizierte Moritz Dreger kurz nach der Übernahme in drei ausführlichen Aufsätzen. Heute, nach achtzig Jahren und mit einem wiedererwachten Interesse am Biedermeier, das sich schon in zahlreichen Ausstellungen und Publikationen niederschlug, erschien es sinnvoll, den Bestand katalogmäßig und photographisch neu zu erfassen und vor allem in seinen kulturhistorischen Kontext zu stellen.

1991 waren acht Textilfabrikanten aus Vorarlberg sowie das Amt der Landesregierung großzügig bereit, dem Museum für angewandte Kunst Mittel für die Aufarbeitung zur Verfügung zu stellen. In drei Jahren erarbeitete Ruperta Pichler eine umfassende Diathek und eine EDV-Dokumentation, die die detailliertere Betrachtung vereinfacht und die weiterführende Arbeit mit den biedermeierlichen Textilien ermöglicht hat. Für diese Initiative danke ich Elisabeth Längle, der J.M. Fussenegger KG, der Getzner Textil AG, den F.M. Hämmerle Textilwerken AG, der Huber Tricot GmbH, der Josef Otten GmbH, der Rueff Textildruck GmbH, der Rhomberg Textil GmbH, der Wolford AG und dem Amt der Vorarlberger Landesregierung. Allen Kollegen und Freunden sei gedankt, die bei der Arbeit an diesem Buch geholfen haben, vor allem Hellmut Janetschek, Helmut Lackner und Günther Luxbacher vom Technischen Museum Wien. Mein persönlicher Dank gilt besonders Ruperta Pichler für ihre engagierte Mitarbeit, ohne die diese Publikation nicht hätte entstehen können. Ich danke meinen Mitarbeiterinnen Blanda Winter und Martina Dax sowie dem Photographen des Museums, Georg Mayer, für ihr tatkräftiges Interesse an unserer Arbeit. Nicht zuletzt bedanke ich mich beim Prestel-Verlag für die harmonische Zusammenarbeit.

Linke Seite:
1 Mustertafel mit ombrierten Seidenbändern, Wien, um 1820. Rollettmuseum Baden (Detail)

Einleitung

Stilistische Aspekte

Der Begriff ›Biedermeier‹, nach 1855 in einem Spottgedicht über kleinbürgerlich selbstzufriedene Zeitgenossen des Vormärz kreiert, wurde schon Ende des 19. Jahrhunderts zu dem noch heute unkritisch glorifizierenden Begriff für eine – nur angeblich – bürgerlich-selbstbewußte, beschauliche und zufriedene Epoche. Die als ›gemütlich‹ empfundenen, schlichten und praktischen Möbel gelten als ihr charakteristisches Produkt.[1] Dazu gehört – im textilen Bereich – die immer noch schwer zu erschütternde Vorstellung vom harmlosen Streifendekor mit Streublumenranken in blassen Farben als typisches Biedermeier-Stoffmuster. Ebenso wie die historischen Tatsachen dem idyllischen Bild dieser Zeit widersprechen, zeigen erhaltene Textilien, Interieurdarstellungen und beschreibende Quellen, daß der ›Biedermeierstreifen‹ einem erst im späten 19. Jahrhundert geprägten Bild entspricht.

Die hier in einem Bestandskatalog dokumentierte und im Österreichischen Museum für angewandte Kunst sowie – zu einem kleinen Teil – im Technischen Museum Wien aufbewahrte Sammlung aus dem ehemaligen Polytechnischen Institut, der heutigen Technischen Universität Wien, wurde zwischen 1808 und 1854 aufgebaut und stellt somit eine authentische Stoffmustersammlung der ersten Hälfte des 19. Jahrhunderts dar. Sie wird ergänzt von anderen in dieser Zeit kompilierten Stoffmustersammlungen in Wiener Museen. Die Geschichte des Erwerbs und der wissenschaftlichen Bearbeitung dieser Sammlungen wirft ein Licht auf die so unterschiedliche Einschätzung der Biedermeier-Epoche im Laufe des 19. und 20. Jahrhunderts.

Schon 1867 erwarb das k.k. Museum für Kunst und Industrie – heute Museum für angewandte Kunst – nach einigem Zögern die Stoffmustersammlung des Wiener Seidenfabrikanten Paul Mestrozi, die dieser selbst in der ersten Hälfte des 19. Jahrhunderts zusammengestellt hatte. Der Kommentar des Wissenschaftlers zu diesem Ankauf in den vom Museum herausgegebenen ›Mitteilungen‹ wirft ein Licht auf die wenig positive Einschätzung der Biedermeier-Epoche. Für ihn nahm sie »...künstlerisch betrachtet, ...keinen hohen Standpunkt ein«. Dennoch meinte er, daß die

Linke Seite:
2 Anonym, ›Salon der Tänzerin Fanny Elßler‹, um 1830. Aquarell. HM Wien

3 Tageskleid aus broschiertem Leinen, um 1826. MHM Wien
Stoff und Schnitt des Kleides entsprechen dem linken Modell des Modekupfers aus ›Wiener Moden‹, das Stoffmuster dem Beispiel der Firma Häußle in Wien (Abb. 4, 5).

angekaufte Sammlung »... aber bei der gegenwärtigen Lage der Industrie..., doch von praktischem Nutzen werden [könnte]..., wie auch das historische Interesse, welches sie darbietet, nur von Jahr zu Jahr wachsen kann.«[2] Das Biedermeier und seine Textilien entsprachen also keineswegs mehr dem Geschmack der zweiten Jahrhunderthälfte. Die Sammlung wurde dennoch mit Blick auf eine möglicherweise veränderte Beurteilung in der Zukunft gekauft.

Am Beginn des 20. Jahrhunderts führte ein gründlich revidiertes Urteil zu einer regelrechten ›Biedermeier-Renaissance‹. Die positive Einschätzung fand in Erwerbungen und Publikationen der Museumsbeamten wiederum ein Echo: Im Herbst 1914 übernahm das Österreichische Museum aus dem Technologischen Gewerbemuseum die oben erwähnte, ursprünglich aus dem Polytechnischen Institut stammende Textilmusterkollektion. Zusammen mit der Sammlung Paul Mestrozis, dessen 1839 abgeschlossene Autobiographie man außerdem 1912 erworben hatte,[3] verfügte das Museum jetzt über ungewöhnlich vollständiges Material zur Geschichte biedermeierlicher Textilien. Die inzwischen sehr positive Rezeption der Biedermeier-Epoche schlug sich in drei grundlegenden Aufsätzen des damaligen Kustos Moritz Dreger zur österreichischen Textilproduktion der Zeit nieder. 1915, 1916 und 1917 in der vom Museum herausgegebenen Zeitschrift ›Kunst und Kunsthandwerk‹ erschienen, entwerfen Dregers Schilderungen, trotz anschaulich ausgebreiteter Materialfülle und Exaktheit im Detail, wie auch andere programmatische Publikationen der Jahre nach 1900, ein euphorisches Bild von einer Epoche, deren Möbel und Geräte in ihrer Einfachheit zum Vorbild für das Kunsthandwerk der eigenen Zeit deklariert wurden. Zu Wiederentdeckung und Aktualisierung des Stils paßte der als funktional empfundene Streifenstoff mit historischem ›touch‹. Den als ästhetisch befriedigend angesehenen Produkten schrieb man ebensolche emotionale Eigenschaften zu, nämlich ›gemütlich‹ und ›bürgerlich‹;[4] eine Sicht, der wir heute kaum mehr folgen können. Der seitdem für authentisch gehaltene ›Biedermeierstreifen‹, eigentlich die matte Variante eines Stoffmusters des späteren 18. Jahrhunderts, ist somit ein Relikt, eine ›Erfindung‹ dieser Biedermeier-Renaissance und die Vorliebe für ihn in der ›upper class‹ der Gesellschaft, die sich im ›Biedermeierstil‹ wiederfindet, offenbar unausrottbar. Die vor allem in Museen erhaltenen Textilmustersammlungen vermitteln hingegen ein vollkommen anderes Bild: Kühne Farbkombinationen, starke Kontraste und ausdrucksvolle Musterelemente, im Kontext ihrer Anwendung in Interieur und Mode gesehen, passen als Gestaltungselemente viel besser zu dieser Zeit des industriellen Aufbruchs, der maschinellen Experimente und der sozialen Gegensätze als der brave, ›farblose‹ Streifen. Das neue – wohl richtigere – Bild mag den Bewunderer einer Epoche schockieren, deren Interieurs man als perfekte Inszenierung der ›Gemütlichkeit‹ und für den Inbegriff ›bürgerlicher‹ Kultur hielt. Weder Gemütlichkeit noch das Vorherrschen des ›Bürgerlichen‹ sind für diese Epoche so signifikante Phänomene wie man annimmt, das beweisen nicht zuletzt die Textilien.[5]

Kann die Verwendung von Stoffen aus der ersten Hälfte des 19. Jahrhunderts in der Mode an erhaltenen Kleidern und Accessoires relativ anschaulich dargestellt werden, so findet man kaum entsprechende Beispiele, die das Interieur betreffen. Vorhänge, Wandbespannungen und Tapeten aus dieser Zeit sind so gut wie nie ›in situ‹ erhalten, und sehr wenige Möbel haben heute noch eine originale Polsterung und Bespannung. Es gibt andererseits in Europa und in den USA umfassende Sammlungen von Möbeln und Textilien sowie informative schriftliche Quellen, außerdem zahlreiche bildliche Darstellungen, die eine differenzierte Vorstellung von Interieur und Mode vermitteln. Allerdings ist es unserer Interpretation des Materials und der ›wissenden‹ Phantasie überlassen, die einzelnen Objekte und Objektgruppen – Möbel, Stoff- und Tapetenmuster, Teppiche, Gemälde, Zeichnungen, Stiche und Aquarelle – zu anschaulichen Bildern zusammenzusetzen.

Die meisten der in Wien erhaltenen und ungewöhnlich gut dokumentierten Stoffe sind aus der Zeit von etwa 1820 bis 1840, einzelne Muster aus den Jahren von 1808 bis 1854. Bei der Analyse dieses Bestandes wird deutlich, daß Biedermeierstoffe ebenso wie der irreführende Stilbegriff keine fest umrissene stilistische Einheit bilden. Schon die erste Hälfte des 19. Jahrhunderts und nicht erst der Historismus der zweiten Jahrhunderthälfte erfreute sich an einem Nebeneinander der Stile, deren Anwendung für diverse Zwecke und unterschiedliche Gesellschaftsschichten zu abgestuften Preisen je nach Material und Ausfertigung möglich war. Empire und Klassizismus waren der Repräsentation, Biedermeier dem ›täglichen Leben‹ und das beginnende Interesse an historischen Stilen bestimmten programmatischen Zwecken vorbehalten: Romantischen und patriotischen Geist vertrat die von mehreren Ländern als Nationalstil reklamierte Gotik, dem Zeitgeist entsprechende Repräsentation und neu erworbenen Reichtum demonstrierte seit den dreißiger Jahren das restaurative Neo-Rokoko.

Stephan von Keeß charakterisierte die allgemeine Situation treffend, als er 1820 schrieb: »In jedem Lande muß es, rücksichtlich der Qualität, verschiedene Fabricate geben, weil es nicht bloß bemittelte Käufer gibt. Überhaupt will man bey den Luxuswaaren Abwechslung. Das Zeitalter ist verschwunden, wo das Brautkleid der Großmutter noch zum festlichen Anzuge der Enkelin diente. Nun wünschte man lieber um denselben Preis zwey Kleider zu haben, als eines aus jenem dauerhaften Stoffe.«[6] Hier werden zwei für die Zeit symptomatische Tendenzen deutlich, einmal die neue Lust an Abwechslung, die uns heute selbstverständlich erscheint und die damals in bürgerlichen Kreisen so neu war. Andererseits tritt die auf verschiedene Käuferschichten zielende Produktion ins Blickfeld. Karl Karmasch variierte das Thema und meinte wegen der Überfülle an Stoffbezeichnungen, deren Bedeutung wir heute erst recht kaum mehr nachvollziehen können: »Eine Aufzählung der vielerlei Arten seidener Stoffe kann hier erlassen werden. Die allgemeinen und beständig gebräuchlichen sind Jedermann bekannt; von jenen aber, welche mit der launischen Mode auf-

4 J. Häußle, Wien, 1828. »Baumwollzeuge mit rothem Steindruck«

5 ›Wiener Moden‹, 1829, Nr. 70, Modenbild XXIV.
»Das Kleid der ersten Dame von Mousseline hat mehrfarbige Fransen; die Douilette der zweyten ist von gestreiftem Gros-de-Naples; …Der Basthut mit Gazebändern und Blumen geziert, dann die Capote von Gaze sind nach Originalen von M. Langer…« MHM Wien

6 F. X. Nachtmann, ›Salon, Tegernsee‹, um 1825. Aquarell und Gouache. Stg. PSG Potsdam

tauchen und verschwinden, oft auch unter veränderten Namen wieder erscheinen, kann kein auch nur für kurze Zeit richtig und vollständig bleibendes Verzeichnis gegeben werden.«[7]

Im Interieur spielte die textile Ausstattung seit dem späten 18. Jahrhundert zunehmend eine wichtige Rolle. Die Polsterung der Möbel, der Bodenbelag und die Bespannungen der Wände, selbstverständlich auch die Vorhänge vor Fenstern oder Betten wurden aufeinander abgestimmt. Die Stoffe sollten in Material, Struktur, Muster und – am wichtigsten – farblich mit den Einrichtungsgegenständen, die sie ›bekleideten‹, harmonieren, dabei aber auch durchaus einen eigenen Reiz vermitteln. Für die Verbreitung der neuen Ideen in ganz Europa sorgten illustrierte Zeitschriften und Bücher mit ausführlichen Beschreibungen. Paris und London galten als unumstrittene Zentren, auch wenn es, wie in Wien, genügend und originelle regionale Vorschläge gab.[8]

Vor allem Baumwollstoffe, die sich seit dem 18. Jahrhundert zunehmender Beliebtheit erfreuten, erlebten im Laufe der ersten drei Jahrzehnte des 19. Jahrhunderts in der Innenraumgestaltung einen regelrechten

Boom: »Die große Leichtigkeit, mit welcher sich Baumwolle durch Maschinen zu feinem schönen Garne spinnen läßt, und die davon herrührende Wohlfeilheit dieses Gespinstes, ist die vorzüglichste Ursache von der in der neueren Zeit eingetretenen Vermehrung der Baumwollzeuge gewesen.« Die Möglichkeiten und Wünsche der Konsumenten werden in die Überlegungen der Fabrikanten und Theoretiker einbezogen, denn »... die Beschaffenheit, und sogar der Nahme von vielen dieser Zeuge weiset unwidersprechlich nach, daß sie dem Bestreben ihr Entstehen verdanken, die verschiedensten leinenen, wollenen und seidenen Stoffe durch wohlfeilere Surrogate zu ersetzen; und dieses Bestreben ist mit dem unzweifelhaftigsten Erfolge gekrönt worden, ungeachtet ihm die geringere Dauerhaftigkeit und (verglichen mit Seidenzeugen) die mindere Schönheit der Baumwollstoffe im Wege stand. Als Gegenstand eines ungeheuer ausgedehnten Verbrauches, und allen Willkürlichkeiten der Mode unterworfen, haben die Baumwollzeuge eine Mannigfaltigkeit des Äußeren und der Benennung sich angeeignet, die es unmöglich macht, alle im Laufe der Zeit zum Vorschein gekommenen Arten derselben aufzuführen.«[9] Die von Karl Karmasch in diesem Artikel der ›Encyklopädie‹ aufgelisteten Stoffnamen finden sich in anschaulichen Beispielen der erhaltenen Mustersammlung des Polytechnischen Instituts wieder: Glatte Kattune, Kammertücher, Perkale, Kambriks wurden als Kleiderstoffe, aber auch im Interieur vor allem als Möbelbezugsstoffe verwendet. Locker gewebte, leichte und fast durchsichtige Musseline, Vapeurs, Organdine, Tülle oder Gazen, in den ersten zwei Jahrzehnten des Jahrhunderts beliebte Modematerialien, wurden andererseits für Gardinen und Vorhänge verschiedener Art genommen. Feste, in Köperbindung gewebte, sogenannte Croisés, Merinos, Satins oder Köper-Nankins verarbeitete man zu Kleidern und Hosen, ebenso Piqués und Manchester. Von letzterem gab es wiederum verschiedene Sorten: Thickset, Velvet oder Velvetin. Bedruckt wurden vor allem die glatten Baumwollstoffe, aber auch die festeren Waren, während man die locker gewebten feinen Stoffe mit kleinteiligen eingewebten Mustern versah. Perkal, Kammertuch und Zitz erhielten meist noch eine Appretur, um sie strahlender erscheinen zu lassen und schmutzabweisend zu machen: »Man benetzt sie mit Wasser, in welchem Stärke zerrührt worden ist, oder auch mit reinem Wasser, und läßt sie zwischen den Walzen einer Kalander ... durchgehen, von welchen wenigstens eine aus Metall verfertigt, sehr glatt polirt, und geheizt seyn muß.«[10]

Heute sind es vor allem die seit den zwanziger Jahren des 19. Jahrhunderts beliebten Interieurdarstellungen, die, minutiös genau gezeichnet, eine anschauliche und authentische Vorstellung vom Gebrauch der Textilien in der Einrichtung der Räume vermitteln, wobei man durchaus auch früher eingerichtete Innenräume porträtierte. Dabei wurden nicht nur repräsentative Räume in Schlössern dargestellt, Zeichner dokumentierten ebenso die Wohnräume herrschaftlicher Familien und schließlich auch die bürgerlicher und kleinbürgerlicher Bewohner. Dabei erkennt

7 Spörlin & Rahn, Wien, 1829.
Tapetenbordüren. TM Wien
Anwendung und Wirkung der Tapetenbordüre mit Straußenfedern kann man auf Franz Xaver Nachtmanns Interieurdarstellung aus Schloß Tegernsee beobachten, wo die bayerische Königinwitwe Karoline residierte. Sie ließ das Aquarell für ihre Tochter Elisabeth anfertigen, die mit dem preußischen Kronprinzen Friedrich Wilhelm (IV.) verheiratet war.

man, daß vor allem im Privatbereich der Schlösser Möbel und Textilien seit dem ersten Jahrzehnt des 19. Jahrhunderts im weniger repräsentativen und finanziell erschwinglicheren Biedermeierstil eingerichtet waren und der Stil deshalb keineswegs als ›bürgerlich‹ apostrophiert werden kann.[11] Bürgerliche Interieurs zeigen erst ab den zwanziger Jahren eine sehr sparsame Möblierung im neuen Stil, oft zusammen mit älteren Möbelstücken. Auch Dokumente wie beispielsweise Rechnungen zeigen, daß es offenbar Schloßbewohner waren, die den neuen Stil kreierten, ihn aber auf die Wohnzimmer der Familien beschränkten.[12] Hier entstand auch die neue Sitte, im Kreis um einen Tisch zu sitzen, der dem Biedermeier den Ruf eingetragen hat, ein besonders familiärer Stil zu sein. Dabei verwendete man für Sofa und Sessel denselben Bezugsstoff, um ihre Zusammengehörigkeit, den Ensemblecharakter zu betonen. Über die Farbigkeit der Möbelbezüge im zweiten Jahrzehnt des Jahrhunderts heißt es 1816: »Grün mit lila oder weißen Borten, Gelb mit Grau, Grau mit Lila, Blau und Gelb, Gelb und Lila oder Weiß mit Blau.«[13] Die Beschreibung paßt zur visuellen Evidenz auf den Aquarellen. Kräftige Lokalfarben herrschen vor, die meist in komplementären Farbkombinationen – also Rot und Grün oder Blau und Gelb – verwendet werden. Der Bezugsstoff oder Vorhang kontrastiert mit den so beliebten und überall zur Betonung von Struktur oder anderen Effekten benutzten Borten. Die allgegenwärtigen bedruckten Baumwollstoffe zeigen Muster mit diesen Farbkombinationen, wobei Gelb und Lila oder Braun und Blau und vor allem eine große Variationsbreite von Krappausfärbungen, mit denen man Rotbraun, Hellrot, Rosa und Violett in verschiedenen Nuancierungen drucken konnte, besonders gefragt waren.

Im Kontext der ›Wohninseln‹ spielten jetzt auch Bodenteppiche eine Rolle, die zu Wärme und

8 F. Leitenberger, Josefsthal-Kosmanos, 1835. »Gedruckter Möbel-Ziz«

Geborgenheit beitrugen. Ihre Muster orientierten sich am europäischen Interieurdekor; Kassetten, Motivreihungen oder später Streumuster waren beliebt. Der Orientteppich spielte als Inspirationsquelle kaum eine Rolle. Die erhaltenen Muster und Teppiche aus der Linzer Manufaktur zeigen, daß man die Teppiche mit unaufgeschnittenem oder aufgeschnittenem Flor in Bahnen – wie Samt – webte, die Borten nebeneinander, dann ab- oder auseinanderschnitt und zu Teppichen mit Abschlußborten auf allen vier Seiten zusammensetzte. Andererseits legte man den gesamten Fußboden auch mit Teppichbahnen aus. Neben dem Wiener Museum verfügt das Münchner Stadtmuseum über Teppiche aus der Residenz in München, die in der Linzer und in einer Pariser Manufaktur entstanden. Rechnungen zeigen, daß auch das Palais Liechtenstein in Wien mit Linzer Teppichen bestückt war, und auf manchen Interieurdarstellungen aus Wien oder auf repräsentativen Bildern aus dem Kaiserhaus sind Bodenbeläge zu sehen, die Linzer Teppiche gewesen sein könnten (vgl. Abb. 76, 80).[14]

Die Sitzmöbel wurden von abnehmbaren Schonbezügen, den sogenannten Houssen, bedeckt, die aus einfachen, meist ungemusterten Stoffen genäht waren und nur zu besonders festlichen Gelegenheiten entfernt wurden (Abb. 27). Als Bezugsstoffe der Möbel selbst eigneten sich deshalb auch relativ dünne Baumwollstoffe, Kattune, Perkale, Kammertücher oder – in der teuersten Version – glänzende Seiden. Verwendet wurden aber auch einfarbige Woll- und Halbwollstoffe. Mit eingewebtem Muster finden sie sich erst ab den dreißiger Jahren, beliebt waren Blumen, aber auch abstrakte Motive. Leder- und Roßhaarstoffe eigneten sich für strapazierte Polstermöbel in Eß- oder Sitzungszimmern. Besonders favorisiert wurden offenbar ›Zitze‹, d.h. Chintze mit gewachster, schmutzabweisender Oberfläche. Als strukturbetonendes Element spielten dabei wiederum Borten und Schnüre in der Hauptfarbe des Musters eine wichtige Rolle. »Die Polsterung hat fast ausschließlich eine schachtelartige, leicht bombierte Form, deren Kanten scharf aufgebaut und mittels Borten oder Schnüren betont sind. Der Aufbau der Polsterung erfolgt in der Regel mittels Roßhaar oder dem billigeren Moos. In Wien kommen elastische Springfedern erst 1822 auf.«[15]

Der Arbeit des Tapezierers wurde größte Aufmerksamkeit geschenkt, auch war seine Bezahlung in der Regel sehr viel höher als die des Tischlers. »Die Möbel werden insgemein vom Tischler in einfachen Gestellen an den Tapezierer abgeliefert, und dieser zieht dann den Grund auf, legt den Polster aus grober Leinwand über, füllt denselben mit Roß- oder Kühhaar, oder ganz mit Moos, ... überzieht zuletzt das Ganze mit verschiedenen Stoffen oder Leder, und verziert die Möbel mit Tapezierer-Börtchen, Franzen, Schnüren, Nägeln, gepreßten metallenen Leisten usw.«[16] Viele Möbel wurden zusätzlich mit verschiedenen Volants, Draperien und Behängen in derselben Farbe, seltener kontrastierend dekoriert. Bei manchen sind alle Holzteile verdeckt und mit Stoff bezogen. Für die Struktur notwendige Stützteile aus Holz waren wie Polster geformt und mit Stoff bezogen, was zur ›textilen‹ Wirkung der Möbel wesentlich beitrug. Keeß

9 ›Wiener Moden‹, 1825, Nr. 66, Modenbild XXII. »Kleid von Bast (écorce d'arbre) mit einer Kreuz-Draperie zum Abnehmen«. MHM Wien
Im Interieur ebenso wie in der Mode waren gefärbte Straußenfedern, zum Muster gereiht und auf Stoff gedruckt, beliebte Dekorelemente.

lobte das Gewerbe 1823 wegen seiner Fortschritte, die auch die wachsende Bedeutung der Textilien unterstreichen: »Überhaupt hat dieser Zweig durch die Fortschritte der Tischlerey, durch die Verschönerung der Seiden- und Baumwollstoffe, durch die Erhebung der Posamentiererey sehr gewonnen.«[17] Joseph Ulrich Danhauser (1780 bis 1829) gründete 1804 das erste in diesem Sinne umfassende Unternehmen, in dem alle für das Interieur notwendigen Arbeiten ausgeführt wurden. 1814 erhielt er das Landesprivileg. Seine im Museum für angewandte Kunst in Wien erhaltenen Zeichnungen (Abb. 47) – rund 3 000 –, die er seinen Kunden vorlegte, damit sie ihre Vorstellungen konkretisieren konnten, geben heute ein lebendiges und äußerst differenziertes Bild nicht nur der zahllosen Möbeltypen, sondern auch der damit verbundenen Textilien und ihrer Farben.

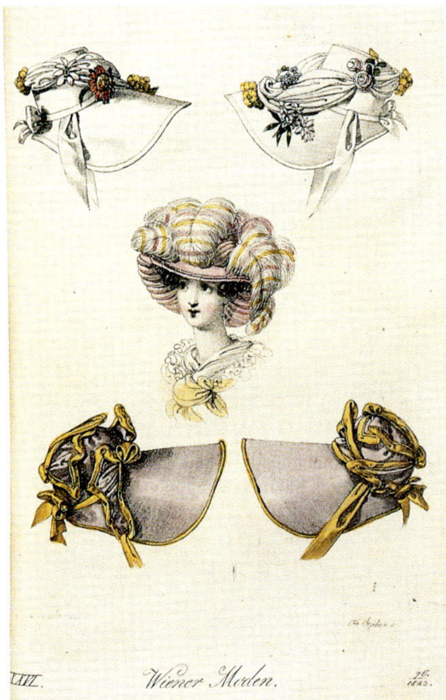

10 ›Wiener Moden‹, 1823, Nr. 76, Modenbild XXVI. »Oben: Zwey Ansichten eines mit Gaze und Blumen gezierten Basthuts. Mitte: Ein mit gestreiften Straußfedern geschmückter Krepphut. Unten: Zwey Ansichten eines mit Gazen gezierten Gros-de-Naples-Huts«. MHM Wien

Für diejenigen, die es sich leisten konnten, fertigte der Tapezierer auch die Fenstervorhänge, Betthimmel und Wandbespannungen an. Seit der Jahrhundertwende hatten Draperien, vor allem Wandbespannungen und Vorhänge, eine wichtige Rolle gespielt. Die leichten ›Spalierstoffe‹ wurden in den phantasievollsten Formen gerafft, drapiert und mit Borten verziert. Im Extremfall glich das so ausgestattete Zimmer einem Zelt. Viele jedoch zogen die billigere und dann modische Papiertapete vor. Nach 1810 verschwand diese kostspielige Mode, und Tapeten nahmen den Platz der Stoffe ein. »Das Spalieren der Wohnung geschieht wohl mit mehreren Stoffen; doch sind die Papier-Tapeten, ihres wohlfeileren Preises wegen, bey weitem die üblichsten...«,[18] schreibt von Keeß 1823. Die Papiertapete orientierte sich am textilen Vorbild und imitierte Stoffmuster, Raffungen und üppige Textilborten als oberen Abschluß. Übrig blieben die verschiedenen Vorhänge, wobei nur in begüterten Haushalten die ganze Fensterwand in die Vorhangkomposition einbezogen wurde: Unter- und Obergardine aus unterschiedlichen, schweren und dunkleren sowie leichten, hellen Materialien kamen vor. In der Regel verwendete man für Gardinen weiße, gazeartige Stoffe, oft auch mit eingewebtem Muster; an die Übergardinen erinnerten nur noch Überwürfe, Schabracken oder asymmetrisch geraffte Teilvorhänge. Meist waren die Vorhänge farblich von der Wand abgesetzt oder bildeten in Weiß einen Ruhepunkt gegenüber den Komplementärfarben, die den Raum dominierten. Zimmermaler schließlich sahen ebenfalls in ihren Vorlagebüchern gemalte textile Ausschmückungen für verschiedene Räume vor (Abb. 46, 73).

In den der Repräsentation vorbehaltenen Interieurs begüterter Schichten, den im Empirestil eingerichteten Salons, herrschten bis in die Mitte der dreißiger Jahre Seidenstoffe mit abgepaßt gewebten Ornamenten für Sitzfläche, Rücken und Lehne bei Sesseln und Sofas vor. Die antikisierenden Motive entsprachen der Tradition des Klassizismus, wie vor allem die Musterstücke des Wiener Seidenfabrikanten Hornbostel zeigen (Abb. 90, 91). Dazu paßten Bordüren in der Höhe der Sitzpolster mit ebenfalls an der Antike orientierten Motiven, die man auch bei Vorhängen und Wandbespannungen verwendete.

Rechte Seite:
11 Mustertafel mit gefärbten Federn. TM Wien

26627.
TAFEL XIII.
47.
48.

12 ›Wiener Moden‹, 11.7.1835, Nr. 7, Modenbild XXIV.
»Ein Oberkleid von Foulard crystal mit schwarzen Blonden geziert...«
MHM Wien

Der Raumeindruck war zum Jahrhundertanfang bis in die zwanziger Jahre wegen der großen Fenster hell und freundlich, obwohl die Wände meist in klaren Farben tapeziert oder gestrichen und die Möbel mit in kontrastierenden Tönen gehaltenen Stoffen und Borten bezogen waren, eher also eine kräftige Farbskala vorführten. Die Möbelstoffe der zwanziger Jahre waren bestimmt von variations- und kontrastreichen Mustern. Intensive, farblich gegensätzliche Stoffe mit abstrakten oder stilisierten Motiven aus der Natur spielten bis in die dreißiger Jahre eine wichtige Rolle. Man stellte – wie die Montierungen der Mustersammlungen zusätzlich deutlich machen – die verschiedensten Muster zusammen und erfreute sich an deren formaler und farblicher Vielfalt. Das farbenfreudige, aber nie bunte Interieur war charakteristisch für die kurze Zeitspanne von etwa 1815 bis um 1835, die man streng genommen mit dem stilistischen Begriff Biedermeier bezeichnen kann. Schon in den frühen dreißiger Jahren begannen sich daneben Tendenzen des Neorokoko abzuzeichnen; die Neugotik, in vielen Bereichen schon viel früher sichtbar, spielte in Wien bei den Textilien keine spezifische Rolle.

Technische Neuerungen beeinflußten das künstlerische Programm, so führte der Walzendruck in den dreißiger Jahren zu zweischichtigem Musteraufbau: Der kleinteilige Hintergrund in nur zwei Farben hinterfängt das eigentliche, größere Hauptmuster, das nicht selten auch später noch im Modeldruck ausgeführt wurde. Gegen Ende der dreißiger Jahre führte diese Freude an der Vielfalt zum unbekümmerten Nebeneinander verschiedenster Materialien, Techniken, Farben und Muster. Detailliert gezeichnete und oft realistisch-plastisch gestaltete Einzelmotive, auch orientalischer Provenienz und zuweilen von Webkante zu Webkante reichende großformatige Rapporte lösen das kleinteiligere, stilisiertere und abstrakte Formenrepertoire des Biedermeier ab. Besonders beliebt sind ›indische‹ Chintz-Muster in der Art des 18. Jahrhunderts, jetzt aber mit farbigem, oft dunklem Grund und realistisch gestalteten Blütenmotiven.

Die neuen Textilmuster, am 18. Jahrhundert orientiert und deshalb in den Farben weniger kräftig und kontrastreich, eher an Pastell- und Zwischentönen interessiert, führten im Interieur zu gedämpfter Buntheit, in der Pflanzen- und Blütenmotive vorherrschten. Im Salon mischten sich optisch die Muster der Vorhänge mit denen der Sessel- und Sofabezüge; Tischteppiche, Wände und Bodenbelag waren wieder in anderen Mustern und Farben gehalten. Man griff nicht zuletzt auf das Rokoko zurück, weil sein kurvelinearer Ornamentmotivschatz, ideologisch mit Reichtum und Üppigkeit gleichgesetzt, als Ideal eines Repräsentationsstiles erschien, der es erlaubte, die eigenen finanziellen und gesellschaftlichen Positionen und Ambitionen darzustellen. Dabei herrschte in Adelskreisen meist noch die weniger spektakuläre josephinisch-klassizistische Variante vor. Die im Biedermeier noch als originell empfundenen Farb- und Musterkombinationen bekamen in den folgenden Jahrzehnten mit einer heute als übertrieben empfundenen Lust an Dekorreichtum und Farbvielfalt etwas planlos Protziges, nur auf den äußeren Effekt Zielendes. Diese Eigenschaften spiegeln die Vorstellungen einer neuen, rezent zu Geld gekommenen Gesellschaft, die zwar die Mittel, aber nicht die Tradition einer herrschenden Klasse hat und sich deshalb an den Repräsentationsformen des ›Ancien régime‹ orientierte. Die Schilderung einiger auf den Wiener Ausstellungen 1839 und 1845 prämierter Tapezierarbeiten gibt ein Bild von der Polsterung der Möbel, die jetzt im Renaissance- oder Rokokostil gehalten waren und die bereits auf die schwereren Stoffe und die gedeckte Farbigkeit der Interieurs der zweiten Jahrhunderthälfte verweisen: Brokate, Samte und Wollstoffe in Rot, Blau oder Lila herrschten vor, baumwollene Bezüge waren verschwunden.[19]

Die Variationsbreite der Muster der ersten Hälfte des 19. Jahrhunderts war wegen ihrer massenhaften und qualitätsmäßig unterschiedlichen Produktion in ganz Europa unerschöpflich. Das zeigen vor allem die in Museen in England und Frankreich aufbewahrten Textilien, Musterbücher, Stoffbahnen, Kostüme und Dokumente, zuweilen – leider selten – auch die Firmenarchive wie das der Neuen Augsburger Kattunfabrik.[20] Charakteristische und künstlerisch bedeutende Produkte, wie vor allem die ›Toiles de Jouy‹ aus Christophe-Philippe Oberkampfs Manufaktur in der Nähe von Versailles oder die Produkte der Mulhouser Entwerfer, entstanden neben einfacherer, auch billigerer Ware, die in der Beliebigkeit der Muster überall in Europa entstanden sein könnte.

Im 19. Jahrhundert war auch die Kleidermode weitgehend ›internationalisiert‹, die Männermode dazu endgültig ›verbürgerlicht‹. Zur Verbreitung der neuesten Tendenzen trugen vor allem Modezeitschriften bei, die die Ideen schnell aufnahmen und kommentierten.[21] Paris bestimmte zwar weiterhin die Modeströmungen, man variierte diese aber gehörig und betonte bei der Veröffentlichung meist die Eigenständigkeit der heimischen Modehäuser. Die genauen und ausführlichen Beschreibungen der veröffentlichten Modekupfer sorgten für detaillierte Informationen und förderten so entsprechende Kopier- oder Variationsmöglichkeiten. In den Zeitschriften wird deutlich, daß die Mode sowie die ihr angepaßte

13 A. von Bensa, ›Die Limonadenhütte auf dem Graben‹, 1836. Kolorierte Kreidelithographie. HM Wien
Um die Mitte der dreißiger Jahre erreichten die sogenannten Schinkenärmel der Damen ihre größte Ausdehnung, und kräftige, auch dunkle Farben, Karos oder exotisch inspirierte Muster wurden beliebt. Die Männermode entwickelte sich zur praktisch-bequemen Bekleidung und erhielt die heute noch gültige Grundstruktur: lange Hosen und Gehrock oder Frack.

Stoffproduktion auch damals sehr rasch wechselte und immer wieder neue Kleiderschnitte, Modestoffe, Accessoires und Farbkombinationen propagiert wurden.

Die hellen, leichten, kleingemusterten Stoffe des Jahrhundertanfangs paßten gut zur körperbetonenden Empiremode mit hoher Taille und ohne einengende Untergewänder. Sie hatte in vieler Hinsicht reformerische Tendenzen und wurde trotz der politisch damit verbundenen ›Verbürgerlichung‹ von allen Schichten und in ganz Europa rezipiert. Im zweiten Jahrzehnt veränderte sich das Frauenbild allmählich, wurde zunehmend künstlicher, puppenhafter. Die Stoffe waren jetzt aufwendiger gestaltet, manchmal auch kostbarer, farblich intensiver und kontrastreicher. Festere und steifere Materialien lösten die weich fließenden Stoffe des Jahrhundertanfangs ab. Ihre Verarbeitung war weniger großzügig, dafür handwerklich komplizierter. Die immer durch einen Gürtel betonte – später geschnürte – ›Taille‹ rutschte bis Ende der zwanziger Jahre allmählich an ihre natürliche Stelle. Die vorerst weiterhin schmale Silhouette der Kleider begann, den Körper darunter zu negieren. Im Sommer gehörten bedruckte Baumwollstoffe in kräftigen Farbtönen zur Mode der späten zwanziger und frühen dreißiger Jahre. Der in ganz Europa beliebte, in Österreich 1822 von den Tapetenfabrikanten Spörlin & Rahn patentierte Irisdruck, ab 1825 ›überall‹ zu sehen, wurde auch für Kleiderstoffe verwendet. Den Effekt der an den Rändern verblassenden Streifen übertrug man auf Gewebe und Seidenbänder (Abb. 1, 95). Die mit dem Farbstoff aus der Krappwurzel in ›Türkischrot‹ bedruckten Baumwollstoffe aus böhmischen und Vorarlberger Textilfabriken waren wichtige Exportartikel für den Orient, andererseits spielten sie in der ländlichen Tracht eine Rolle (Abb. 35).

Bei den immer voluminöser abstehenden und schließlich durch Substruktionen versteiften Ärmeln tauchte Mitte der zwanziger Jahre zum ersten Mal der Terminus ›à la gigot‹, Keulenärmel, auf. Die Silhouette der Frau begann einer Sanduhr zu gleichen. Um 1830 wurde die ausladende Schulterlinie besonders breit, und es erscheint nicht verwunderlich, daß die Modejournale, dieser Übertreibungen überdrüssig, um die Mitte des Jahrzehnts begannen, wieder enge Ärmel zu propagieren. Dafür nahm das Volumen des Rockes zu, der schließlich, durch eine Krinoline unterstützt und aus Unter- und Überrock bestehend, mehr und mehr an Rokokomode erinnerte und sich so denselben Tendenzen anschloß, die auch in der Interieurdekoration vorherrschten.

14 ›Wiener Moden‹, 1831, Nr. 42, Modenbild XIV.
»Mandarin von chinesischem Cachemir mit Atlasfutter, einem langen Kragen und chinesischen Ärmeln, rückwärts zum Zubinden… Das Atlasbarret mit Gazeband und Marabouts…«
MHM Wien

Neben den preiswerteren und im Sommer obligatorischen Baumwollstoffen schätzte man seit den späten dreißiger Jahren je nach Jahreszeit leichtere oder schwerere Wollstoffe. Außerdem wurden die unterschiedlichsten Seidenstoffe verwendet, deren Muster eingewebt, façonniert, eingepreßt, gedruckt oder gestickt sein konnten. Großgemusterte Woll- und Seidenstoffe in satten und dunklen Tönen, außerdem die unterschiedlichsten Karos beherrschten die Frauenmode der vierziger Jahre. Mäntel und Umhänge aus Wolle oder Seide, sogenannte Wickler, waren im Winter wattiert oder mit Kunstpelz in den gewagtesten Farb- und Musterkombinationen, sogenannten Felpeln, gefüttert (Abb. 87). Federn, die in der Mode eine wichtige Rolle spielten, wurden als Dekormotiv auch ins Interieur übernommen: Man findet Federmotive als Rockverzierungen oder Modeaccessoires, sie begegnen aber auch als ausdrucksvolle Stoffmuster für Möbelzitze oder als Abschlußborte für Tapeten.

Schließlich sei noch auf einen besonders beliebten Modeartikel der Biedermeierzeit hingewiesen, den ›Kaschmirshawl‹, der vor allem in Frankreich und England, aber auch in Wien produziert wurde. Sein charakteristischer Dekor aus sogenannten Palmen-Motiven schmückte anfangs nur die Schmalseiten langer Shawls, schließlich das ganze Feld, oft auch quadratischer Tücher. Wie beliebt und ›de rigueur‹ die Kaschmirshawls waren, sieht man auf den Damenporträts der ersten Jahrhunderthälfte, die selten ohne dieses Accessoir auskommen. In den dreißiger Jahren leiteten die Shawls in ihrer üppigsten Form die für die Zeit charakteristische Orientmode ein (Abb. 73). Sie erstreckte sich sogar auf die Morgenröcke der Männer, die jetzt gerne, passend zum Fez als Hauskappe, aus diesem Material geschneidert wurden. Auch die Männerwesten konnten aus dem zu einem kleinteiligen Streifenmuster vereinfachten Shawlstoff genäht sein.

Die Männermode entwickelte sich in der ersten Hälfte des 19. Jahrhunderts zur praktisch-bequemen, ›bürgerlichen‹ Bekleidung und erhielt damit die heute noch gültige Grundstruktur. Man bevorzugte einfarbige Wollstoffe in gedeckten Tönen, im Sommer konnten Hose und Rock aus ebenfalls meist unifarbenen Baumwollstoffen sein. Selten allerdings trugen die Männer beides in denselben Farben, oft hatte die Hose einen helleren Ton. Der schlichte, meist taillierte Gehrock oder Frack und die lange, enge Hose wurden zu uniformen Kleidungsstücken der Männer, bei denen nur noch die dezenten Farbtöne variierten. Ein charakteristisches Relikt aus schmuckfreudigeren Zeiten stellten die bunt und manchmal bizarr gemusterten Seiden- oder Samtwesten dar. Der zunehmend strenger und dunkler wirkenden Männerkleidung gaben sie einen willkommenen farblichen Akzent, der modebewußte Mann konnte auch mehrere übereinander tragen (Abb. 31). In den vierziger Jahren paßten sie sich in Farbigkeit und Muster den übrigen Kleidungsstücken an. Eine Rückkehr zur verspielten und dekorativen Rokokomode, wie sie in der Damenmode und beim Interieur stattfand, war hier nicht möglich. Die Mode hatte den grundsätzlich neuen Aufgaben des Mannes, einem neuen Ideal Rechnung zu tragen. Beides ließ offenbar ein weniger modeabhängiges, geschmücktes und allgemein weniger auffälliges Äußeres des Mannes opportun erscheinen.

15 ›Wiener Moden‹, 27.8.1835, Nr. 103, Modenbild XXXV.
»Der sitzende Herr trägt einen dunkeloliven Rock mit Sammt besetzt, einen schwarz und grün quadrillirten Casimir-Pantalon, ein schwarz und grau quadrillirtes Atlas-Gilet; der andere Herr einen königsblauen Frack mit Tuchkragen, einen weißen Beaverting-Pantalon, ein schottisch schwarz und weiß quadrillirtes Toilinette-Gilet à Shawl…«
MHM Wien

5 10 15 20 25 Klafter.

Zur Entstehungsgeschichte der Textilsammlung des Polytechnischen Instituts in Wien. Material und Quellen

Die Vorgeschichte

Im 18. Jahrhundert entwickelte sich nach merkantilistischen Prinzipien ein allgemeines, man könnte sagen öffentliches, Interesse der Herrscher, Produzenten und allmählich auch der Konsumenten an der gewerblichen, später industriellen Produktion des eigenen Landes. In erster Linie galt es der Sorge um die interne Versorgung. Ebenso interessierte allerdings die Exportfähigkeit der Produkte und die eigene Unabhängigkeit vom Import. Privilegien, Kredite, Zollschutz oder -freiheit, von allerhöchster Seite gewährt, galten als adäquate Unterstützungsformen. Mit der in der ersten Hälfte des 19. Jahrhunderts folgenden Industrialisierung war dann eine zunehmende Liberalisierung der Wirtschaft verbunden. Direkte staatliche Hilfe und damit Lenkung schienen obsolet, die Selbständigkeit der Unternehmer sollte jetzt gefördert werden.

Die österreichischen Unternehmer hatten schon gegen Ende des 18. Jahrhunderts begonnen, sich in den Industriegebieten der Habsburgermonarchie zu regionalen Gewerbevereinen zusammenzuschließen, um ihre Interessen gemeinsam durchzusetzen. So entstand 1784 als Vorläufer eines Gewerbevereins die ›niederösterreichische Fabrikeninspektion‹, mit deren Neuorganisation 1803 die erste konkrete Planung des Polytechnischen Instituts (Abb. 16) für Wien verbunden war.[1] Den tatsächlichen Anfang machte Böhmen mit seinem 1829 in Prag gegründeten ›Verein zur Ermunterung des Gewerbsgeistes in Böhmen‹. 1837 kamen in Klagenfurt der ›innerösterreichische‹ und 1839 in Wien der ›niederösterreichische‹ Gewerbeverein dazu.[2] Textilfabrikanten spielten bei der Gründung der Gewerbevereine stets die Rolle, die der Bedeutung dieses Industriezweiges und ihres Unternehmens im jeweiligen Kronland entsprach: So gehörte in Prag Franz Leitenberger, der auch international geschätzte Besitzer einer Baumwollwarenfabrik in Böhmen, zu den Gründungsmitgliedern. In Wien waren Christian Georg Hornbostel, wohl der anerkannteste Seidenzeugfabrikant, und der Textilgroßhändler Rudolph Arthaber, der zusammen mit dem Shawlweber Joseph Burde die bedeutendste Fabrik für diesen Artikel besaß, an der Gründung des niederösterreichischen Gewerbevereins beteiligt.

Linke Seite:
16 ›Ansicht des k.k. Polytechnischen Institut-Gebäudes zu Wien‹, 1816. 42. Beilage zu ›Wiener Moden‹. MHM Wien

17 F. Wolf, »Ein Teil der Industrie und Gewerbs-Producten-Ausstellung im Jahr 1835, in der k.k. Reitschule in Wien«. Aus: ›Journal Pittoresque‹. HM Wien

Die umfassende Information der Produzenten und der interessierten Öffentlichkeit wollte man mit der Möglichkeit zu pointierter Selbstdarstellung des Fabrikanten verbinden. Ausstellungen und Sammlungen der Manufakturprodukte galten daher als wirksamster Ansporn zur Förderung von Gewerbe und Wettbewerb. Der Zweck war, »... durch die Aufstellung charakteristischer Muster aus sämmtlichen Erzeugnissen der nützlichen Künste eine Uebersicht sowohl des gegenwärtigen Zustandes der Vervollkommnung in diesen Arbeiten als auch des allmählichen Fortschreitens derselben, und dadurch ein Bild der Kulturstufe des inländischen Industrie-Zustandes zu gewähren...«[3] Die öffentliche Dokumentation der aktuellen Situation der Produzenten als erlebte Geschichte in all ihren Facetten sollte die neuen Herstellungsformen und ihre Produkte vor Augen führen. Wollte man in diesem Sinne permanente Produktsammlungen und temporäre, regelmäßig stattfindende Gewerbeausstellungen (Abb. 17) mit einem differenzierten Prämierungsmodus in Form von Medaillen und ›ehrenvollen Erwähnungen‹ veranstalten, die der Veröffentlichung sonst geheim gehaltener Ideen und der Information der unterschiedlichen Konsumentengruppen dienen sollten, mußte zuerst die in den Handwerkern und Fabrikanten tief verwurzelte Tradition, ihr Wissen als ›Arkanum‹ zu behandeln, überwunden werden. Außerdem wurde es zunehmend wichtig, die finanziellen Möglichkeiten der Konsumenten in die Überlegungen des Produzenten und seiner Gremien einzubeziehen sowie überhaupt das Konsuminteresse zu wecken.

Frankreich, wo »Theoretisierung und Mathematisierung der Technik- und Naturwissenschaften einen Höhepunkt innerhalb Europas erreicht«[4] hatten, galt – trotz grundsätzlicher politischer Kontroversen – als das Vorbild zur Verwirklichung der Ziele. In Paris gab es schon seit 1794 das ›Conservatoire des Arts et Métiers‹ und die ›Ecole polytechnique‹, eine neue und vielversprechende Kombination aus Ausbildungsstätte, Bibliothek und Sammlung für die heimischen Gewerbetreibenden. Akademische Lehre und anschauliche Demonstration des aktuellen Standes der Industrie zusammen mit der Möglichkeit, Informationen zu sammeln und auszutauschen, würden den neuen, durch die Industrialisierung geschaffenen Möglichkeiten am besten Rechnung tragen.[5] In diesem Geist fand in Paris 1798 außerdem mit dem ›Fest der Industrie‹ die erste Gewerbeausstellung Europas statt, die auch für das habsburgische Reich Vorbild war.[6]

In Österreich entsprach dem Miteinander von ›Ecole‹ und ›Conservatoire‹ die Vereinigung des 1815 ins Leben gerufenen Polytechnischen Instituts, einer ›Zentral-Bildungsanstalt für den Handel und die Gewerbe‹,[7] mit dem seit 1807 existierenden Fabriksprodukten-Kabinett,[8] in dem, nach französischem Vorbild, eine anschauliche Übersicht über die Rohstoffe und die gewerbliche Produktion aller Länder und Provinzen des neuen Kaisertums Österreich öffentlich präsentiert werden sollten. Eine allererste Gewerbeausstellung hatte es in der Habsburgermonarchie bereits vor Paris, anläßlich der Krönung Leopolds II., 1791 in Prag gegeben. Schon wegen des Anlasses ist sie als Ausnahme anzusehen. Die nächste fand erst 37 Jahre später (1828) ebenfalls in Prag statt. Anfangs wurden Gewerbeausstellungen in den habsburgischen Ländern nur auf regionaler Ebene veranstaltet.[9]

Die Initiative zu Gewerbeausstellungen ging wiederum von den Fabrikanten aus. Der ersten Gewerbeausstellung 1828 in Prag folgten weitere am selben Ort 1829, 1831, 1833 und 1836, außerdem 1831, 1833 und 1841 in Graz, in Brünn 1833 und 1836, in Klagenfurt 1838, in Laibach 1844 und 1847 in Linz; endlich, und jetzt mit gesamtösterreichischer Beteiligung, 1835, 1839 und 1845 in Wien. Den Erfolg bestätigten die wachsenden Teilnehmerzahlen bei den Wiener Ausstellungen: 1835 594, 1839 732 und 1845 1868 Aussteller. Die Fabrikanten begannen nach anfänglichem Mißtrauen, Zögern und Angst vor Konkurrenz, in den Ausstellungen ein Forum zu sehen, das sie und ihre Waren in vorteilhafter Weise repräsentierte. Der Plan, jährlich Gewerbeausstellungen zu veranstalten, bei der Gründung des Polytechnischen Instituts 1815 bereits formuliert, kam allerdings nicht zustande.[10] Zwischen 1828 und 1845 veränderten sich die Kriterien, nach denen Auszeichnungen vorgenommen wurden. Anfangs stand, noch im Sinne des Merkantilismus, die Exportfähigkeit der Produkte im Vordergrund, später war es die Preisangemessenheit oder Preiswürdigkeit, die auf den Absatz größerer Mengen für das stark angewachsene Konsumentenpotential zielte. Aber auch technische Innovation, formal-künstlerische Kriterien oder allgemein volkswirtschaftliche Überlegungen spielten eine Rolle bei der Prämienvergabe.

18 Linzer Wollenzeug-Manufaktur, 1820.
»Ord. aufgeschnittener Teppich«
In Bahnen maschinell gewebte Plüschteppiche, die den Boden eines Raumes vollständig bedecken, wurden schon im Biedermeier wie Spannteppiche verwendet.

19 L. C. Hofmeister, Bilderuhr
›Kaiser Franz I. in seinem Arbeitszimmer‹, 1831.
Öl auf Kupfer

Die Gründung des Fabriksprodukten-Kabinetts

Es war der niederösterreichische Regierungsrat Joseph Freiherr von Kielmannsegg, der im Auftrag Kaiser Franz' I. (Abb. 19) ein Konzept für ein Kabinett erarbeitete, in dem die Fabrikanten der gesamten Monarchie ihre Produkte zeigen konnten. Sein Vorschlag vom 27. Februar 1806 grenzte die neue Sammlung gegen vorher bestehende ab: »Es unterscheidet sich demnach von einem einfachen Produktenkabinette, welches nur Urstoffe enthält. Es weichet aber auch von einer Sammlung von Seltenheiten ab, die nur besonders sinnreiche und künstliche Arbeiten

20 F. Fröhlich und Söhne, Warnsdorf, 1821. Manchestermusterbahn (Detail)

21 F. Leitenberger, Josefsthal-Kosmanos, 1819. »Großes baumwollenes Umhängtuch mit rother Blumenbordure u. weißgeätzter Grund« (Detail). Im Fabriksprodukten-Kabinett Kaiser Franz' I. enthalten die auf die Stoffbahnen genähten, rot geränderten Schildchen Angaben zu Fabrikant, Entstehungsort und -zeit.

aufweisen. Auch von einem technologischen Kabinette bleibt es dadurch verschieden, daß es nicht alle Umstaltungen des Produktes bis zur Handelswaare, sondern nur diese selbst in vollendeter Gestalt darbiethet und daß es sich nur auf den Kunstfleiß der österreichischen Erbstaaten beschränket.«[11]

Kaiser Franz I. bestimmte Aloys Freiherr von Widmannstätten (1754 bis 1849), seit 1804 technischer Leiter des fortschrittlichsten Textilbetriebes der Monarchie, der 1801 gegründeten Pottendorfer Baumwollspinnerei, am 1. März 1807 zum Leiter des Fabriksprodukten-Kabinetts. Am 1. Juni 1807 wurde als vorläufige Unterkunft eine Wohnung in der Wipplingerstraße im Palais Sprinzenstein im ersten Wiener Gemeindebezirk angemietet. Ab 1808 erhielt man Zusendungen, und im selben Jahr machte sich von Widmannstätten zum ersten Mal selbst auf, um Fabriken zu besichtigen und Produkte für die Sammlung auszusuchen.[12] Der Wiener Kongreß war Anlaß, die Bestände des Kabinetts zum ersten Mal für ein halbes Jahr – von Oktober 1814 bis April 1815 – zu zeigen, allerdings nur den Kongreßteilnehmern. Die Einteilung der Objekte nach mineralischen, pflanzlichen und tierischen Materialien, Rohprodukten und industriell gefertigten Waren entsprach dem allgemeinen Ordnungsverständnis für eine derartige Sammlung.

Im Mai 1815 beschloß die Studienhofkommission, das Fabriksprodukten-Kabinett als ›technisches Museum‹ oder als ›Konservatorium für Künste und Gewerbe‹ in das Polytechnische Institut zu integrieren. Ohne Rücksicht auf die Verdienste von Widmannstättens, bestellte der Direktor des Instituts, Johann Joseph Prechtl (1778–1854), Georg Altmütter (1787–1858), ab 1816 Professor für Technologie am Polytechnischen Institut, zum Leiter der Sammlung, die jetzt National-Fabriksprodukten-Kabinett hieß. Im Herbst 1818 wurde das Kabinett im neuen Domizil präsentiert, dem von Joseph Maria Schemerl von Leythenbach (1754 bis 1844) erbauten und von ihm und Prechtl mit neuesten technischen Errungenschaften wie Gasbeleuchtung und Zentralheizung ausgestatteten Gebäude am Karlsplatz. Und »da diese Sammlungen bereits einige Ausdehnung erlangt hatten, und die Besuche derselben sich vermehrten, so traf man die Einleitung, daß sie alle Samstage Vormittags zum freien Eintritte für Jedermann geöffnet würden.« Altmütter verkaufte unpassende Objekte und Doubletten und schaffte aus dem Erlös »solche Gegenstände an, welche man ihrer Natur nach nicht durch freiwillige Einlieferungen zu erhalten hoffen darf«; z.B. »... ausländische Fabrikate in jenen Fabrikszweigen, in welchen das Inland noch zurück ist.«[13] Diese konnten mit besonderer Erlaubnis der Hofkammer zollfrei eingeführt werden. Mit Erfolg druckte und versendete Altmütter 1819 noch einmal eine Einladung in einer Auflage von 9 000 Stück, um das Kabinett bekannt zu machen und weiterhin Zusendungen zu erhalten. Aus ihr geht hervor, daß die »Aufstellung in chronologischer Ordnung fortschreitet, um mit den Vervollkommnungen der Nationalindustrie gleichen Schritt zu halten.« Die eingesendeten Objekte sollen nicht zu klein oder gering bemessen sein, man möge sie möglichst auch schriftlich kommentieren; »jedem eingesendeten Stücke wird bei der Aufstellung der Nahme des Erzeugers und der Fabrik mit der Angabe des Jahres, in welchem das Stück eingesendet worden, beigefügt.«[14] Die Aktivitäten des Kabinettes und seine Entwicklung wurden zwischen 1819 und 1839 in den 20 Bänden der von Prechtl herausgegebenen ›Jahrbücher des kaiserlich königlichen polytechnischen Instituts in Wien‹ beschrieben und kommentiert.

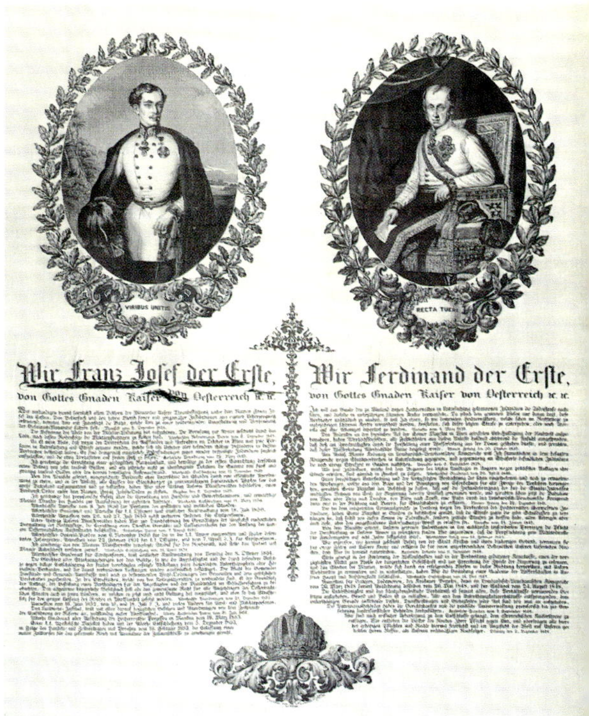

22 F. Lindow, 1853. Seiden-Jacquardbild mit den Porträts Kaiser Franz Josephs I. und Kaiser Ferdinands I. und Auszügen aus Manifesten und Verordnungen bis 1853. TM Wien

Die von Stephan von Keeß zusammengestellten Sammlungen

Zur selben Zeit gab es in Wien neben der kaiserlichen Gründung gleichartige Sammlungen, die ebenso Anspruch auf universelle Gültigkeit erhoben und deklariert allgemeinbildende Ziele hatten. Dabei ist zuerst das ›Technische Kunstkabinett‹ des Stephan Edlen von Keeß (1774–1840), ab 1810 Leiter der k.k. niederösterreichischen Fabriken-Inspektion, zu nennen, das er nach 1810 anzulegen begann und 1819 bis 1823 als ›Umfassende Darstellung des Fabriks- und Gewerbswesens im österreichischen Kaiserstaate‹ veröffentlichte.[15] Wenzel Karl Wolfgang Blumenbach-Wabruschek (1791–1847), enger Mitarbeiter von Keeß' und Mitautor seines zweiten grundlegenden Werkes,[16] berichtete 1825 in seinem ›Wiener Kunst- und Gewerbsfreund‹, daß von Keeß 1818 seine »Privatsammlung [... zu einem] integrierenden Theil des königlich ungarischen National-Museums in Pesth« machen wollte und daß es diese Sammlung gewesen sei, die den Kronprinzen Ferdinand (Abb. 22) veranlaßt habe, von Keeß 1819 den Auftrag zu erteilen, für ihn eine ebensolche zusammenzustellen.[17] Die Idee, seine Kollektion einer fremden Institution zum Geschenk zu machen, entsprang wohl der Rivalität zwischen von Keeß und Altmütter. Auch von Keeß hatte sich nach von Widmannstätten – erfolglos – um die Leitung des Fabriksprodukten-Kabinetts bemüht.[18]

Die »österreichisch-technische Sammlung« des Kronprinzen »zerfällt, wie es auch die Individualität der Sache erheischte«, ebenfalls in zwei Abteilungen, die Sammlung der Rohmaterialien und in die der »Fabriks- und Manufactur-Erzeugnisse«. Ordnungsprinzip der erzherzoglichen Sammlung – in Ferdinands Appartement in der Hofburg untergebracht – war darüber hinaus eine geographisch gegliederte Darstellung der ›Natur- und Kunstprodukte‹ der Monarchie. Blumenbach lobte sie in den höchsten Tönen, »diese herrliche Sammlung, welche in Rücksicht ihrer Anlage, Zweckmäßigkeit und Vollständigkeit nicht ihres gleichen hat.«[19] Blumenbach hatte einen einleuchtenden Grund für seine Eloge, war er es doch, der die Sammlung des Kronprinzen 1829/30 zusammen mit von Keeß in der oben erwähnten ›Systematische[n] Darstellung der neuesten Fortschritte‹ veröffentlichte. Neben inländischen Rohmaterialien und Fabriksprodukten »sollen, wie man vernimmt, in der Folge noch die merkwürdigeren Erzeugnisse des Auslandes, zur nützlichen Vergleichung

23 J. Silberer, Komothau, 1818. Mustertuch

mit den Producten des Vaterlandes, dem Cabinete einverleibt werden.« Und »als Anhang zur technischen Sammlung wurde im Jahre 1824 eine Modellen-Sammlung angefangen.«[20] Als Ferdinand 1835 Kaiser wurde, machte er die Sammlung der Öffentlichkeit zugänglich, und im selben Jahr wurde Blumenbach hier zum Mitarbeiter von Keeß' bestellt. 1840, nach von Keeß' Tod, verfügte Kaiser Ferdinand I., daß sein ›Technisches Kabinett‹ in das Polytechnische Institut übernommen werde unter der Bedingung, seine Sammlung geschlossen als Ganzes neben dem National-Fabriksprodukten-Kabinett zu belassen. Blumenbach ernannte er zum Kustos. 1842 wurde Ferdinands Kabinett in das Polytechnische Institut überführt. 1844 ordnete der Kaiser wiederum an, daß das National-Fabriksprodukten-Kabinett aufgelöst und dessen Bestände in die des kaiserlichen ›Technischen Kabinetts‹ integriert werden. Endgültig vollendet war diese Vereinigung unter dem neuen Namen ›Technologisches Kabinett des Polytechnischen Instituts‹ aber erst 1854.[21] Soweit die Beschreibung des allgemeinen Rahmens, innerhalb dessen die Muster der Textilfabrikanten aus der habsburgischen Monarchie in der ersten Hälfte des 19. Jahrhunderts gesammelt wurden.

Die Textilmuster aus dem ›Technologischen Kabinett des Polytechnischen Instituts‹

Ein wichtiger Teil des ›National-Fabriksprodukten-Kabinetts‹ waren textile Produkte verschiedenster Art, analog der Bedeutung, die dieser Industriezweig in der ersten Hälfte des 19. Jahrhunderts für die Habsburgermonarchie hatte. Karl Karmasch (1803–1879), Assistent Altmütters am Polytechnischen Institut und im Kabinett, hob dies in seiner ›Kurzen Beschreibung des National-Fabriksprodukten-Kabinetts‹ in den Polytechnischen Jahrbüchern 1823 hervor: »Einen der vollständigsten und weitläufigsten Theile des Kabinetts bilden die verschiedenartigen Fabrikate aus Leinen, Baum- und Schafwolle und Seide.«[22] Auch Blumenbachs Beschreibung der ›österreichisch-technischen Sammlung‹ des Kronprinzen ist am ausführlichsten, wo es um die Textilmuster geht.[23] Trotz des wechselvollen Schicksals der Textilsammlung des Kabinetts illustrieren die erhaltenen Muster auch heute noch nahezu sämtliche textile Materialien und Techniken der Epoche. Ihre Variationsbreite vermittelt ein außerordentlich lebendiges und differenziertes Bild formal- und farbästhetischer Werte der Zeit sowie von der ungewöhnlichen Vielfalt und hohen Qualität der biedermeierlichen Textilproduktion in der habsburgischen Monarchie.

Das umfangreiche Konvolut der textilen Fertigprodukte, das im ›Technologischen Kabinett‹ die österreichische Produktion illustriert hatte, landete schließlich im ›k.k. Österreichischen Museum für Kunst und Industrie‹, dem heutigen Museum für angewandte Kunst in Wien, allerdings erst um 1914, als es »aus dem Technologischen Gewerbemuseum

Rechte Seite:
24 I. Leitenberger, Neu-Reichstadt, 1818. Kaffeetuch
Böhmen entwickelte sich zum Zentrum der Baumwollwarenerzeugung der österreichischen Monarchie; Ignaz Leitenberger galt hier als einer der rührigsten und innovativsten Fabrikanten.

K. K. R. Zitz und Cotton Fabrik in Reichstadt No. Sort

25 Sassiner Zitz- und Kattunmanufaktur, Sas-Var a. d. Miave, 1833. »Möbel-Zitze«. Chintze, im Deutschen zu Sitz oder Zitz verballhornt, waren seit der zweiten Hälfte des 18. Jahrhunderts beliebte und – weil aus Indien importiert – kostbare Mode- und Dekorstoffe. Die sich rasch entwickelnde Baumwollindustrie konnte sie bald auch in Europa produzieren. Seit den dreißiger Jahren wurden mit dem aufkommenden Interesse für das Rokoko auch ihre charakteristischen naturalistischen Blumenmuster wieder beliebt.

übernommen« wurde.[24] Ein anderer Teil der Textilmuster gleicher Provenienz befindet sich im Wiener Technischen Museum.[25]

Der Schwerpunkt der Bearbeitung dieses Bestandes liegt auf dem Kern der Sammlung: insgesamt etwa 1 300 44 x 34 cm große Kartontafeln mit etwa 20 000 verschiedenen, in unterschiedlicher Anordnung montierten Mustern. Die gewebten, bedruckten oder in anderen Techniken ausgeführten Seiden-, Baumwoll-, Woll- oder Leinenstoffe stammen aus den Jahren zwischen 1803 und 1854.[26] Etwa zwei Drittel sind Mode-, ein Drittel Dekor- und andere Textilien. Außerdem gibt es eine Reihe von Einzelobjekten, längere Stoffbahnen, großformatige Mustertücher, -blätter und -leporellos, bedruckte und gewebte Tücher aus unterschiedlichen Materialien, Bekleidungsstücke, Accessoires sowie maschinell gewebte Bodenteppiche und Teppichmuster aus der Linzer Wollenzeug-Manufaktur.

Die Eintragungen in den Inventaren, die in der Technischen Universität Wien und in den Wiener Museen erhalten sind, entsprechen den lateinisch notierten Angaben auf den Tafeln, manchmal sind sie ausführlicher.[27] Hersteller, Fabrikationsort oder Fabrik und eine Jahreszahl wurden notiert, darüber hinaus ist bei den Mustern selbst oft eine Funktionsbezeichnung und die Originalbenennung des jeweiligen Stoffes verzeichnet, beides um so wichtiger, als sich Stoffname und Gebrauch oft grundlegend geändert haben. Beispielsweise verwendete man im Biedermeier leichte, bedruckte Baumwollstoffe – ›Kammertücher‹, ›Kalikos‹ oder ›Zitze‹ – durchaus auch als Möbelstoffe, denn die gepolsterten Sitzmöbel wurden durch abnehmbare, einfarbige Überzüge, sogenannte Houssen, geschont, das heißt, man strapazierte sie allgemein weniger. Die vorhandenen Beispiele korrespondieren zuweilen mit den dem Produzenten verliehenen Privilegien oder zeigen Produkte, die die Fabrikanten allgemein bekannt gemacht haben, stellen also eine gewissermaßen objektive Auswahl dar. Andererseits entsprach die Auswahl der dem Kabinett übergebenen Stoffe auch einfach dem persönlichen Geschmack des Einsenders und enthält so auch eine subjektive Komponente.

Heute stellt sich nun die nicht so sehr im Hinblick auf die Geschichte der biedermeierlichen Textilien wichtige als vielmehr historisch und sammlungsgeschichtlich interessante Frage, aus welcher der beiden Sammlungen die erhaltenen Textilmuster ursprünglich kamen. Zeitgenössische Angaben zu Beschriftung, Inventarisierung oder Präsentation der Sammlungen sind lakonisch und spärlich, erlauben allerdings die Hypothese, daß die Mustertafeln aus Ferdinands Technischem Kabinett, die Stoffbahnen und Einzelobjekte aber aus Franz' I. Fabriksprodukten-Kabinett stammen könnten.[28] Die von einer Hand geschriebenen Inventarnummern sowohl bei Bahnen und Objekten als auch auf den Mustertafeln hat man sicher bei der Inventarisierung notiert, die nach der Vereinigung der Kabinette geplant und erst 1894 durchgeführt worden war.

Der 1819 erfolgte und 1820 publizierte Aufruf an die Produzenten der Habsburgermonarchie, Muster ihrer Fabrikate an das Fabriksprodukten-Kabinett zu senden, bringt erste Hinweise auf Merkmale der hier aufgenommenen Objekte. Demnach wurden die an den Einsendungen angebrachten Etiketten mit Name, Wohnort und Einsendedatum versehen, »... und diese Aufstellung verschafft daher dem Fabrikanten Gelegenheit, seine Produkte und die Fortschritte seines Kunstfleißes dem Publikum bekannt zu machen.«[29] An den meisten der im Museum für angewandte Kunst aufbewahrten Stoffbahnen und Objekten, die aus dem Kabinett des Polytechnischen Instituts kamen, befinden sich auch heute noch die der Beschreibung entsprechenden Etiketten (Abb. 21). Daneben gibt es immer eine kleine runde Papierplakette mit der ›TGM Nummer‹. In derselben Quelle heißt es: »... so dürfen die einzusendenden Muster nicht zu klein seyn. Musterkarten sind daher (wenige sehr kostspielige Artikel, z.B. echte Borten, ausgenommen) hiezu nicht geeignet (sic !). Von breiten Zeugen, wie Tuch, werden sich Muster von zwei bis vier Ellen; von schmalen aber von drei bis sechs Ellen ... am besten benützen lassen.«[30] Daß die Fabrikanten dem Wunsch der Verantwortlichen auch wirklich nachkamen, bestätigen die im Museum erhaltenen Stoffbahnen und ebenso die Autobiographie des einflußreichen Seidenfabrikanten Paul Mestrozi: Er kopierte voller Stolz die Bestätigung, die er für dem Kabinett übergebene Stoffe 1819 erhalten hatte. Großzügig und wie erbeten, stellte er jeweils mehrere Ellen lange Muster zur Verfügung, und tatsächlich tauchen im Inventar von 1894 immer noch dreizehn der sechszehn Bahnen

26 Kanapee, Wien, um 1835/40.
Erneuerte Stoffbespannung

27 J. H. Schilbach, ›Arbeitszimmer des Großherzogs Ludwig II. von Hessen und bei Rhein im Alten Palais in Darmstadt‹, 1849. Bleistift, Feder in Grau, Aquarell, Deckfarben und Goldhöhungen. GNM Nürnberg. Sitzmöbel wurden meist mit abnehmbaren Schonbezügen, sogenannten Houssen, bedeckt, um die kostbaren seidenen oder dünne, bedruckte baumwollene Polsterstoffe zu schonen. Nur zu besonderen Gelegenheiten benützte man sie ohne den Schutz.

in identischer Länge auf.[31] Heute sind sie nicht mehr erhalten. Der Verlust intakter Stoffbahnen läßt sich einfach damit erklären, daß man sie gut weiterverwenden kann. Außerdem gibt es genügend Hinweise darauf, daß man ›brauchbare‹ Objekte aus dem Kabinett vor allem im Zuge der Neuinventarisierung vor 1900 ausgemustert oder verbraucht hat.[32] Kleine Stoffmuster auf ausführlich beschrifteten Tafeln, chronologisch, nach Orten oder Fabrikanten leicht zu ordnen – wie man es exemplarisch auf den erhaltenen Mustertafeln sehen kann –, eigneten sich hingegen vorzüglich, vielleicht sogar besser, für Lehrsammlungen oder für eine ›Privatsammlung‹, wie es die des Kronprinzen bis 1835 war.[33]

Blumenbachs Schilderung der Montierung der textilen Fertigprodukte in Kronprinz Ferdinands Kabinett läßt aufhorchen: »Alle Filze, Leder, Gespinnste, Gewebe, Federschmücker-, Handschuhmacher- und einige flache Metallwaaren sind auf Deckeln von Preßspänen aufgezogen und in lillasfarbigen, reich mit Gold verzierten Cahiers eingelegt«.[34] Die ›Preßspandeckel‹ könnten ohne weiteres mit den erhaltenen Tafeln identisch sein, und es ist nicht unwahrscheinlich, daß die aufwendigen ›Cahiers‹ verlorengingen. Die in der Grundstruktur vollkommen einheitliche Gestaltung der Mustertafeln mit der einfachen, schmalen klassizistischen Dekorborte, von denen auch einige mit Metallbeschlägen und ›Federschmückern‹ erhalten sind,[35] bietet keine ausreichenden Anhaltspunkte für eine präzise Datierung. Ihre Numerierung jedoch, von 1808 bis 1832 überwiegend in römischen und später, ab 1836, ausschließlich in arabischen Ziffern, sowie der sich im Laufe der Jahre verändernde Stil der Montierung deuten aber darauf hin, daß sie kontinuierlich und nicht in einem Zuge, beispielsweise erst nach der Zusammenlegung der Kabinette, ›bestückt‹ wurden. Zur Größe der Muster schreibt Blumenbach: »Die Muster selbst durften weder zu groß seyn, um nicht den Raum zu sehr zu beengen, noch auch zu klein, weil sie dann nicht mehr zur gehörigen Beurtheilung geeignet sind.«[36]

Die auf den Tafeln notierten frühen Daten lassen hingegen Zweifel daran aufkommen, ob sie aus dem Technischen Kabinett des Kronprinzen stammen. Die Datierung beginnt mit 1808, dem Jahr, in dem bekanntlich der erste Aufruf für das Fabriksprodukten-Kabinett erfolgte und in dem vom Kabinett des Kronprinzen noch keine Rede war. Dabei handelt es sich um wenige Beispiele aus böhmischen Baumwoll- und Leinenfabriken, denen des Fürsten Auersperg (vier Tafeln), des Grafen Rottenhan (eine Tafel) und Christian Polykarp Erxlebens (sechs Tafeln), außerdem von Ignaz Leitenberger in Neu-Reichstadt (fünf Tafeln). Ferner sind zwölf Mustertafeln der Firma Hornbostel 1803–1817 datiert. Die geringe Anzahl an Tafeln aus diesen Jahren könnte selbstverständlich eine Frage der Erhaltung sein. Es wäre aber auch möglich, daß man Muster, die im Kabinett Ferdinands zeitlich gesehen nicht vorhanden sein konnten, später ergänzte und in gleicher Art montierte, um die Sammlung zu vervollständigen.

Eine größere ›Welle‹ 1819 und 1820 datierter Mustertafeln könnte ebenso mit dem Aufruf des Kabinetts und der Neuaufstellung im Polytechnischen Institut zusammenhängen, wie mit der 1819 erfolgten Gründung des Technischen Kabinetts des Kronprinzen verbunden sein. Jetzt stammen die Muster vor allem aus Wien und aus Italien, die Seidenfabrikanten überwiegen. Aus den folgenden Jahren gibt es kontinuierlich Mustertafeln aus der gesamten Monarchie. Schließlich war es 1835 die ›Erste allgemeine Gewerbeprodukten-Ausstellung‹ in Wien, die im textilen Bereich einen, verglichen mit anderen Jahren, überproportional großen Zuwachs brachte. Die Ausstellung war offenbar Anlaß, noch mehr und variationsreichere Muster als in vorherigen Jahren einzusenden, wobei die Produzenten durchaus dem Technischen Kabinett den Vorzug gegeben haben könnten, denn Ferdinand war jetzt Kaiser, und man kann sich vorstellen, daß sein Kabinett an Attraktivität gewann, zumal er es der Öffentlichkeit zugänglich machte.[37] Zusammengenommen sprechen die Fakten trotz aller Zweifel dafür, daß die Mustertafeln ursprünglich aus Ferdinands Kabinett stammen und daß sie sich in ihrer einer Lehrsammlung entsprechenderen Form vollständiger erhalten haben als die weniger handlichen Stoffbahnen des Fabriksprodukten-Kabinetts.

Außergewöhnlich ausführliches und vielfältiges, gedrucktes und handschriftliches Quellenmaterial unterstützt die materielle und visuelle Evidenz. Herstellungsbedingungen und Anwendungsformen können anschaulich rekonstruiert werden, und wir erhalten Einblick in die Lebensumstände der Produzenten und Verbraucher. Die erwähnten ›Jahrbücher

28 Urussoff, Moskau, 1835. »Gestreift façonnirter Stoff, die Arschine zu 4 Rubel«. TM Wien
Von den vor allem zu den Gewerbeprodukten-ausstellungen eingeladenen ausländischen Einsendern haben sich vergleichsweise wenige Muster erhalten.

29 Kramer & Comp., Mailand, 1819. »Gedruckte Katune und Kammertücher«

des k.k. polytechnischen Instituts in Wien‹, die ›Technologische Enzyklopädie‹ Johann Joseph Prechtls, außerdem die beiden genannten Beschreibungen Stephan von Keeß' und W.C.W. Blumenbachs ergänzen das allgemeine Bild und erläutern spezifische Zusammenhänge technologischer und firmengeschichtlicher Art. Den Berichten zu den Gewerbeausstellungen, vor allem den drei in Wien veranstalteten, entnehmen wir wertvolle, den Geschmack und das Wertgefühl der Zeit beleuchtende Informationen. Der Jahrgang 1841 der ›Tafeln zur Statistik‹ ist zudem nicht nur eine trockene Aufzählung, ihr kann man Daten und Beurteilungen zu Firmengeschichten, zur Entwicklung der Industrialisierung und zur Farbenchemie, außerdem Produktionszahlen entnehmen. Besonders für die Situation der Wiener Seidenindustrie vor 1839 kommt noch die erwähnte handschriftliche Autobiographie des Wiener Seidenfabrikanten Paul Mestrozi im Österreichischen Museum für angewandte Kunst als zwar subjektive, aber durchaus authentische Schilderung der Zeit hinzu.

Über 230 Fabrikanten können heute auf den Mustertafeln namhaft gemacht werden, weitaus die meisten aus Wien (118), einige aus Böhmen (24), Mähren (13) und Niederösterreich (12). Aus dem Lombardo-Venezianischen Königreich (Abb. 29) gibt es überraschend viele Fabrikantennamen (32), leider ist die Anzahl der Muster pro Firma meist weitaus geringer als aus anderen Regionen, so daß der dokumentarische Wert wegen des nur wenig repräsentativen Anschauungsmaterials zweifelhaft erscheint. Aus den übrigen Ländern der Monarchie sind nur vereinzelte Firmen vertreten, von manchen gibt es dafür wieder zahlreiche Muster. Beispielsweise erlauben die mehr als 2 000 Muster aus der Zitz- und Kattunfabrik in Sassin (Abb. 25), damals an der mährisch-ungarischen Grenze, heute in der Slowakei, einen guten Überblick. Aus dem

Rechte Seite:
30 Ebreichsdorfer Zitz- und Kottonfabrik, 1827. »Guillochirte glatte Kammertücher. Guillochirte gedeckte Kammertücher«

20141.
51
T. 322.
Aus der freyh. Lang'schen Ziz- und Katunfabrik zu Ebreichsdorf, 1827.
2090.
2091.
Guillochirte glatte Kammertücher.
2092.
2093.
2094.
2095.
2096.
2097.
Guillochirte gedeckte Kammertücher.

31 J. Faßbender, Wien, 1844.
»Façonnirte Atlas-Gilets«
In der immer schlichteren Männermode waren Westen in bunten Farben oder mit auffälligen Mustern ein beliebter Aufputz.

Ausland haben sich ausschließlich Muster von elf russischen Fabrikanten (Abb. 28), alle aus dem Technischen Museum Wien und sämtlich von der Wiener Gewerbeausstellung 1835, erhalten. Da aber schon Blumenbach 1825 von »merkwürdigen Erzeugnissen des Auslandes, zur nützlichen Vergleichung mit den Producten des Vaterlandes«, die dem kronprinzlichen »Cabinete einverleibt werden« sollen, schreibt und Karl Karmasch in seinem ersten zusammenfassenden Inventar des Kabinetts 45 ostindische Seidenmuster, ein Geschenk Erzherzog Johanns, aufzählt sowie als Geschenk des Kaisers zwei Seiden der überaus renommierten Firma Bissardon et Bony aus Lyon, muß man wohl davon ausgehen, daß viele dieser Beispiele verlorengingen.[38]

Material und Menge der erhaltenen Muster stimmen allerdings nicht immer mit der Beurteilung der Zeitgenossen überein, so ist in manchen Fällen die in den Quellen beschriebene Bedeutung und Fortschrittlichkeit bestimmter Firmen schwer nachzuvollziehen, weil sie heute nur noch in einigen, teilweise unsignifikanten Mustern dokumentiert sind. Zum Beispiel gibt es von der Firma Christoph Andrä (Abb. 102, 103) in Wiener Neustadt, übereinstimmend als eine der ältesten und wichtigsten Band-, Samt- und Seidenfabriken der Zeit eingestuft,[39] aus den Jahren von 1819 bis 1823 im Österreichischen Museum nur fünf Tafeln mit 23 Mustern und im Technischen Museum sogar nur eine Tafel mit 18 Samtmustern. Vom offenbar bedeutenden Spitzenproduzenten Ludwig Damböck sind in beiden Museen keine Muster vorhanden. Ebenso fehlen Muster der wichtigsten Wollfabrikanten Böhmens und Mährens wie von Johann Liebieg in Reichenberg oder der Gebrüder Schöller in Brünn; Liebigs Fabrik galt 1841 überhaupt als die »großartigste« der Monarchie.[40]

Von anderen, in den Quellen kaum oder gar nicht erwähnten Produzenten gibt es hingegen relativ viele Tafeln mit qualitätvollen Mustern.

Als Beispiel sei Johann Faßbender (Abb. 31) aus Wien genannt, von dem das Museum für angewandte Kunst 251 Tafeln mit 651 Mustern aus den Jahren 1834 bis 1853 aufbewahrt und über den nur bekannt ist, daß er 1839 und 1845 an den Gewerbeausstellungen in Wien teilnahm und 1839 eine Bronzemedaille erhielt.[41] Manche der erhaltenen Musterkomplexe entsprechen aber durchaus den Beschreibungen, so sind von der Firma Hornbostel in Wien insgesamt 2042 Muster auf 519 Tafeln aus den Jahren zwischen 1803 und 1848 erhalten. Sie galt als das Musterunternehmen in technologischer und qualitativer Hinsicht. Die zahlreich erhaltenen Mode- und Interieurstoffmuster bestätigen das Urteil der Zeitgenossen (Abb. 60, 90, 91).

Von den ›sechs erbländischen Cottonmanufakturen‹ in Niederösterreich sind die Fridauer, die Kettenhofer und die Ebreichsdorfer (Abb. 30) dokumentierbar, Beispiele aus Schwechat (nach 1811 geschlossen), St. Pölten (seit 1829 im Besitz von Wiener & Co.) und Himberg fehlen. Dennoch bildet die Baumwollproduktion auch in den erhaltenen Mustern den Schwerpunkt. Karl Karmasch 1823 dazu: »Die Sammlung der verschiedenen Arten von Baumwollzeugen macht einen der schätzbarsten und interessantesten Theile des Kabinettes aus.«[42] Vielleicht die innovativste, produktivste, jedenfalls international renommierteste Baumwollfirmen-›Gruppe‹, die der Familie Leitenberger in Böhmen, ist mit 2600 Mustern aus drei Fabriken aus den Jahren zwischen 1808 und 1843 besonders differenziert und wahrscheinlich proportional adäquat vertreten. Die größte Anzahl von Mustern aus einer einzelnen Firma – 2058 Muster auf 245 Tafeln – stammt von Du Pasquier & Comp. in Neunkirchen in Niederösterreich. Daß aus Vorarlberg signifikante Firmen wie Herrburger & Rhomberg gänzlich fehlen und von Jenny & Schindler lediglich 37 Muster und diese nur aus dem Jahr 1837 erhalten sind, mag an der Entfernung von Wien liegen beziehungsweise daran, daß diese Region damals erst zum zukünftigen Textilzentrum Österreichs herangewachsen ist. Ganz allgemein kann man feststellen, daß schon vor der Zusammenlegung der Kabinette 1842 bzw. 1844, in der zweiten Hälfte der dreißiger Jahre, bei den Mustern auf den Tafeln und bei der Auswahl der Fabrikanten eine konservative Tendenz vorherrschte. Die Vertreter innovativer Strömungen waren offenbar seit dieser Zeit im Kabinett Ferdinands I. gar nicht oder wenig signifikant vertreten.[43]

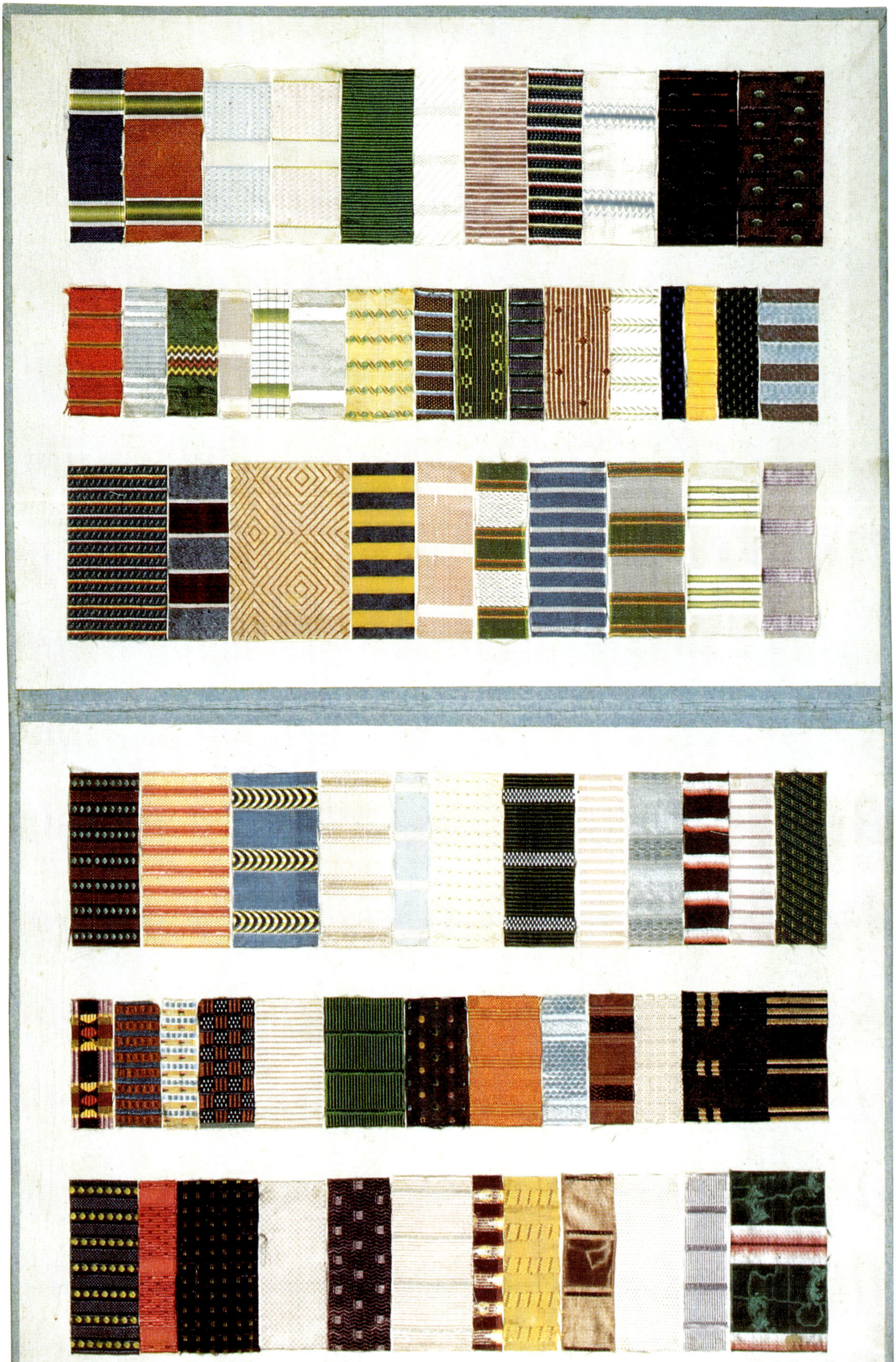

Die Stoffmustersammlungen des Wiener Fabrikanten Paul Mestrozi und des Badener Arztes Anton Rollett

Neben Kaiser Franz I., seinem Sohn und Thronfolger Ferdinand I. und Stephan von Keeß haben in der ersten Hälfte des 19. Jahrhunderts im Wiener Raum der Seidenwarenfabrikant Paul Mestrozi (1771–1858) sowie der Arzt, Naturforscher und Sammler Franz Anton Rollett (1778–1842) aus Baden bei Wien heute noch erhaltene Textilmustersammlungen zusammengestellt. Mit den Beständen des ehemaligen National-Fabriksprodukten-Kabinetts in Zusammenhang gebracht, helfen sie, das anschauliche Bild weiter zu differenzieren.

33 Signet der »Gebrüder Mestrozi & Comp.«, Wien. Rollettmuseum Baden

Mestrozi schreibt in seiner Autobiographie, er habe zwischen 1824 und 1826 begonnen, mehrere Stoffmustersammlungen anzulegen, von denen er 1830/31 drei ins Ausland verkaufte, an den russischen Zaren und an die Könige von Preußen und Bayern. Sie bestanden aus jeweils 390 Beispielen seiner eigenen Produktion.[44] Eine der Stoffmustersammlungen Mestrozis hat sein Sohn, Paul Mestrozi Junior, Strohhutfabrikant in Wien, dem Österreichischen Museum für Kunst und Industrie bald nach der Gründung im November 1864 leihweise zur Verfügung gestellt und im Januar 1867 verkauft.[45] Die Sammlung umfaßt »... größtentheils Fabrikate von Paul & Vital Mestrozi, die übrigen Muster gesammelt von 1750 bis 1840«.[46] Neben Seidenstoffen findet man bedruckte Baumwollwaren, Proben von Shawlstoffen, Bänder und andere textile Materialien.[47] Die von Mestrozi gekauften »fremden und seltenen« Muster erwähnt der Sohn im Angebot an das Museum als Kostenfaktor. Da die Mestrozische Sammlung nicht beschriftet ist und auch das vom Sohn erwähnte Verzeichnis fehlt, gibt es keine genaueren Anhaltspunkte für Datierung oder Provenienz der einzelnen Muster.

Wahrscheinlich begann Mestrozi mit der Zusammenstellung der dem Museum verkauften Stoffmustersammlung frühestens 1824, jedenfalls nach dem Verkauf der eigenen Firma. Obwohl er sich, seiner Familie und seinem Unternehmen mit dieser und den oben erwähnten Sammlungen sicherlich ein Denkmal setzen wollte, geht seine Kollektion über die Dokumentation einer einzelnen Firma weit hinaus. Er stellte kein Musterbuch der eigenen Produktionsmöglichkeiten, schon gar kein Musterbuch für den Verkauf oder zur Propagierung seiner Waren her. Mestrozi hatte – wie seine Zeitgenossen von Keeß, Blumenbach, von Widmannstätten,

Linke Seite:
32 Mustertafel mit Seidenstoffen aus der Sammlung Paul Mestrozi, Wien

34 »Einfache baumwollene Zeuge gedruckte Kammertücher. von Ign. Leitenberger. a.: Reichstadt Böhm. 1823«. Rollettmuseum Baden

Altmütter oder Anton Rollett – einen universellen Vermittlungsanspruch. In seiner Autobiographie führt dies die zusammenfassende, vergleichende, geradezu wissenschaftliche Betrachtungsweise deutlich vor Augen. Allerdings enthält seine Sammlung in den Bereichen, die auch die Stärke seiner eigenen Produktion waren, bei Modestoffen wie Dünntüchern, Felpeln oder Miniatursamten für Herrenwesten, besonders qualitätvolles und vom Muster her breit gefächertes Material.

Mestrozi und Rollett waren offenbar miteinander bekannt, denn Mestrozi selbst hat dem Badener Arzt 1822 Stoffmuster aus seiner Fabrik für dessen Sammlung geschenkt.[48] Beide waren wiederum sehr gut mit von Keeß befreundet, der Mestrozi immer wieder in seiner Fabrik besucht haben soll.[49] Die Freundschaft von Keeß' mit Franz Anton Rollett belegen einige erhaltene Briefe, in denen er versprach, Rollett textile Doubletten seiner eigenen Sammlung zu schenken.[50]

Mestrozi und Rollett teilten die Textilmuster meist in sehr kleine Abschnitte, setzten sie zu schmalen Streifen zusammen und klebten diese nebeneinander in Mappen oder auf Bögen. Diesen auf möglichst große Vielfalt und geradezu schockierende Buntheit zielenden Eindruck vermitteln ebenso bis Ende der zwanziger Jahre die Musterkarten aus dem Technologischen Kabinett. Auch die gleichzeitigen Stoffmustersammlungen in Archiven großer Textilfirmen, wie Rhomberg Textil in Dornbirn, sind nach ähnlichen Gesichtspunkten geordnet, so daß heute der Eindruck einer durchaus einheitlichen Ästhetik entsteht. Nicht nur die Muster selbst, sondern auch die Art ihrer Zusammenstellung demonstrieren das Interesse dieser Epoche an ungewöhnlich variabler Formenvielfalt und starken Farbkontrasten.

Mestrozische Produkte im Rollettmuseum in Baden sind Teil der Kollektion textiler Produkte und ›weiblicher Handarbeiten‹, die Franz Anton Rollett, seinen enzyklopädischen Interessen folgend, seit 1817/18 in seinem neuen Haus im Rahmen eines naturwissenschaftlich-technologischen Museums einer ausgesuchten Öffentlichkeit zugänglich machte.[51] Mestrozis Stoffe füllen einen ganzen Ordner, und hier tauchen zahlreiche Muster wieder auf, die man schon aus seiner eigenen Sammlung oder aus der des Polytechnischen Instituts kennt. Rollett muß, ebenso wie andere Zeitgenossen, Mestrozi besonders geschätzt haben, da er ihn unter allen Fabrikanten hervorhob, indem er für seine Stoffe eine ganze Kassette reservierte. Die Hervorhebung mag außerdem durch das großzügige Geschenk Mestrozis unterstützt worden sein.[52]

In Österreich haben sich außer den beschriebenen Sammlungen in Wien und Baden ähnliche, wenn auch weniger umfangreiche Konvolute in Niederösterreich und Vorarlberg erhalten, vor allem im Stadtmuseum St. Pölten und im Vorarlberger Landesmuseum in Bregenz (Abb. 35). In Wiener und Vorarlberger Textilfirmen gibt es auch heute noch umfangreiche, der Öffentlichkeit nicht zugängliche und selten systematisch, noch weniger wissenschaftlich geordnete Mustersammlungen. Nicht für Publikum bestimmt, es sei denn, es handelte sich um Muster, die der Vertreter seinen Kunden zeigen sollte, dienen sie zwar der firmeneigenen Dokumentation, fungieren aber hauptsächlich als Musterreservoire für in der Firma beschäftigte Entwerfer. Oft wurden aktuelle Musterbücher erworben oder aus aufgelassenen Firmen, auch aus dem Ausland, dazugekauft. Die Sammlungen dieser Provenienz hatten nie den erzieherischen oder dokumentarischen Anspruch der hier beschriebenen Kollektionen. Sie bilden heute dennoch eine wichtige Ergänzung zu denen, die von Anfang an für die Öffentlichkeit bestimmt waren.

35 Jenny & Schindler, Hard, Musterbuch, 1828. VLM Bregenz

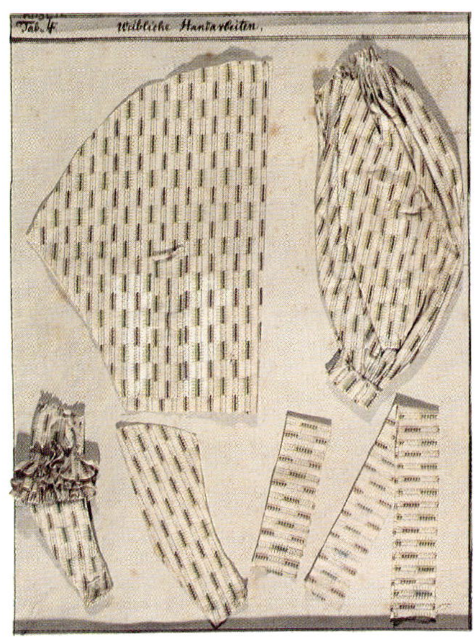

36 »Weibliche Handarbeiten. Kleidermachen v. der Mademoiselle Ugrinowitz 1837«. Rollettmuseum Baden

Die Entwicklung der Textilindustrie in Europa in der ersten Hälfte des 19. Jahrhunderts

Wirtschaftliche und politische Veränderungen, ja Erschütterungen der zweiten Hälfte des 18. Jahrhunderts brachten Europa wirtschaftliche und soziale Umstrukturierungen, die schließlich zur allmählichen Ausprägung kapitalistischer Wirtschaftsformen führten, Tendenzen, die man allgemein mit Industrieller Revolution charakterisiert. Die Textilindustrie war neben dem Bergbau sowie der Eisen- und Stahlindustrie, die durch den neu hinzugekommenen Maschinenbau an Bedeutung gewann, die Leitindustrie für die wirtschaftliche Entwicklung. England stellte mit seiner liberalen Wirtschaftslehre, den grundlegenden Erfindungen und mit innovativem Maschinenbau das praktische Vorbild, vor allem auch für die Textilindustrie. Frankreich übernahm die theoretisch-wissenschaftliche Führung, tat sich besonders in der Farbchemie hervor und behielt die künstlerisch-formale Dominanz. Im habsburgischen Reich allerdings möchte man von ›Revolution‹ nicht sprechen, obwohl man die Veränderungen und Fortschritte gerade in der Textilindustrie in der ersten Hälfte des 19. Jahrhunderts durchaus mit denen im übrigen Europa vergleichen kann.

Die Bedeutung der Textilindustrie hängt mit der Ubiquität ihrer Produkte als Grundmaterialien des menschlichen Lebens zusammen und deshalb mit Mode, Zeitgeist und Stil. Die Maschinen erleichterten die Herstellung und verbilligten das Produkt, mit dem man daher verschwenderischer umgehen konnte. Die oft kostbare und den Gesamteindruck bestimmende Ausstattung der Interieurs mit verschiedensten textilen Materialien – Wandbespannungen, Vorhängen, Tisch- und Bodenteppichen und, nicht zu vergessen, den Polsterungen der Sitzmöbel – demonstrierte eindrucksvoll den Geschmack und die finanziellen Möglichkeiten des Bewohners. Das Interesse an immer neuen Mustern, Materialien und Verwendungsmöglichkeiten betraf natürlich auch die Mode, deren erfindungsreiche Modelle aus treffend benannten Stoffen mit ausführlichen Erklärungen in den damals neu erscheinenden Modezeitschriften veröffentlicht wurden. Die in englischen und französischen Zeitschriften und Büchern publizierten Vorschläge zu Innendekoration und Mode verbreiteten sich im späten 18. und im 19. Jahrhundert in ganz Europa. Immer wieder aufgelegte, reich illustrierte Tafelwerke propagierten die neuen Ideen und galten dem stilbewußten Konsumenten als Standard-

Linke Seite:
37 Jonathan Peel, Musterbuch, 1806–17.
Church Bank, Lancashire, England.
Bolton Museum

werke.[53] Die Tendenz, einen Raum als Gesamtwerk zu sehen, d.h. Möbel und Textilien aufeinander abzustimmen und schließlich Vorhänge und Möbelbezüge korrespondierend zu entwerfen, kam nach der Mitte des 18. Jahrhunderts auf und wurde in England von Robert Adam und George Hepplewhite besonders propagiert. Damit begann der Siegeszug der Textilien in der Innendekoration, der auch im ganzen 19. Jahrhundert bestimmend wirkte.

Mit Beginn des 19. Jahrhunderts waren Dekor- und Modestoffe nicht mehr nur begüterten oder sozial etablierten Schichten vorbehalten. Zunehmend konnte sich auch der Bürger an modischem Wettbewerb und Einkauf beteiligen. Die Erschwinglichkeit der Ware für einen möglichst großen Konsumentenkreis wurde jetzt zum Gradmesser ihrer Qualität. Mit den einfacheren und billigeren Produktionsmethoden entstand ein neues Warenangebot für ein nie dagewesen großes Käuferpotential, eine Tendenz zur Massenware setzte sich durch, für die sich vor allem der Stoffdruck anbot. Im Zentrum der ›Billigware‹, in Manchester (Abb. 37), produzierte man jährlich zehntausend und mehr Muster.[54] Die Augsburger Kattunfabrik Schöppler & Hartmann (Abb. 43), die sorgfältig gedruckte Stoffe erzeugte, verließen immerhin noch mehr als tausend verschiedene Muster jährlich.[55] In Wien behauptet Mestrozi, in seinen besten Zeiten wöchentlich vier neue Modestoffe herausgebracht zu haben.[56]

Die Einstellung des Textilunternehmers zu den Innovationen war positiv, sogar euphorisch, vor allem wegen der damit verbundenen steigenden sozialen Anerkennung seines Standes und seiner Person. Auf der anderen Seite stand das soziale Elend der in der Textilindustrie tätigen Handwerker und Arbeiter, die, zu Lohnabhängigen degradiert, vollkommen vom Wohlwollen, von den Interessen und vom geschäftlichen Geschick des Arbeitgebers abhingen. Die immer wieder erlassenen Schutzbestimmungen gegen zu lange Arbeitszeiten und gesundheitsschädigende Arbeitsplätze machen deutlich, daß die Gesetze kaum praktische Wirkung hatten. Es gab keine geregelte Arbeitszeit, und es herrschten unvorstellbare Arbeitsbedingungen vor allem für Frauen und Kinder, die zu Hilfsarbeiten herangezogen wurden. Sie mußten oft genauso lange wie die Männer für sehr viel weniger Lohn arbeiten. Sozial kaum geachteter, vom Fabrikherren ebenso abhängig waren die Heimarbeiter, die im Verlag für die Faktoreien großer Unternehmer arbeiteten und nach abgelieferter Ware bezahlt wurden. Meist waren es Kleinbauern, die das Spinnen oder Weben als Nebenerwerb betrieben. Sie konnten durch ihre überaus geringen Löhne anfangs den industriellen Fortschritt hemmen, nicht aber verhindern. Mit vollendeter Industrialisierung und Etablierung der Großbetriebe, in die die Unternehmer investierten, um mit weniger Personal schneller, mehr und billiger produzieren zu können, verloren die Heimspinner und -weber ihre Arbeitsgrundlage und zogen sich entweder auf ihr Stück Land zurück oder verdingten sich als Hilfsarbeiter in den Fabriken, deren Arbeitszeiten keine Nebenbeschäftigung in der Landwirtschaft mehr zuließen.

38 Manufaktur Koechlin-Ziegler (Entw. George Zipelius), Mulhouse, 1827–40. »Haremsszene«. Bedruckte Baumwolle. MIM

Um 1850 war in der Textilbranche in ganz Europa die nicht in allen Bereichen synchron ablaufende Entwicklung zum industriellen Großbetrieb abgeschlossen, kleinere Meister und Betriebe wurden so weitgehend ausgeschaltet. Nur kapitalkräftige Fabrikanten konnten sich die arbeitssparenden, aber kostspieligen Maschinen leisten. Die Industrialisierung führte die Betriebe schließlich hinaus aus den Hauptstädten. Hier gab es billigere und größere Grundstücke, reichlich Wasser für die mit Wasserkraft oder Dampf betriebenen Maschinen und genügend billige Arbeitskräfte.

Frankreich

Im Zuge der Revolution waren in Frankreich schon 1791 die Zünfte abgeschafft worden und damit der Weg frei für initiativreiche Unternehmer, denen Napoleons Eroberungen außerdem neue Märkte und Abnehmer eröffneten. Immer noch gab es Schutzzölle, Ein- und Ausfuhrbeschränkungen, die den französischen Markt schützen sollten. So kam es während der von 1806 bis 1811 erlassenen Kontinentalsperre in ganz Europa durch das weitgehende Ausschalten englischer Baumwollstoffimporte zu einem oft rasanten Aufschwung der Baumwollindustrie. Dies geschah, obwohl die Einfuhr der Rohbaumwolle und des Baumwollgarns komplizierter und teurer geworden war, weil der Hauptlieferant für Baumwollgarn ausgeschaltet war. Die Aufhebung der Kontinentalsperre und die mit dem Ende der napoleonischen Kriege verbundenen Veränderungen hatten deshalb eine gravierende Rezession zur Folge, der erst in den frühen zwanziger Jahren eine allmähliche Besserung folgte. Dennoch machten zwischen 1805 und 1820 französische Fabrikanten, vor allem in Mulhouse, beim Stoffdruck und in der Färberei eine Reihe wichtiger Entdeckungen, die die Basis für die moderne Farbstoffchemie bilden.[57]

Bedruckte Stoffe verschiedener Preisklassen wurden nämlich mit besonderem Erfolg im Elsaß, das erst seit 1789 wieder zu Frankreich gehörte, produziert (Abb. 38). Von ebensogroßer Wichtigkeit wie die Mechanisierung waren beim Stoffdruck farbchemische Fragen. War die Baumwolldruckerei bis dahin von Pflanzenfarbstoffen bestimmt, entdeckten elsässische und englische Chemiker um 1810 neue Färbe- und Reservierungsmethoden, neue Formen des Ätzdrucks sowie um 1820 die Mineralfarben, so daß sich die gesamte Farbpalette um 1835, noch vor der Erfindung der Anilinfarbstoffe, grundlegend zu größeren Farbkontrasten und leuchtender Buntfarbigkeit hin veränderte.[58]

Daniel Koechlin-Schouch (1785–1871), Besitzer der Firma Nicolas Koechlin und einer der wichtigsten Erfinder auf dem Gebiet der Farbchemie, gelang es 1810 mit dem beliebten Türkischrot ganze Baumwollstoffbahnen zu färben, was bis dahin nur im Garn möglich war. Schon ab 1811 begann er mit dem Buntätzdruck auf türkischrotem, d.h. krapprotem Grund, der zu Beginn des 19. Jahrhunderts als Spezialität Mulhouses galt (Abb. 39).[59] Den Lapisdruck, ein Druckverfahren, das es ermöglicht, auf blauem Grund verschiedene Farben zu drucken, ohne daß das Blau die aufgedruckte Farbe verändert, erfand er bereits 1808. Seinen kommerziellen Erfolg hatte er durch bedruckte Kaschmirshawls, sogenannte Merinos, deren geschickter Dessinateur Malaine aus Paris nach Mulhouse geflohen war. 1819 entdeckte der innovative Drucker das Chromgelb und andere mineralische Farben wie Chromorange und Chromgrün.

In Mulhouse versuchten die einzelnen Fabrikanten, alle Arbeitsgänge vom Aufbereiten der Rohbaumwolle bis zur letzten Avivage des bedruckten Stoffes in einer Hand zu behalten. Von Keeß und Blumenbach, profunde Kenner der österreichischen ›Szene‹, bemängelten – wider besseres Wissen – diese Praktiken: »Nach der Bemerkung eines Sachkenners haben aber die [Elsässer] Fabriken fast sämmtlich das französische System, das verderblichste für die jetzige Zeit, angenommen, indem sie Alles vom Urstoffe an selbst arbeiten wollen.«[60] Maschinelle Neuerungen, meist in England erfunden, wurden hier schon im ersten Jahrzehnt des 19. Jahrhunderts eingeführt und perfektioniert. Mulhouse wurde um 1820 auf diese Weise zum wohl am besten durchorganisierten und nahezu autarken Textilzentrum Europas. Dies nicht zuletzt, weil sich hier auch eine Maschinenindustrie nach englischem Vorbild etabliert hatte, die schließlich effektivere Produkte hervorbrachte als das vorbildliche Land und damit subtilere Ergebnisse erzielte.[61] Mulhouse war dank der florierenden Industrie neben Paris auch ein Zentrum für die Dessinateure textiler Muster, die ihre Entwürfe in die ganze Welt verkauften.

Die Unternehmer in Mulhouse schlossen sich 1826 zur Société Industrielle de Mulhouse zusammen und gaben ein auch heute noch publizier-

Rechte Seite:
39 Musterbuch aus der Manufaktur Nicolas Koechlin & Frères, Mulhouse, 1819. MIM

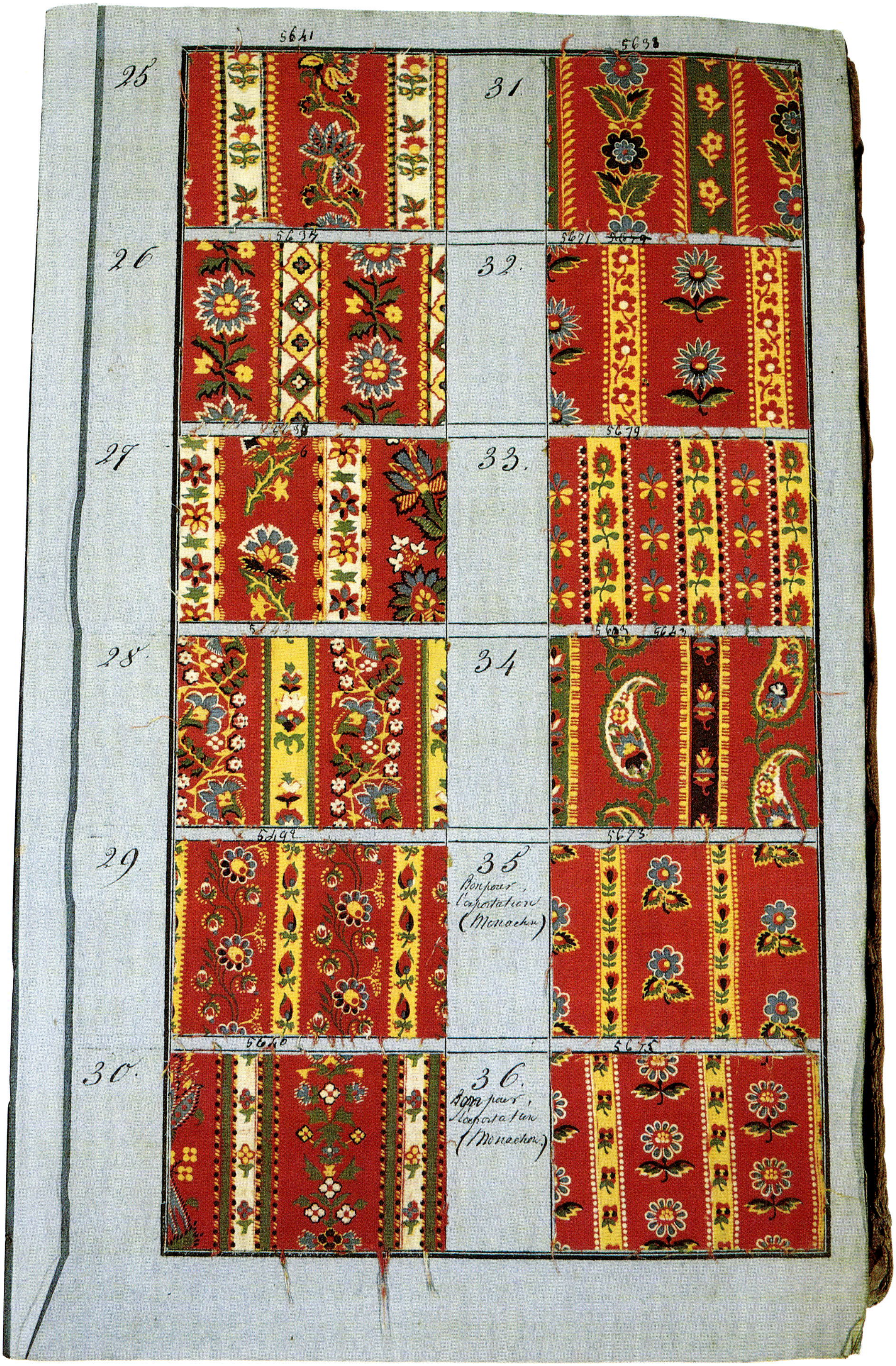
25
26
27
28
29
30
31
32
33
34
35
Bon pour l'exportation (Monachon)
36

tes Bulletin heraus, das über die neuesten Erfindungen und Entwicklungen informierte. Wichtige Textilfabrikanten Europas lud man ein, korrespondierende Mitglieder zu werden, so auch Franz Leitenberger aus Böhmen.[62] Koloristen und Entwerfer aus Mulhouse waren andererseits begehrte Mitarbeiter in niederösterreichischen und böhmischen Baumwollmanufakturen.

Lyon, das Zentrum der französischen Seidenweberei, während der Französischen Revolution Sitz der royalistischen Opposition und deshalb nach der Revolution mit einem Bann belegt, konnte nach dieser kurzen Periode des Niedergangs seine unumstritten hervorragende Position wieder einnehmen. Napoleon mußte schließlich doch auf die Firmen dieser Stadt zurückgreifen, als er ›seine‹ Schlösser, deren Interieurs während der Revolution zum Teil beschädigt oder zerstört worden waren, wieder auf Hochglanz bringen wollte. Aus der fanzösischen Seidenmetropole stammte der Erfinder der wichtigsten, nach ihm benannten Neuerung für den Seidenwebstuhl: Joseph-Marie Jacquard (1752 bis 1834). Der Jacquard-Mechanismus, 1801 patentiert, aber erst im zweiten Jahrzehnt des 19. Jahrhunderts in ganz Europa verbreitet, erleichtert die Musterbildung durch eine mechanische Vorrichtung – Nadeln und gelochte Karten –, die durch einen einzigen Tritt betätigt wird (Abb. 44). Österreichische Seidenfabrikanten wie Christoph Andrä aus Wiener Neustadt und Georg Christian Hornbostel aus Wien kamen auf ihren ausgedehnten Bildungsreisen auch nach Lyon, nicht zuletzt um diese Erfindung zu begutachten und später in ihren Unternehmen anzuwenden. Auch der wichtigste Konstrukteur hölzerner Jacquardwebstühle in Wien, Johann Bausemmer, hatte die Neuerung selbst in Lyon studiert.

Die traditionellen französischen Textilzentren, Rouen und Nantes für den Stoffdruck, Marseille und Bordeaux sowohl für die Textilproduktion als auch für den Handel, verloren in der ersten Hälfte des Jahrhunderts an Bedeutung. Reims hingegen, vor allem durch seine qualitätvollen Kaschmirshawls bekannt, entwickelte sich bis in die zweite Jahrhunderthälfte hinein zum größten Wollzentrum Europas.

England

In der Textilverarbeitung spielten seit dem 18. Jahrhundert Schottland und England, und hier zunehmend der Norden, Lancashire mit Manchester als Zentrum, die führende Rolle in Europa. Englands leichter Zugang zur Baumwolle war dabei der ausschlaggebende Faktor und förderte die Entwicklung von Maschinen, die deren Bearbeitung wesentlich erleichterten und verbesserten.[623] Die Erfindungen für die Textilverarbeitung begannen 1733 mit John Kays Schnellschütze, deren sogenanntes fliegendes Schiffchen es erlaubte, breitere Stoffe zu weben. Das schnellere Weben erforderte nun rascheres Spinnen, und nach einigen Zwischenstationen gelang es Richard Arkwright 1771, seine schon 1769 patentierte

40 ›Journal für Fabrik, Manufaktur, Handlung und Mode‹. Leipzig, August 1806. Mustertafel: »1. neueste Londner Zitze; 2. quadrillirter Toilinet, zu Gilets«

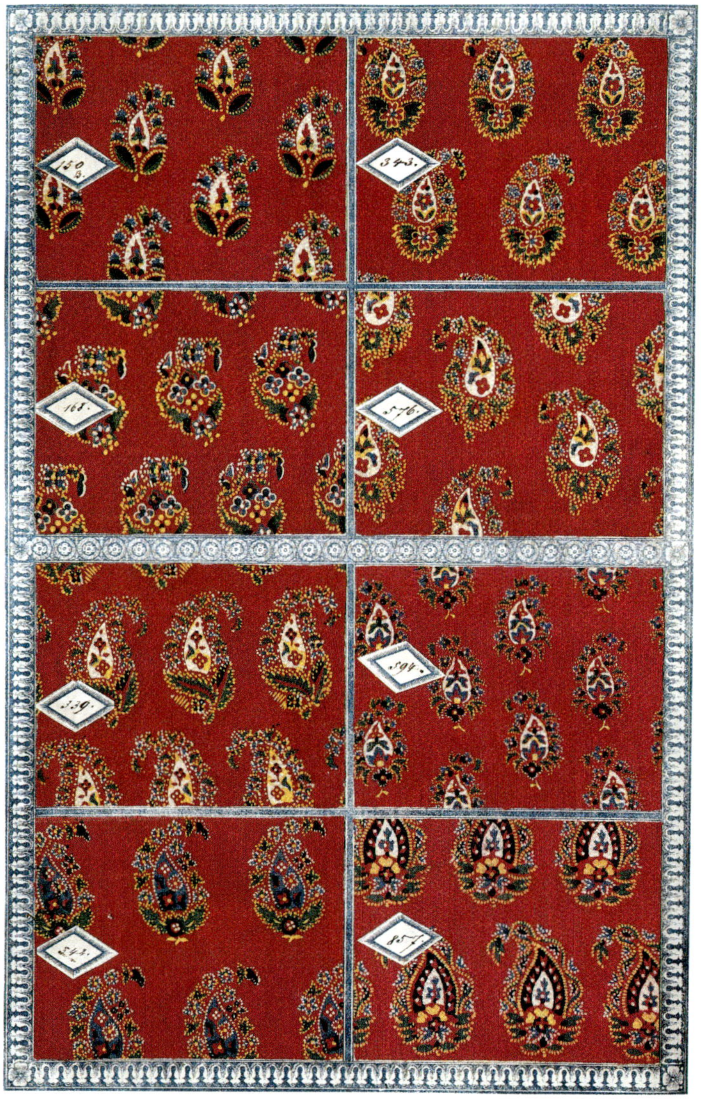

41 Seite aus einem Glarner Stoffmusterbuch, 1820/30. SLM Zürich

Rechte Seite:
42 Augsburger Kattundruck, Sommerkleid, um 1830. BNM München

Spinnmaschine mit Wasserkraft auszustatten. 1779 entwickelte Samuel Crompton die Mule-Spinn-Maschine und setzte dafür ab 1781 die schon 1769 von James Watt patentierte Dampfmaschine ein. Mit ihr wurde besonders feines Baumwollgarn, ein wichtiger Exportartikel, gesponnen. 1783 entwickelte der Schotte Thomas Bell die Walzen-, Zylinder- oder Rouleauxdruckmaschine, die in England zwischen 1790 und 1810 ausschließlich für billige, kleingemusterte Ware verwendet wurde. Die Fabrik Jonathan Peel & Co. (Abb. 37) in Church Bank nahe Accrington, die die Baumwolldruckindustrie Lancashires im frühen 19. Jahrhundert dominierte, hatte sich auf Stoffe für die Mittelklasse spezialisiert. Als Arbeitskräfte wurden hier zum ersten Mal arme Londoner Kinder, die Peel in den Norden geholt hatte, an den Maschinen eingesetzt.[64]

Bevor der Norden Englands zum Textilzentrum wurde, war es die Hauptstadt London, in der Seiden nach französischem Vorbild in den Manufakturen von Spitalfields gewebt wurden. Die Betriebe blieben im 19. Jahrhundert bestehen, obwohl Manchester, Macclesfield oder Stockport die führende Rolle auch in diesem Bereich übernahmen.[65]

Trotz des hohen technischen Standards der englischen Textilindustrie setzte sich die Mechanisierung, d.h. die Verarbeitung mit Maschinen, die mit Wasser- oder Dampfkraft betrieben wurden, vor allem beim Spinnen und Weben auch hier nur langsam durch. Verzögernd wirkte der massive Widerstand der Handspinner und Heimweber, vor allem ihre niedrigen Löhne, die hohen Investitionskosten für moderne Maschinen gegenüberstanden, und die noch unausgereifte Maschinenbautechnik. Erst allmählich gelang es, effektive Maschinen zu konstruieren, die hielten, was sie versprachen. Von versierten Maschinenbauern angefertigte gußeiserne Arbeitsmaschinen gab es auch in England erst nach 1800. Ende der zwanziger Jahre, also gut zwanzig Jahre früher als in Österreich, begann sich hier Edmund Cartwrights schon 1787 patentierte ›Powerloom‹ durchzusetzen. Kontinentalsperre, Zollschutz- und Einfuhrsperren verhinderten zunächst den direkten Export. Um an dieser Entwicklung dennoch teilzuhaben, engagierten österreichische Unternehmer englische Maschinenbauer, die in Österreich Fabriken aufbauten. Reisen in das Mekka des Maschinenbaus zu unternehmen, um dort die Neuerungen direkt zu studieren, verbotenerweise ihre Konstruktionspläne zu kopieren

und zu Hause nachbauen zu lassen, war eine andere Möglichkeit, neue Technologien kennenzulernen und zu transferieren. Dies geschah nicht immer mit Erfolg, da die Maschinenbauindustrie in Österreich noch wenig zuverlässig war. Erst seit den frühen vierziger Jahren, als die Moulhouser Maschinenindustrie bereits florierte, konnte man englische Maschinen legal importieren.

Schweiz

In der Schweiz entwickelte sich neben der europaweit bekannten Bandindustrie Basels seit dem späteren 18. Jahrhundert in und um Neuchâtel ein weiteres europäisches Zentrum der Baumwolldruckindustrie. Hier fabrizierte man unter anderem sogenannte Indiennes, hell- und dunkelgrundige, mit Blumenmustern bedruckte Baumwollstoffe für modische Zwecke und als Dekorstoffe.[66] Sie waren – wie der Name sagt – indischen bedruckten Baumwollstoffen nachempfunden, sogenannten Chintzen. Der vor allem im 18. Jahrhundert besonders beliebte und damals kostbare Stoff wurde in ganz Europa produziert. So befand sich schon seit dem 17. Jahrhundert die älteste Produktionsstätte europäischer Chintze in Amsterdam.[67] Weitere Orte, die sich auf die begehrte Ware, Wegbereiterin der Baumwollstoffmode des frühen 19. Jahrhunderts, spezialisiert hatten, waren Genua und Mailand, Nantes und Rouen, Jouy-en-Josas oder Mulhouse.

Baumwollfabriken im Kanton Zürich, in St. Gallen, dem Thurgau und zuletzt im Kanton Glarus hingegen hatten sich auf ›Türkischrotartikel‹ (Abb. 41) spezialisiert, die sie in großen Mengen produzierten und in den Orient exportierten. Im späteren 19. Jahrhundert konnten sie sogar mit denen aus Moulhouse konkurrieren.[68] Aus der Schweiz kamen Handwerker und Fabrikanten wie Melchior Jenny und sein Schwiegervater Schindler, die in Österreich, vor allem in Vorarlberg, die Geschicke der Textilindustrie mitbestimmten.

Die deutschen Staaten

In den deutschen Staaten blieben die mit königlichen Privilegien geförderten Textilstädte des 18. Jahrhunderts ihrem Ruf treu.[69] Mit Wollerzeugnissen waren Hamburg und Berlin, vor allem aber Aachen verbunden, aus dessen Umgebung Fabrikanten wie Johann Heinrich Offermann oder die Gebrüder The Losen nach Böhmen und Niederösterreich auswanderten. Samtweberei gab es wiederum in Hamburg und Potsdam. Aus Hamburg kamen schon in den sechziger Jahren des 18. Jahrhunderts die Samtweber Engelbert Königs und sein Nachfolger Georg Christian Gottlieb Hornbostel, Vater des wichtigsten Wiener Seidenfabrikanten der ersten Hälfte des 19. Jahrhunderts, nach Wien. Mönchengladbach und

Chemnitz waren als Orte der Baumwoll-, Woll- und Leinenverarbeitung bekannt. Die Seidenindustrie, im 18. Jahrhundert auf Potsdam, Berlin, Dresden und Leipzig verteilt, konzentrierte sich im 19. Jahrhundert in Preußen, in Berlin, Elberfeld und Barmen sowie schließlich in Krefeld, das sich im Laufe des Jahrhunderts zum ›deutschen Lyon‹ entwickelte.[70] Augsburg verdankte den internationalen Ruf seiner bedruckten Stoffe Johann Heinrich Schüle (1722–1811), einem Zeugdrucker und Geschäftsmann, der sein Unternehmen schon 1759 gründete.[71] Schüle wurde in den späten sechziger Jahren für kurze Zeit von Joseph II., seit 1765 deutscher Kaiser, nach Österreich geholt und 1772 geadelt. In den Musterbüchern der wichtigsten Augsburger Kattundruckerei des Biedermeier, Schöppler & Hartmann, finden sich aus den dreißiger Jahren neben Mustern aus Mulhouse und der Schweiz auch solche aus den böhmischen Kattundruckereien Gebrüder Porges in Prag und Franz Leitenberger in Josefsthal-Kosmanos (Böhmen).[72] Baumwolldruckereien für Indiennes und andere Baumwollwaren hatten sich im 18. Jahrhundert außerdem in Hamburg etabliert. Zunehmend wurde die amerikanische Baumwolle auch für den europäischen Markt wichtig und Hamburg zu ihrem bedeutendsten Importhafen.

43 Neue Augsburger Kattunfabrik, Musterbuch, 1831–34. NAK Augsburg

Die Entwicklung der biedermeierlichen Textilindustrie in der habsburgischen Monarchie

Die erste Hälfte des 19. Jahrhunderts war auch im Habsburgerreich eine Zeit grundlegender wirtschaftlicher und technischer Veränderungen, das gilt besonders für die Textilindustrie in Niederösterreich, Böhmen und in Wien. Die Kontinentalsperre (1806–1811) bewirkte hier wie im übrigen Europa einen geradezu gründerzeitlichen Boom in der baumwollverarbeitenden Industrie, die einen wenig dauerhaften Aufschwung nahm. Der österreichische Staatsbankrott 1811 und die darauf folgende Inflation sowie eine Hungersnot verursachten eine Nachfragekrise und hemmten den euphorisch begonnenen Strukturwandel. Für so manchen hoffnungsvollen Fabrikanten brachten sie einen um so tieferen Fall, für die Bevölkerung eine vorher nicht gekannte Massenarbeitslosigkeit.[73] Dem Zusammenbruch folgten Jahre der Depression, bis man nach 1820 von einem langsam einsetzenden Aufschwung reden kann, der bis in die vierziger Jahre dauerte und für die österreichische Monarchie ein stetiges wirtschaftliches Wachstum, zunehmende Industrialisierung und die dafür notwendige Ausweitung des Marktes brachte.

Grundlegend wichtig für den Fortschritt der Industrialisierung war im 18. Jahrhundert die Lockerung und schließlich die Abschaffung des handwerklichen Zunftwesens im 19. Jahrhundert. Die Textilfabrikation spielte dabei für die wirtschaftliche Entwicklung auch in der Habsburgermonarchie eine beispielhafte Rolle. Die gewerbliche Förderung durch das Kaiserhaus hatte in der zweiten Hälfte des 18. Jahrhunderts in Wien, im Wiener Becken und in Böhmen zu zahlreichen Fabrikgründungen vor allem in der Seiden- und Baumwollindustrie geführt. Während es im merkantilistischen System aber vornehmlich um die Etablierung von Manufakturen für Luxusprodukte wie Samt- und Seidenstoffe gegangen war, verlagerte sich mit der Industrialisierung das Interesse der Unternehmer auf rasche und umfassende Mechanisierung, auf große Fabriken und auf Produkte für möglichst viele Konsumenten wie beispielsweise bedruckte Baumwollstoffe. Das bedeutete aber auch größere Risiken und Entscheidungsmöglichkeiten sowie die Notwendigkeit internationaler Kontakte, um mit der rapiden Entwicklung im Ausland Schritt halten zu können, vor allem aber weniger direkten staatlichen Einfluß. Die Situation der österreichischen Industrie in der ersten Hälfte des 19. Jahrhunderts faßte

Linke Seite:
44 Modell eines Webstuhles mit Jacquard-Maschine, 1824. TM Wien

45 M. Trentsensky, ›Der Weber‹, um 1835. Kolorierte Federlithographie. HM Wien

Johann Slokar 1914 zusammen: »Auf dem Gebiete der indirekten Industrieförderung hat aber die Zeit Franz' I. und Ferdinands I. sicherlich genug geleistet. Die Zollpolitik, der Bau von Straßen und Eisenbahnen, die Errichtung von höheren Schulen zur Verbreitung technischer Bildung, die Veranstaltung von gewerblichen Ausstellungen und direkter oder indirekter Teilnahme der Regierung, die Verleihung von Auszeichnungen und Privilegien, endlich die allmähliche Beseitigung vieler Hemmnisse, welche der freien Entwicklung entgegenstanden, dies waren die hauptsächlichen Maßnahmen, durch welche die Staatsverwaltung dieser Zeit bezüglich aller Industriezweige fördernd, ermunternd und indirekt unterstützend wirkte.«[74]

In Wien wurden seit dem 18. Jahrhundert textile Luxuswaren aus kostbaren Materialien und in komplizierter Technik noch bis in die späten zwanziger Jahre des 19. Jahrhunderts auf Handwebstühlen (Abb. 45) verarbeitet.[75] Einige Wiener Unternehmer erkannten früh die Zeichen der Zeit, so der Seidenfabrikant Hornbostel, der schon 1817 eine zusätzliche Produktionsstätte in Niederösterreich errichtete, andere Firmen, wie Philipp Haas, folgten erst in den vierziger Jahren dem allgemeinen Trend. Im Wiener Becken hingegen begann die Industrialisierung der österreichischen Textilindustrie nach 1800 mit konzentrierten Gründungen von auch für europäische Standards früh mechanisierten Baumwollspinnereien. Seit etwa 1820 wurden außerdem zunehmend Baumwolldruckereien und zuletzt, umfassend erst ab den vierziger Jahren, Baumwollwebereien mit Maschinen ausgestattet.

In Böhmen und Mähren befand sich das Zentrum der industriellen Produktion der Monarchie. 1841 hieß es, daß »Reichenberg, zugleich der Brennpunkt der gewerbereichsten Gegend der Monarchie für Tuch-, Schafwoll-, Leinen-, Baumwoll- und gewirkte Waaren« sei und »die Hauptstadt Prag für Cotton-Druckerei«, hingegen »Georgswalde und Trautenau für Leinenwaaren«.[76] Brünn profitierte ab 1839 von der raschen Verbindung zu Wien, die durch die Kaiser-Ferdinands-Nordbahn geschaffen worden war.

Es ist trotz der geleisteten Forschung noch immer schwierig, die Position des Habsburgerreiches im ›biedermeierlichen‹ Europa richtig einzuschätzen. Die Charakterisierung John Komlos' von 1986 scheint mir noch am treffendsten: »Insgesamt lag Österreich, dessen intensive Industrialisierung schon 1825 einsetzte, nicht hinter Westeuropa oder den Vereinigten Staaten zurück, auch wenn das Tempo der österreichischen Industrialisierung nicht als spektakulär eingestuft werden kann. ... Der charakteristische Aspekt dieses Vorganges war jedoch nicht der eines Mißerfolges. Es war eine Entwicklung ohne großes Aufsehen, aber sie war beständig. Vielleicht ist es etwas salopp und auch nicht ganz korrekt, diese Entwicklung als ›gemütliche Industrialisierung‹ zu bezeichnen. Immerhin konnte während einiger Konjunkturzyklen des Jahrhunderts das Industrialisierungstempo der ›Hochleistungsländer‹ unter den Industriestaaten erreicht werden.«[77]

Charakteristisch für die österreichische Situation war, daß man hier durchaus einen europäischen Standard erreichte mit Mitteln, die auch andere Nationen anwendeten, wie direkte und indirekte marktwirtschaftliche Schutzmaßnahmen, Technologietransfer oder Engagement und Förderung ausländischer Unternehmer. Herausragende Innovationen oder über die Monarchie hinaus einflußreiche Fabrikanten, die anderen Ländern als vorbildlich erschienen oder die man hätte ›exportieren‹ können, brachte Österreich aber nicht hervor. Vielleicht wird deshalb die Rolle der österreichischen Textilindustrie im Vormärz oft falsch eingeschätzt, sowohl zu positiv als auch zu negativ. Außerhalb Österreichs waren nur wenige Handwerker, Techniker oder Unternehmer bekannt, die die Geschicke der Industrie dieses ausgedehnten Landes bestimmt hatten. Seit den vierziger Jahren, während die Textilindustrien in westeuropäischen Zentren wuchsen, verlor die österreichische Textilbranche schnell an internationaler Bedeutung und verdeckte im Rückblick durch diesen spürbaren Rückgang wahrscheinlich seine Position in der ersten Jahrhunderthälfte.

Baumwolle

Die bereits im 18. Jahrhundert immer wichtiger werdende Baumwollwarenerzeugung wurde unter Maria Theresia 1763 frei, 1764 durch Einfuhrzölle geschützt, und 1773 wurde auch der Zunftzwang der Baumwolldruckerei aufgehoben.[78] Andererseits gab es im Habsburgerreich bis in die vierziger Jahre des 19. Jahrhunderts keine allgemeine Gewerbefreiheit, und noch 1843 zählt man nur einzelne Gewerbe auf – Spinnen, Sticken, Nähen, Spitzenklöppelei, Leinen- und Baumwollweberei –, die als »freie Gewerbe welche Jedermann ungehindert betreiben kann« galten.[79] Die Voraussetzungen für eine umfassende und in allen Bereichen der Baumwollverarbeitung gleichmäßige Industrialisierung waren also durchaus gegeben, wenn auch nicht so eindeutig wie zum Beispiel in Preußen, wo die Zünfte 1810/11 aufgehoben wurden und mit der allgemeinen Gewerbefreiheit auch eine allgemeine Gewerbesteuer eingeführt worden war.

Hand in Hand mit der sich entwickelnden Technologie drangen die nun auch in Europa verarbeiteten und damit billigeren Baumwollstoffe in die Mode und in die Ausstattung der Interieurs ein. Ab Mitte des 18. Jahrhunderts wurden in der Innendekoration leichte Baumwollstoffe für Bett- und Fenstervorhänge, austauschbare Draperien an den Wänden oder Möbelbezüge zunehmend beliebt. Die Mode des späten 18. Jahrhunderts und die Empiremode nach 1800 bis in die frühen zwanziger Jahre bevorzugten helle, kleingemusterte und leichte, oft durchsichtige Stoffe, die sich aus Baumwolle besonders gut herstellen ließen. Die Baumwollzentren der habsburgischen Monarchie importierten die Rohware aus Indien, Ägypten, Zypern, Kleinasien, der Levante oder aus den 1789 unabhängig gewordenen Vereinigten Staaten. Gerade wegen der relativ unkomplizierten Bearbeitung eignete sich Baumwolle außerdem

46 Seite aus ›Franz Weiners Pracktische Zimmer Mahlerei‹, um 1835. Gouache. Üppige Draperien an Wänden, Fenstern und Möbeln stellten den Reichtum des Besitzers zur Schau, besonders wenn sie aus kostbaren Stoffen gefertigt waren. Als ›preiswerte‹ Variante galten gemalte Draperien und schließlich Tapeten, die geraffte Stoffe imitieren.

für die massenhafte Produktion und wurde zum ›Leitmaterial‹ der Mechanisierung der Textilindustrie in ganz Europa. Baumwollstoffe verdrängten Leinen und Wolle und spielten in allen Bereichen, in denen Textilien verwendet wurden, eine wichtige, zeitweilig sogar die Hauptrolle. Nicht zuletzt die ›modischen‹ Entwicklungen waren auch für die Fabrikanten der habsburgischen Monarchie ein Grund, in der Baumwollverarbeitung einen zukunftsträchtigen Produktionsbereich zu sehen, der durch die Kontinentalsperre in erreichbare Nähe gerückt war.

Charakteristisch für die Baumwollindustrie – und nicht nur in Österreich – blieb bis in die vierziger Jahre die Arbeit im Verlag, d.h. die Beschäftigung von Heimspinnern und -webern. Deren äußerst geringen Löhne ließen die Investition in moderne Maschinen vorerst unrentabel erscheinen; sie standen der Entwicklung zu industriellen Produktionsformen lange entgegen. Der statistischen Tafel von 1841 entnimmt man, daß es in Nordböhmen 91 Unternehmen mit Lohnwebern gab: »Die Weber arbeiteten entweder für die Spinnereibesitzer, welche ihnen das Garn dazu lieferten, oder für Händler, welche dann die rohe oder zugerichtete Baumwollware weiterverkauften, oder aber für die Besitzer der Baumwolldruckereien. ... Die Großbetriebe der Weberei waren somit meist nicht fabriksmäßige Unternehmungen, sondern fast durchweg nach dem Verlagssystem organisiert.«[80] Insgesamt waren in Böhmen 1841 etwa 150 000 Personen in der Baumwollweberei beschäftigt, wobei man davon ausging, daß für zwei Stühle drei Arbeiter notwendig waren. Auch den Heimwebern für die Baumwollmanufakturen in Niederösterreich wie Himberg, Kettenhof, Fridau, Ebreichsdorf und St. Pölten, hier waren insgesamt 100 000 Menschen beschäftigt, gelang es, allerdings wegen der Hungerlöhne eigentlich auf eigene Kosten, die Mechanisierung hintanzuhalten.[81]

Am frühesten mit Maschinen ausgestattet waren die Baumwollspinnereien im Wiener Becken, die bereits Anfang des 19. Jahrhunderts mit Wasser-, seltener mit Dampfkraft arbeiteten.[82] In Böhmen hatte es hingegen Ende des 18. Jahrhunderts noch 40 000 Baumwollspinner gegeben, die im Verlagssystem arbeiteten.[83] Um am Fortschritt der Engländer im Maschinenbau zu partizipieren, holten 1801 einige adelige Bankiers und Grundbesitzer den englischen ›Maschinenkünstler‹ John Thornton nach Niederösterreich und gründeten mit ihm die Baumwollspinnerei in Pottendorf als erste vollmechanisierte Fabrik Österreichs.[84] Im Wiener Becken entstanden bis 1815 vierzig mit Wasserkraft betriebene mechanische Baumwollspinnereien, nach Pottendorf 1802 Schwadorf, Bruck und Ebreichsdorf und 1803 Teesdorf, um nur die größten zu nennen. Auch für kontinentaleuropäischen Standard war dies früh und so durchaus mit der Entwicklung in Deutschland, der Schweiz oder Frankreich vergleichbar. Die Pottendorfer Spinnerei gehörte sogar zu den fortschrittlichsten des gesamten Kontinents. Mechanische Spinnereien wurden aber auch in den Baumwollwarenfabriken eingerichtet. Spinnerei und Druckerei konnten hier durchaus mechanisiert sein, während man die Weberei weiterhin

47 Entwurf aus der Danhauserschen Möbelfabrik (?), um 1825/30. ›Draperien zu Fenster, Fenster Nr. 45‹. Feder, laviert und aquarelliert

auf Verlagsbasis betrieb. 1801 verfügten die Fabriken in Kettenhof (Niederösterreich) und in Böhmen Josef Leitenberger in Wernstadt sowie die Rottenhanschen und Auerspergischen Fabriken über mechanische Spinnmaschinen.[85] 1810 gab es bei Franz Leitenberger in Josefsthal-Kosmanos (Böhmen) schon zehn englische Baumwollspinnmaschinen. 1813 richteten Herrburger & Rhomberg in Dornbirn (Vorarlberg) eine mechanische Spinnerei ein, 1815 Johann Fehr in Wien, und 1821 ist in der Puthonschen Fabrik in Sassin von »verbesserter« Maschinenspinnerei die Rede.[86] Carl Wilhelm Brevillier, Besitzer einer Baumwollfabrik in Margarethen am Moos (Niederösterreich), rüstete seine Fabrik erst 1827 mit Spinnmaschinen aus, die wohl aus der Fabrik für Maschinenbestandteile kamen, die er seit den zwanziger Jahren betrieb.

Auf die Industrialisierung der Spinnerei folgte die Mechanisierung der Baumwolldruckerei. Die 1783 in England erfundene Walzendruckmaschine, die den Rotationsdruck mit gravierten Kupferwalzen erlaubte, war eine der bahnbrechenden Neuerungen der Zeit. Sie ermöglichte das einfachere und schnellere Herstellen großer Metragen bedruckter Baumwollstoffe, wobei außerdem menschliche Arbeitskraft eingespart werden konnte. Der Walzendruck hatte wesentlichen Einfluß auf die Muster, die sich in der Höhe jetzt nach dem Walzenumfang – nicht mehr als 55 cm – zu richten hatten. Mit diesem Druckverfahren wurden vor allem kleinteiligere Muster für billige Stoffarten hergestellt.

Die erste Walzendruckmaschine der österreichischen Monarchie arbeitete in Niederösterreich ab 1806 in der von Johann Ziegler geleiteten Kettenhofer Zitz- und Kattunfabrik in der Nähe von Schwechat,[87] 1808 folgte Ebreichsdorf.[88] Die Baumwollmanufaktur in Fridau benutzte ab 1815 Walzendruckmaschinen. Der aus Neufchatel stammende Unternehmer Vaucher du Pasquier betrieb seit 1819 die Neunkirchner Kattundruckerei (Abb. 48) mit seinen Maschinen, die er zollfrei aus der Schweiz einführen durfte. 1826 wurde in der Atzgersdorfer Fabrik eine »... von Fichtner in Neutitschein erbaute Dampfmaschine..., welche den Betrieb der Walzen-Druckmaschine, so wie den der Walke und Mangel besorgt« aufgestellt; »diese Dampfmaschine [...bestand] ganz aus Gußeisen [und war] von geringem Umfange«,[89] außerdem war sie die erste Dampfmaschine Österreichs überhaupt. In Sassin gab es seit 1821 eine Druckmaschine (Abb. 55). In Böhmen begann Franz Leitenberger (Abb. 49, 50) in Josefsthal-Kosmanos 1815 englische Walzendruckmaschinen einzusetzen. Die ersten Walzendruckmaschinen in Prag verwendete ab 1823 die Firma Wiener & Söhne (Abb. 51), die 1829 ein Privileg auf den Walzendoppeldruck erhielt.[90]

Die in Rouen 1832 von Louis Jerome Perrot (1798–1878) erfundene und nach ihm benannte Perrotine, die das Handdruck-Plattendruckverfahren mechanisierte, eignete sich besonders für das Bedrucken hochwertiger Stoffe. Der Siegeszug der Perrotine begann in der Habsburgermonarchie in Böhmen, aber erst um 1840. Spätestens seit 1841 wurden in Prag diese Maschinen bei Jerusalem und Pribram, 1843 bei Koechlin

Rechte Seite:
48 Neunkirchner k.k. priv. Zitz- und Kattunfabrik, 1828. »Gedruckte Kammertücher«

20350.
55
J. 531.
Aus Vaucher du Pasquier's Zitz- und Kattunfabrik zu Neunkirchen, 1828
4111.
4112.
4113.
4114.
4115.
4116.
4117.
4118.
4119.
4120.
4121.
4122.
4123.
4124.
4125.
Gedruckte Kammertücher

Links:
49 F. Leitenberger, Josefsthal-Kosmanos, 1820. »Modeldruck, Walzendruck, Walzen- und Handdruck, gemischt, Honicombs nach englischer Art«

Rechts:
50 F. Leitenberger, Josefsthal-Kosmanos, 1820. »Walzen- und Handdruck, gemischt. Meublestoffe mit Walzen- und Handdruck«

und Singer in Jungbunzlau und bei den Gebrüdern Porges (Abb. 52) in Prag eingesetzt. Das Aufstellen von Perrotinen, die den qualitätvollen und immer noch für kostbarere Ware verwendeten Modeldruck ersetzten, führte immer wieder zu Maschinenstürmen. Die Perrotinen der Firma Granichstätten in Wien-Sechshaus sollten 1848 im Zuge der bürgerlichen Revolution zerstört werden, der Ansturm führte sogar zur Zerstörung der gesamten Fabrik.

Die Stoffdruckerei hatte sich im späteren 18. Jahrhundert zunehmend auf das Land um Wien und nach Böhmen verlagert. Baumwolldruckereien, auch als Zitz- und Kottonmanufakturen bezeichnet, waren komplexe Betriebe, in denen das Produkt vom Rohzustand bis zur Endfertigung, nicht unbedingt aber nur in den Fabrikgebäuden selbst hergestellt wurde: Handspinner verarbeiteten die aus verschiedenen Quellen stammende rohe Baumwolle in Heimarbeit. Mit fortschreitender Industrialisierung wurde diese Arbeit mit sehr viel weniger und ungeschultem Personal in der Fabrik mit mechanischen Spinnmühlen bewältigt. Die Weber fertigten dann den einfachen Grundstoff bis in die dreißiger Jahre meist auf Handwebstühlen und in Heimarbeit. Bleichmittel und Farben produzierte die chemische Abteilung in der Textilmanufaktur oder eine

Links:
51 Wiener & Söhne, Prag, 1836.
»Gedruckter Ziz mit kleinen Landschaften«

Rechts:
52 Brüder Porges, Prag, 1837.
»Möbel-Zize«

spezialisierte Fabrik. In den Fabriken wiederum arbeiteten Drucker sowohl an langen Tischen mit Modeln oder Platten als auch später an Walzendruckmaschinen und Perrotinen. Platzaufwand und das Kapital für die Maschinen und die Herstellung oder den Kauf der Farben wirkten hier der Heimarbeit entgegen.

Vorarbeiten zum Färben wie das Bleichen wurden in Böhmen zu einer gewissen Perfektion gebracht, hier galt Christian Polykarp Erxleben als einer der Erfindungsreichsten (Abb. 84). Ein offenbar in ganz Europa beliebtes Druckverfahren wurde 1822 in Österreich erfunden: Den ›Irisdruck‹ ließen sich die 1807 aus dem Elsaß eingewanderten Tapetenfabrikanten Michael Spörlin und Heinrich Rahn 1823 patentieren.[91] Schon 1824 begeisterte der ›Rainbow Style‹ England, und im selben Jahr erhielt Johann Adam Kramer in Mailand ein Patent auf dessen Verbesserung.[92] 1826 kauften die Firmen der Brüder Leitenberger in Josefsthal-Kosmanos (Abb. 95) und in Neu-Reichstadt, die Fabriken in Kettenhof, Sassin, Neunkirchen und Jungbunzlau, d.i. Koechlin & Singer, den Erfindern das Patent ab.

Die Mechanisierung der Baumwollweberei erfolgte am langsamsten und relativ spät. Bereits 1822 – eine Ausnahme – setzten die Puthons in

53 Jenny & Schindler, Hard, 1837. »Echt türkischrothe Kammertücher mit schwarzem Druck«

54 J. Winter, Wien, 1833. »Gedruckte Piqués«

Rechte Seite:
55 Sassiner Zitz- und Kattunmanufaktur, Sas-Var a. d. Miave. »Aus der allgem. Gewerbsprod.-Ausstellung in Wien, 1835, Gedruckter Möbel-Ziz«

Wiener Neustadt mechanische Webstühle zur Baumwollverarbeitung ein.[93] Erst allmählich etablierte sich in Niederösterreich und Böhmen in den dreißiger Jahren die mechanische Weberei. Carl Wilhelm Brevillier war der erste Unternehmer in Niederösterreich, der 1834 sogenannte selbstwebende Baumwollwebstühle in einem Anbau an seine Schwadorfer Baumwollspinnerei einsetzte. 1841 stellte er seine gesamte Weberei – hundert ›Powerlooms‹ – auf Maschinen um.[94] Obwohl Philipp Haas 1833 ein Privileg auf Webstühle erhielt, »die durch äußere Triebkraft in Bewegung gesetzt werden«[95], stattete er seine Weberei für Möbeldamaste in Mitterndorf bei Moosbrunn in Niederösterreich erst 1845 mit 30 mechanischen Webstühlen aus.[96] Brevillier und Haas waren Vorreiter, eine allgemeine Tendenz zu umfassender Mechanisierung der Baumwollweberei in dieser Region setzte sich erst nach der Jahrhundertmitte durch.

Ein anderes Bild bot sich in Vorarlberg, wo man schon seit Mitte der dreißiger Jahre begann, die Baumwollverarbeitung umfassend zu mechanisieren. Obwohl dort zwischen 1835 und 1838 vier große Firmen, Ulmer sowie Getzner – beide ohne Beispiele im Kabinett –, außerdem Ganahl und Jenny & Schindler auf mechanische Webstühle umstellten,[97] wurde noch 1841 dreimal soviel Baumwollstoff im Verlag auf Handwebstühlen gewebt als auf den mechanischen Webstühlen der Fabriken.[98] Dies hing wohl mit der immer noch nicht ausgereiften Maschinentechnik zusammen, der es nur almählich gelang, die mechanischen Webstühle so auszustatten, daß sie reibungslos funktionierten. Dennoch ist das Interesse an innovativer Technik und ihr trotz Rückschlägen unermüdlicher Einsatz ein Indiz dafür, daß hier der zukünftige Mittelpunkt der habsburgischen Baumwollverarbeitung lag. In Vorarlberg wurde um 1840 mehr Baumwolle versponnen als in deutschen Zentren, Italien und die Schweiz allerdings waren dem kleinen Land überlegen.[99]

Auf den Tafeln des Technologischen Kabinetts haben sich Beispiele von 37 Wiener, fünfzehn böhmischen und acht niederösterreichischen Baumwollfabriken erhalten. Aus Vorarlberg gibt es Beispiele von vier Firmen, aus Oberösterreich von drei, aus Lombardo-Venezien von zwei Firmen, aus der Steiermark und Ungarn von je einer Firma. Die Beispiele der sechs russischen Baumwollfabriken stammen alle aus dem Jahre 1835. Man muß wohl davon ausgehen, daß die Anzahl der Wiener Fabrikanten nicht der Bedeutung der hauptstädtischen Baumwollproduktion entspricht, sondern eher damit zusammenhängt, daß die Wiener Fabriken das Fabriksprodukten-Kabinett leichter erreichten als die Fabrikanten aus anderen Provinzen. Unter den Wiener Produzenten befand sich eine Reihe kleinerer Weber-Werkstätten, welche offenbar mit ihren spezialisierten Produkten der Industrialisierung noch mit einigem Erfolg ausweichen konnten. Andere Baumwollfabrikanten beschäftigten sich mit speziellen Druckverfahren, wie Nicolaus Lazarus, die Herren von Phillisdorf, E. Steiner in Mödling oder Joseph Häußle, der 1825 ein Privileg auf die Anwendung der Lithographie auf Leinen-, Schafwoll- und Seidenstoffe erhielt (Abb. 4).[100] Philipp Haas, Ludwig Damböck und Hartenroth

Aus der Sassiner Ziz-
u. Katundruckerei.
20880.
T. 1067.
81
Aus der allgem. Gewerbsprod.-Ausstellung in Wien, 1835.
8080
Gedruckter Möbel-Ziz.

56 Kettenhofer Zitz- und Kattunfabrik bei Schwechat, 1825. »Gedruckte Calicots und Kammertücher«

57 Koechlin & Singer, Jungbunzlau, 1835. »Gedruckte Kammertücher, croiséartig zugerichtet« (Detail)

beteiligten sich an der Produktion von Maschinenspitze und Tüll nach englischem Vorbild. Wien war auch bei Baumwolle ›Sitz der Kunstweberei‹. Die spezialisierten Weber schufen façonnierte, d.h. gemustert gewebte Stoffe, verschiedene hauchdünne, gazeartige Gewebe oder glatte Luxusgewebe wie Percal, außerdem Piqués. So heißt es beispielsweise von Joseph Winter (Abb. 54) in Wien Mariahilf, »... in glatten Stoffen namentlich in Percal und Piqué sind gegenwärtig die Fabriken von Jos. Winter ... die vorzüglichsten.«[101] Noch 1828 webte er »mit alten Stühlen Baumwollstoffe aller Arten.«[102]

Die früheste Gründung überhaupt, aus der Beispiele im Technologischen Kabinett aufbewahrt waren, ist die Fabrik der Freiherren von Puthon in Sassin (Abb. 55), damals in Ungarn gelegen. Das Unternehmen wurde 1736 als Kattundruckerei von Franz Stephan von Lothringen, dem späteren Kaiser Franz I., ins Leben gerufen und 1786 von Johann Baptist Puthon übernommen. 1833 erwarben seine Söhne Johann Baptist und Karl Puthon die Fabrik in Fridau bei St. Pölten und firmierten seither im Kabinett als ›Sassin & Fridau‹. Beide Fabriken wurden schon 1842 geschlossen.[103] Eine andere, von höchster Stelle geförderte Gründung war die Kettenhofer ›k.k. privilegierte Zitz- und Kattunfabrik‹ bei Schwechat in Niederösterreich (Abb. 56). Sie wurde 1770 von Graf Cajetan von Blümegen ins Leben gerufen. Nach 1770 gründete Franz Xaver (später: Freiherr von) Lang die Kattundruckerei in Ebreichsdorf, die um 1800 zur größten Textildruckerei Niederösterreichs avancierte. In den achtziger und neunziger Jahren des 18. Jahrhunderts folgten dann in Böhmen die Gründungen von Johann Joseph Leitenberger in Neu-Reichstadt (1788) und Josefsthal-Kosmanos (1794). Aus der ersten Fabrik J.J. Leitenbergers in Wernstadt, 1764 von ihm übernommen, gibt es keine Beispiele, wohl weil sie 1817 schon geschlossen wurde. Baumwolldruckereien wurden von den Brüdern Moses und Juda Leopold Porges in Prag (1790) und Moses Jerusalem & Aaron Przibram in Karolinental (1798) ins Leben gerufen. Adelige Grundherren wie Auersperg oder Rottenhan hatten in Manufakturen, die sie auf ihren Ländereien errichten ließen, im Laufe des 18. Jahrhunderts mit Leinenverarbeitung begonnen und produzierten jetzt sowohl Leinen- als auch Baumwollwaren. Erst 1802 wurde die (später von Carl Leitenberger übernommene) Fabrik August Starkes in Niemes gegründet. Noch später, 1813 und 1819, erfolgten die Gründungen der Fabriken Wiener & Söhne in Prag und Carl Koechlin & Jeremias Singer in Jungbunzlau. Auch in Vorarlberg waren es bereits im 18. Jahrhundert entstandene Baumwollfabriken – Jenny und Schindler (1792) oder Herrburger & Rhomberg (1795) –, die später bei der Industrialisierung eine wichtige Rolle spielten. Die meisten Gründungen erfolgten hier aber erst im 19. Jahrhundert.

Seide, Bänder und Shawls

Durch gezielte und intensive Förderung der Seidenindustrie hatten Maria Theresia und Joseph II. ihre Hauptstadt Wien in der zweiten Hälfte des 18. Jahrhunderts zu einem Seidenzentrum gemacht. Die Chance, mit Hilfe von Privilegien, Zollfreiheit und -schutz sowie zur Verfügung gestellter Gebäude – meist von Joseph II. aufgehobene Klöster – eigene Firmen gründen zu können, nahmen vor allem italienische Seiden- und deutsche Samtweber wahr. Sie gründeten oder übernahmen Werkstätten und Manufakturen, die unter der Führung ihrer Söhne zu den wichtigsten Textilfabriken im biedermeierlichen Wien gehörten. So fand der Vater der Gebrüder Mestrozi, Joseph Mestrozi, schon 1765 seinen Weg von Görz nach Wien, und ein paar Jahre später, 1768, übernahm der Hamburger Webermeister Georg Christian Gottlieb Hornbostel in Wien die Samtweberei Engelbert Königs, der ebenfalls aus Hamburg stammte.[104] 1787 gründete Christoph Andrä (oder André) aus Mühlheim am Rhein mit kaiserlicher Unterstützung für seinen Sohn eine Seiden-, Samt- und Bandfabrik im ehemaligen Karmeliterkloster in Wiener Neustadt.

Die napoleonischen Kriege hatten für die Wiener Seidenindustrie einerseits Vorteile gebracht, da die französische Konkurrenz weitgehend ausfiel, andererseits hatte sich die Rohseide durch die Zerstörungen der Maulbeerbaum- und Seidenraupenzuchten in Norditalien wesentlich verteuert. Die norditalienische Seidenindustrie, welche »auch die Wohlfeilheit des rohen Stoffes zum Vortheile hat«,[105] war dennoch immer eine Rivalin für die Hauptstadt, besonders zwischen 1797 und 1815, als das Lombardo-Venezianische Königreich nicht zur Monarchie gehörte und Wien die Rohseide auf umständlicheren und kostspieligeren Wegen einkaufen mußte. In Wien spezialisierte man sich auf kompliziert gemusterte Gewebe, um den italienischen Produkten – vornehmlich einfache, glatte Seidenstoffe – nicht in die Quere zu kommen. Mit diesen versuchte man eine Konkurrenz zu Lyoner Seiden aufzubauen, deren kostspieliger Import gedrosselt werden sollte. Um 1800 erreichte Wien mit 8 000 Seidenwebstühlen und insgesamt 30 000 Beschäftigten in der Textilproduktion einen Höhepunkt. Nach dem Staatsbankrott 1811, der anschließenden Rezession und auf Grund des Stilwandels in der Mode, die leichte, ungemusterte Gewebe und Baumwollstoffe bevorzugte, war die Anzahl der Webstühle um 1819 auf 4 600 geschrumpft.[106] Keeß meinte, daß »eben mit dem Augenblicke der Verminderung der quantitativen Production die Periode ein[trat], wo man die möglichste Vollkommenheit der Erzeugnisse zu erreichen suchte.«[107] Das geschah nicht zuletzt, weil einzelne Unternehmer noch vor 1820 grundlegende technische Neuerungen einzuführen begannen und damit den Aufschwung unterstützten. Erst 1827 wurde der Stand von 1800 wieder erreicht, man zählte »29 größere landesbefugte Fabriken, 267 bürgerliche und 310 k.k. priv. und sonstige befugte Seidenzeug-, Sammt- und Dünntuch-Fabrikanten«.[108] Die Seidenwebereien waren in Wien vor allem im Vorort Schottenfeld,

58 ›Wiener Moden‹, 1818, Nr. 85, Modenbild XXIX: »Weißer Basthut mit einem Rosenbusch; ... Das Perkalkleid mit einer Farbe von gestickten und ausgelegten Entoilagen; der von Spitzen und schmalen gestickten Perkalzacken zusammengesetzte Spenzer ist mit rosenfarbenem Taffet unterlegt. Die Halskrause und Ärmelbesetzung sind durchbrochene Spitzen.« MHM Wien

59 Gebrüder Mestrozi, Wien, 1820. »Broschirtes Dünntuch«

23042.
TAFEL XXII.
Aus der Hornbostelschen Seidenzeugfabrik in Wien, 1820 u. 1821. 1.
270.
271.
Creppartig gepreßtes Dunntuch.
Broschirtes Dünntuch.
272.
273.
274.
275.
Façonnirte Dunntücher.
276.
Gestreiftes Dunntuch mit Stroh.

dem heutigen siebten Gemeindebezirk, angesiedelt, der immer noch unter der Bezeichnung ›Seiden-‹ oder ›Brillantengrund‹ – Ausdruck der Prosperität seiner Bewohner – bekannt ist. Die Wiener Seidenindustrie konnte sich nach 1815 vor allem auf Grund der wesentlich erleichterten Rohstoffzufuhr zu einem echten Konkurrenten für Frankreich entwickeln. Mit dem Lombardo-Venezianischen Königreich, das nach dem Wiener Kongreß zu Österreich kam, befand sich der größte Rohstofflieferant Europas in den eigenen Landesgrenzen. Andererseits waren die norditalienischen Fabrikanten weiterhin ernstzunehmende Konkurrenten, auch was technologische Fragen betraf. Vom Klima begünstigt konzentrierte sich die Seidenraupenzucht und damit die Rohseidenerzeugung, aber auch die Seidenweberei in den ökonomisch hochentwickelten Gebieten um Mailand, Como und Vicenza. Die Gewerbefreiheit in der Lombardei förderte darüber hinaus unternehmerische Aktivitäten, die zur Industrialisierung beitrugen.

Die frühesten erhaltenen Muster der 65 Seidenfabrikanten aus dem Technologischen Kabinett stammen aus dem Jahr 1817, die meisten kamen erst um und nach 1820 dazu, als die Wiener Seidenweberei wieder zu florieren begann. Der Schwerpunkt der Beispiele liegt mit 43 Fabrikanten auf dem Zentrum Wien. Aus Lombardo-Venezien stammen Muster von vierzehn Seidenfabriken. Aus Tirol kamen zwei, aus Rußland fünf Aussteller der ersten Wiener Gewerbeprodukten-Ausstellung 1835.

Die meisten Muster (2045) haben sich aus dem Unternehmen Christian Georg Hornbostels (Abb. 60) erhalten, das – allerdings auch erst 1817 – Muster von 1803 einschickte. »Die Hornbostelsche Fabrik gehört in jeder Hinsicht zu den größten und ausgezeichnetsten Etablissements dieser Art«,[109] war nicht nur von Keeß' Meinung. Mehrfache Auszeichnungen belegen den untadelig guten Ruf als fortschrittliches, innovatives und wirtschaftlich wichtiges Unternehmen. Schon 1790 arbeitete der Gründer Georg Christian Gottlob Hornbostel mit 200 Webstühlen. Sein Sohn Christian Georg Hornbostel war der erste europäische Unternehmer, der die in England für die Baumwollweberei entwickelten mechanischen Webstühle für Seide adaptierte. 1816 erhielt er zusammen mit dem Bandfabrikanten Thomas Bischof ein Privileg darauf. 1817 installierte er 40 dieser Stühle in einem neu erbauten Gebäude in Leobersdorf an der Triesting in Niederösterreich.[110] Sie wurden mit Wasserkraft betrieben und waren aus Holz konstruiert, wie die meisten ›Maschinen‹ in Österreich in der ersten Hälfte des 19. Jahrhunderts.[111] Diese Webstühle versah Hornbostel 1825 mit dem Jacquardmechanismus und war damit wieder der erste in Mitteleuropa, der mechanische Jacquardstühle benutzte.[112] Selbst in Lyon, dem Zentrum der Seidenweberei Europas, hat man erst seit den frühen dreißiger Jahren auch in der Fabrikation luxuriöser Seidenstoffe mechanische Webstühle einzusetzen begonnen. Hornbostels Fabrik in Leobersdorf war allerdings technologisch und was den frühen Wechsel des Standortes auf das Land betraf auch für die habsburgische Monarchie eine Ausnahme.

61 L. Rüdelmann, Wien, 1838.
»Cannelirte Gros de Naples«

Linke Seite:
60 C. G. Hornbostel, Wien, 1821.
»Creppartig gepreßtes Dünntuch; Broschiertes Dünntuch; Façonnirte Dünntücher; Gestreiftes Dünntuch mit Stroh«.
Dünntuch, bis in die zwanziger Jahre das beliebteste Material für Sommer- oder Ballkleider, wurde aus italienischer Seide gewebt, nachdem man ein spezielles Ausrüstungsverfahren entwickelt hatte.

62 S. Kargl, Wien, 1822. »Seiden-Lampas zu Tapeten etc.«
Mit dem Jacquardwebstuhl angefertigt. Der 1801 von Joseph-Marie Jacquard aus Lyon patentierte Mechanismus für den Webstuhl, der das Musterweben wesentlich erleichterte, wurde in Wien erst in den zwanziger Jahren eingeführt.

Neben Hornbostel galt das Unternehmen der Brüder Mestrozi, das bereits 1823 seine Pforten schloß, als die wichtigste Seidenwarenfabrik. Die 282 Muster Paul und Vitalis Mestrozis im Kabinett stammen aus den Jahren von 1818 bis 1822. Der hohe Standard ihrer Ware entsprach der technischen Aufgeschlossenheit der Brüder. Im selben Jahr, in dem Hornbostel seine ›selbstwebenden‹ Stühle einsetzte, 1817, begannen die Brüder Mestrozi, Jacquardvorrichtungen an ihren Handwebstühlen zu installieren (Abb. 63),[113] ein für Wien früher Zeitpunkt, denn hier kam dieser Mechanismus erst in den zwanziger Jahren allgemein in Gebrauch.[114]

Der wichtigste und vielbeschäftigte österreichische Konstrukteur von Jacquardwebstühlen, Johann Bausemmer, »Maschinist in Wien«, hatte sein Handwerk in Lyon eingehend studiert, bevor er 1821 in Wien ein Patent auf die Verbesserung der Jacquard- und Musterschlagmaschine erhielt und die neuen Webstühle, meist aus Holz, nachbaute.[115] »Insbesondere gab man sich in Wien seit Einführung derselben viele Mühe, diese Maschine nicht nur zu verbessern, sondern auch zu vereinfachen, und man hatte es bis zum J. 1824 dahin gebracht, daß die Bestandtheile größtentheils aus Holz sind, und die Maschine an sich viel niedriger ist, so, daß sie auch in niedrigen Zimmern aufgestellt werden kann.«[116] In der kurzen Inventarbeschreibung des Kabinetts von 1823 erwähnt Karl Karmasch einen Tapetenstoff aus der Weberei Sebastian Kargls (Abb. 62), der auf einem von Bausemmer konstruierten Jacquardstuhl gewebt worden war.[117] 1829 webte der Bandfabrikant Franz Heller ›Dünntücher mit

Dessin‹ mittels Jacquardmechanismen. Um 1840, auf dem Höhepunkt der Wiener Seidenproduktion, gab es insgesamt 950 Seidenwarenfabriken und Gewerbe und 12 000 Webstühle, rechnet man Seide und Mischprodukt zusammen.[118] Der mechanisierte Jacquardwebstuhl setzte sich allerdings in Österreich erst in der zweiten Jahrhunderthälfte richtig durch. In Wien gab es 1850 die erste Fabrik mit 25 Kraftstühlen. 1854 waren es 600 Maschinenstühle neben 3 600 Handwebstühlen und 2 000 handbetriebenen Jacquardstühlen.

Weitere Wiener Seidenfabrikanten, deren guter Ruf aus den Quellen hervorgeht und durch die oft reichlich erhaltenen Muster des Kabinetts anschaulich vor Augen geführt werden kann, sind beispielsweise Ludwig Rüdelmann (Abb. 61), der seine Seidenweberei bereits 1817 gründete und schließlich nach 1823 die Fabrik der Brüder Mestrozi übernahm. Von ihm gibt es 1 267 Muster. Von Josef Fürgantner (Abb. 65), dessen Produktion 718 Muster dokumentieren, weiß von Keeß 1829 zu berichten: »Jos. Fürgantner (s[eit]. 1814) zeichnet sich nicht allein in Seidenstoffen, sondern auch in Halbseidenwaaren, und besonders in Modestoffen aus. Er hat eine schön eingerichtete Werkstätte mit Jacquardstühlen.«[119] Aus Joseph Nigris (Abb. 67) ›Fabrik mit Filatorium für eigenen Bedarf zur Erzeugung von Tramen‹, Bronze- und Silbermedaillengewinner auf den Wiener Ausstellungen 1835 und 1839 sind 309 Muster erhalten. Der Seidenzeugfabrikant Alexander Daumas gründete seine Werkstatt erst 1819 und erhielt auf allen drei Wiener Ausstellungen eine Silbermedaille. 1845 besaß er 150 Webstühle. Er ist mit 473 Mustern aus den Jahren zwischen 1824 und 1838 vertreten.

Die erhaltenen Beispiele aus dem Lombardo-Venezianischen Königreich (Abb. 66) werden der Bedeutung dieses Seidenlandes keineswegs gerecht. Obwohl sich Muster von 14 Firmen finden, gibt es nur 41 Tafeln aus den Jahren 1820, 1822, 1823, 1835, 1836 und 1837, die wenig repräsentativ zu sein scheinen, wenn man in den ›Tafeln zur Statistik‹ von 1841 anhand nüchterner Zahlen das blühende Gewerbe beschrieben findet. Spätestens 1822 arbeitete man hier mit dem Jacquardstuhl, also etwa zum gleichen Zeitpunkt wie in Wien.[120] 1835 gab es in Mailand nahezu 2 000 Webstühle und in Como noch einmal 1 580. Beim Weben waren hier hauptsächlich Männer beschäftigt, Frauen und Kinder leisteten Hilfsarbeiten, vor allem beim Zurichten der Webstühle. 1841 war fast ein Sechstel der Bevölkerung des Königreiches, 796 000 Menschen, in der Seidenindustrie beschäftigt.[121]

Die Mechanisierung begann im Bereich der Baumwolle früher und schritt rascher voran, jedenfalls was Spinnen und Drucken betraf. Die Seide verarbeitenden Betriebe waren hingegen die ersten, die die Webtechnik erneuerten und mechanisierten. Das traf in ganz Europa zu und ist nur folgerichtig, betrachtet man die materialimmanenten Voraussetzungen. Die Baumwollindustrie brauchte vor allem große Mengen mehr oder weniger fein gesponnener Fäden, mit denen webtechnisch unkomplizierte Stoffe möglichst rasch und in großen Mengen gewebt werden

63 Gebrüder Mestrozi, Wien, 1820. »13 verschiedenartig gemusterte Seidenstoffe vom Jacquartstuhle. Es zeigt sich daraus die Vollkommenheit dieser Maschine und die große Abwechslung der Dessins, deren dieselbe fähig ist.«

64 C. Graf Vasquez, ›Mestrozisches Haus und Seidenzeug Fabrik des Herrn Ludwig Rüdelmann am Schottenfeld, Feldgasse No. 318‹. Randvedute aus dem Plan ›K.K. Polizey=Bezirk St. Ulrich‹, um 1835. Kolorierte Lithographie

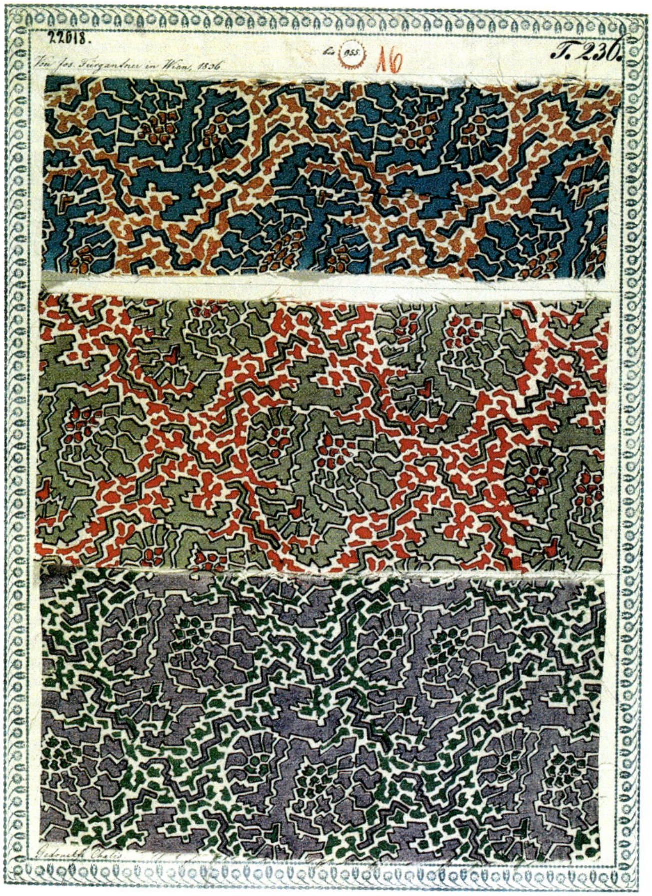

Links:
65 J. Fürgantner, Wien, 1836. »Gedruckte Chalis«

Rechts:
66 Brüder Cavenezia, Mailand, 1820. »Virginet. Möbelstoff. Schwerster Sammt, Genueser Sammt genannt«

Rechte Seite:
67 J. Nigri, Wien, 1835. »Möbel-Bordur. Möbelstoff«

konnten, um dann wiederum so rasch wie möglich arbeits-, personal- und damit kostensparend bedruckt zu werden. Die Neuerungen mußten deshalb beim Spinnen und Drucken beginnen, wo einerseits sehr große Mengen, andererseits der technische Vorgang den Einsatz von Maschinen lohnend erscheinen ließen. Das Weben und in manchen Regionen auch das Spinnen konnten lange sehr viele Handwerker in Heimarbeit besorgen, da es keine besonderen Fertigkeiten oder spezielle Maschinen erforderte. Bei der Seidenverarbeitung hingegen ist das Weben die zentrale Tätigkeit. Die komplexen, eingewebten Muster der seidenen oder halbseidenen Luxusprodukte erfordern kompliziertere Webvorgänge, die rationalisiert werden müssen, will man mehr Profit machen. Zuerst ist die langsamere Produktion bei teuren Luxusprodukten kein marktwirtschaftlicher Faktor, erst wenn man auch hier eine breitere qualitäts- und damit preisorientierte Fächerung erreichen möchte, wird sie wichtig. Die erfinderischen Energien konzentrierten sich bei der musterorientierten Seidenweberei deshalb auf den Webstuhl, der hierbei das wichtigste Gerät ist.

In Wien waren es wiederum nur einzelne, vorausschauende Fabrikanten, die die neuen Technologien in ihren Betrieben installierten. Die meisten Weber und Produzenten blieben gerade in der Luxusgüterindustrie

23747.
Von Jos. Nigri in Wien.
24
T. 721.
Aus der allgem. Gewerbsprod-Ausstellung in Wien, 1835.
3627
Möbel-Bordur
3628
Möbelstoff

68 Kettenhofer Zitz- und Kattunfabrik bei Schwechat, 1821. »Gedruckter Merinos auf Shawls u. Umhängtücher. d°. d°.«

69 A. Harpke, Wien, 1847. Bänder.
TM Wien
Bänder und Kaschmirshawls waren beliebte Accessoires der Damenmode, auf die sich in Wien eine Reihe von Fabrikanten spezialisiert hatten.

konservativ, das heißt dem Handwebstuhl verpflichtet. So bekam der bürgerliche Seidenzeugfabrikant Michael Sottil 1822 ein Privileg zur ›Verbesserung‹ am Seidenzeug-Webstuhl, der zehn- bis zwölfjährige Kinder befähigte, mit einem Tritt Grundbindungen zu weben. Das Privileg wurde noch 1837 erneuert.[122] Das Spinnen der Seide geschah meist schon im Entstehungsland, wenn nicht, wie bei einzelnen Wiener Firmen vermerkt, ein Filatorium »für den eigenen Gebrauch« vorhanden war.[123]

Das Bedrucken von Seide oder Wolle war nicht grundsätzlich verschieden von den Methoden, mit denen man Baumwollstoffe bedruckte. Von Keeß bestätigt dies 1821: »Auch das Drucken der Seidenzeuge ist in Ansehung der Quantität nicht von Bedeutendheit; es gibt daher nur selten Individuen, welche sich ausschließlich mit dem Seidendrucke beschäftigen, sondern meistens wird derselbe von Baumwoll- und Schafwolldruckern ausgeübt, da er auch in Ansehung des Verfahrens und der dazu erforderlichen Hülfsmittel großen Theils mit dem Drucke der Baumwoll- und der Schafwolle übereinkommt.«[124] Dennoch gab es dafür eigene Privilegien. Die Kettenhofer Zitz- und Kattunfabrik entwickelte beispielsweise 1816 ein Verfahren, mit dem auf Schafwolle und Seide mit ›festen‹ Farben gedruckt werden konnte.[125] Hier hat man dann 1819/20 und 1823 auf diese Weise auch die so beliebten Shawls als bedruckte Ware hergestellt.[126] 1818 erhielt Ignaz Leitenberger in Neu-Reichstadt das Privileg für eine Plattendruckmaschine, die Seide, Baumwolle und Wolle bedrucken konnte.[127] 1827 bereicherte Franz Ritter von Andrä seine Fabrik in Wiener Neustadt um eine Seidendruckerei.[128]

Ein begehrter Modeartikel waren Seiden- und Samtbänder, die als Luxusartikel vor allem in der Damenmode eine große Rolle spielten und für die eine eigene Industrie hauptsächlich in und um Wien aufgebaut worden war. Die berühmtesten Fabrikanten waren Thaddäus Berger in Penzing bei Wien und in Wiener Neustadt der schon genannte Andrä zusammen mit seinem Kompagnon Bräunlich. Ersterer kam aus der Schweiz, wo sich in Basel das Zentrum der europäischen Seidenbandindustrie befunden hatte. Die Bandindustrie wurde schon sehr früh mit technischen Neuerungen in Gang gebracht und mechanisiert. So besaß Berger bereits 1803 182 Maschinenbandstühle und beschäftigte über 600 Personen. Im selben Jahr wurden Wiener Seidenwarenfabrikanten als Seidenbandhersteller genannt, beispielsweise Hornbostel mit 82, Fürgantner mit 52, Griller mit 45 und Codecasa mit 24 Bandstühlen.[129] Mustertafeln mit Bändern sind hauptsächlich im Technischen Museum Wien erhalten, wobei die 180 Bandmuster der Penzinger Firma Thaddäus Berger aus nur drei Jahren (1818 bis 1820) das umfangreichste Konvolut bilden. Besonders reizvolle Bänder haben sich aus der Firma Anton Harpke in Wien erhalten, Muster von Andrä & Bräunlich hingegen sind im Kabinett nicht vorhanden. 18 Bandwebereien aus Wien, je zwei aus Mähren und aus dem Lombardo-Venezianischen Königreich sowie je eine aus Ober- und Niederösterreich haben Muster hinterlassen. Außer der anschaulichen Menge von Berger gibt es jeweils nur einige Tafeln; Jablonski in Wien und Vernay in Mailand bilden mit 14 bzw. 24 Tafeln die Ausnahmen. Die florierende Bandindustrie ist demnach in den erhaltenen Beständen des Polytechnischen Instituts kaum adäquat dokumentiert.

70 J. Ziegler, Ladenschild für die Modewarenhandlung ›Zur Französin‹, 1839. Öl auf Eisenblech. HM Wien

Ein anderes Luxusprodukt, das die österreichische Textilindustrie in Europa konkurrenzfähig machte, war der Wiener Kaschmirshawl.[130] Die außerordentliche Beliebtheit dieses modischen Accessoires illustrieren vor allem die Porträts der Zeit, auf denen sich kaum eine Dame ohne einen Kaschmirshawl zeigt. Seine Herstellung, unter die Halbseiden- oder Schafwollwaren eingereiht, wurde ebenfalls vor allem in der Hauptstadt betrieben: »Nachdem in Frankreich das Beispiel zur Verfertigung unächter Shawls gegeben worden war, konnte es nicht fehlen, daß dieselbe auch in anderen Ländern versucht wurde, und gegenwärtig verfertigt man

71 J. Blümel & Co., Wien, 1825. »Shawlstuch, welches auf beyden Seiten getragen werden kann. Shawlsbordur, auf beyden Seiten rechts«

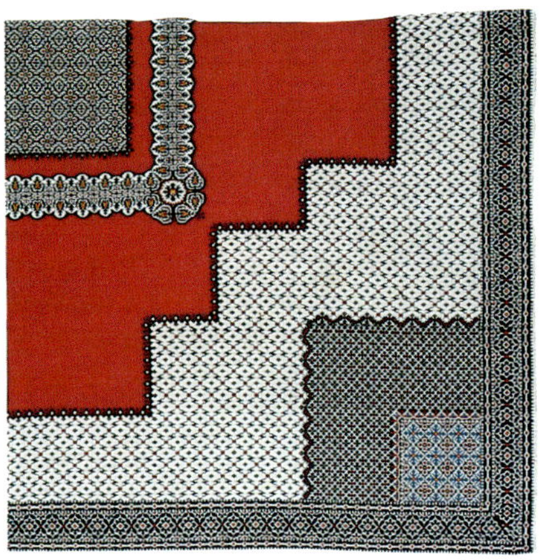

72 J. Burde, Wien, vor 1837. Shawlviertel

auch bei uns solche Shawls von vorzüglicher Qualität.«[131] Kaschmirshawls wurden vor allem in England und Schottland sowie in Frankreich erzeugt. Wegen ihrer kaum zu überschätzenden modischen Bedeutung waren sie exportorientierte, wichtige Bestandteile der Textilindustrie. Während man im übrigen Europa vor allem Gebrauchsware erzeugte, war auch hier Frankreich das künstlerische und modische Vorbild. In Paris, Nantes und Reims entstanden die schönsten und material- wie mustermäßig aufwendigsten europäischen Kaschmirshawls.[132]

Material und Technik europäischer Kaschmirshawls mußten vom indischen Vorbild vor allem aus ökonomischen Gründen abweichen. Trotz mannigfacher Versuche gelang es nicht, ein der Kaschmirwolle entsprechendes Material zu produzieren, der Import hingegen war unrentabel. Die charakteristische Weichheit wie das geringe Gewicht des Originals versuchte man durch Mischen von Seide und Wolle oder Baumwolle zu erreichen. Meist wurde das Muster in Wolle, Baumwolle oder in beiden Materialien in eine seidene Kette eingetragen. Die Webtechnik der ›echten‹ Shawls – Tapisserieweberei in Köperbindung auf Handwebstühlen – konnte auf den Webstühlen des Westens nicht gewinnbringend nachvollzogen werden, so daß man in Europa lancierte Gewebe verfertigte, deren – auf der Rückseite flottierenden – Schüsse man nach der Fertigstellung des Shawls mit der Hand und später maschinell ausschnitt.[133] Die große Nachfrage nach den reich und kompliziert gemusterten Produkten ließ die Arbeit mit Jacquardwebstühlen für den Shawlfabrikanten besonders notwendig erscheinen. Da der Jacquardmechanismus die Arbeit am Handwebstuhl wesentlich erleichterte – man benötigte nur noch einen Tritt –, waren in der Shawlfabrikation besonders viele Hilfskräfte, vor allem Frauen und Kinder, beschäftigt.

Zwei Shawlfabrikanten, die schon 1823 Jacquardwebstühle benutzten und von denen Muster erhalten sind, können namhaft gemacht werden: David Herrmann erhielt in diesem Jahr ein Patent für einen »Merino oriental« genannten Stoff für Frauenkleider und Tücher, den er auf einem Jacquardstuhl webte.[134] Im selben Jahr wurde im Zusammenhang mit Johann Blümels Patent für einen reversiblen Shawl mit unterschiedlichem Muster auf jeder Seite konstatiert (Abb. 71): »Sie werden entweder auf dem Jacquartstuhle oder mittels der Walzen- oder sogenannten Leinwandmaschine verfertigt.« 1824 erhält derselbe Fabrikant ein Privileg auf »Guirlandentücher«, und der Webstuhl »...ist der für solche Arbeiter gewöhnliche Webestuhl mit einer Jacquartmaschine.«[135] Johann Zeisel sowie Anton Mayer erhielten 1828 bzw. vor 1829 Patente auf besondere Kartenschlagmaschinen, die die ›Programme‹ für den Jacquardmechanismus beinhalteten, benutzten also ebenfalls die Neuerung. 1832 waren in Wien allein 4 000 Jacquardhandwebstühle mit der Verfertigung von Kaschmirshawls beschäftigt.

In Wien begann die Shawlproduktion um 1800; in qualitätvollen Beispielen von Georg Griller ist sie seit etwa 1820 im Kabinett nachweisbar. Als Halbseidenproduzent brauchte der Shawlweber keine besondere

Befugnis und war auch nicht an Zunftregeln gebunden. Wichtigster Fabrikant war wohl Joseph Burde (Abb. 72), der ab 1834 mit dem Wiener Textilhändler Rudolph Arthaber zusammenarbeitete, der seit 1825 mit Shawls handelte. Aus dieser Werkstatt sind die meisten Muster erhalten, mehr als fünfzig Shawlviertel, die Arthaber 1836 dem Kabinett schenkte und die wohl zwischen 1834 und 1836 entstanden sind. Joseph Zeisel, der 1826 Johann Blümels Fabriken in Wien und Warschau übernahm, verkaufte seine Ware 1833 ebenfalls über Rudolf Arthaber und arbeitete seit 1837 mit einer Doppel-Jacquardmaschine.[136] Fabrikanten aus verschiedenen Materialbereichen beteiligten sich an dem lukrativen Geschäft mit »unächten« Kaschmirshawls. Beispielsweise wurden Kaschmirshawls aus reiner Seide oder nur aus Wolle gewebt, und die erwähnten Merinos waren mit Kaschmirmuster bedruckte Baumwoll- oder Wolltücher. Noch in den vierziger Jahren gingen zwei Drittel der Produktion in den Export; es war vor allem die Leipziger Messe, auf der Shawls verkauft wurden.

73 Seite aus ›Franz Weiners Pracktische Zimmer Mahlerei‹, um 1835. Gouache. Wie man sieht, griff die Orientmode der dreißiger Jahre auch auf die Interieurgestaltung über; es ist nicht bekannt, ob Weiner den Entwurf ausgeführt hat.

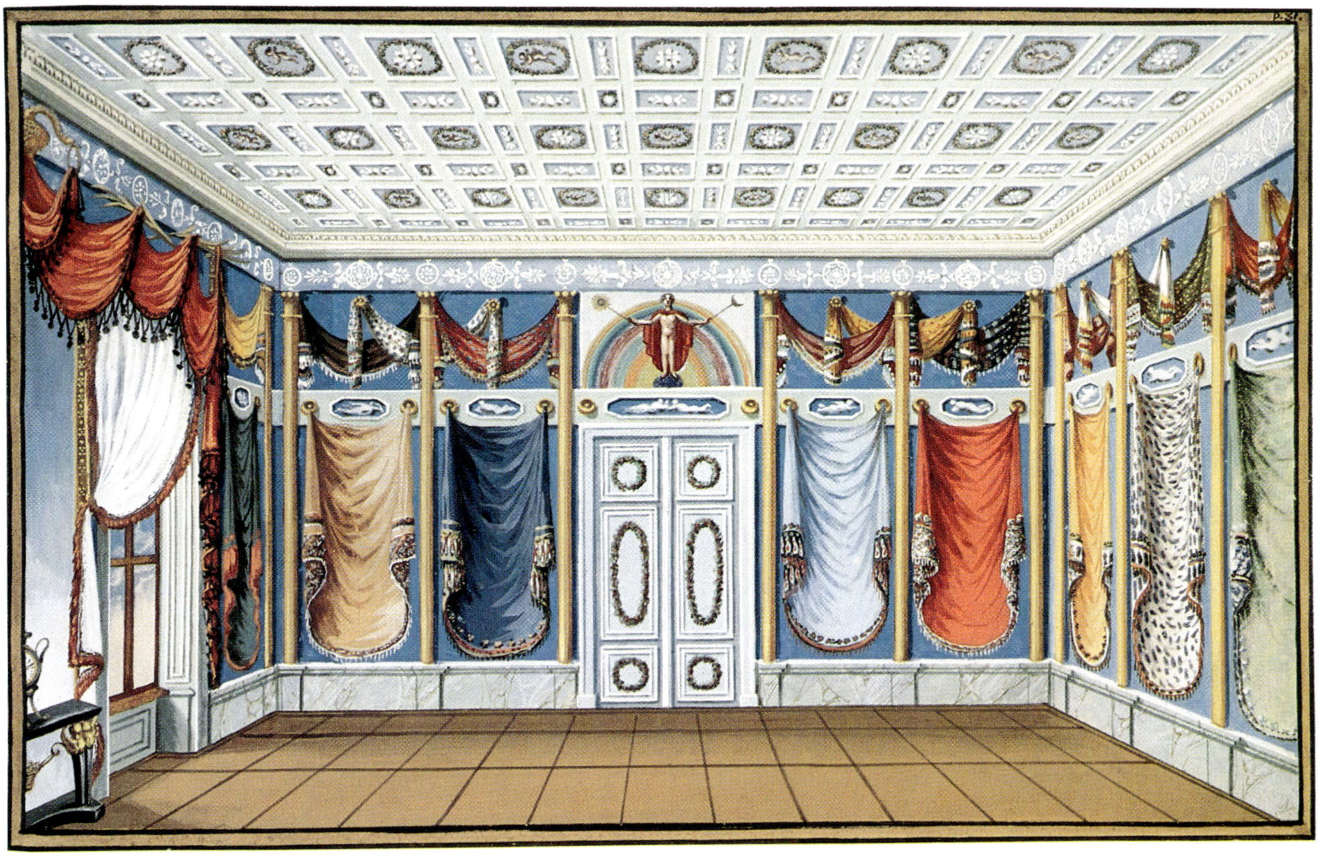

74 ›Wiener Moden‹, 1820, Nr. 129, Modenbild XLIII. »Das schottische Überkleid hat den Kragen und die Verzierung von Sammet mit Atlas berändert. Die Binde ist von Sammetbändern, der Hut von Atlas…« MHM Wien

75 Namiest, 1839. »Stoffe auf Damenmäntel«

Wolle

In Österreich, wo erst in der zweiten Hälfte des 18. Jahrhunderts eine nennenswerte Schafzucht betrieben wurde, war die traditionsgebundene Wollweberei seit je nicht einer der florierendsten Textilzweige. Sie blieb bis in die 1840er Jahre zünftisch organisiert, und man kann hier weiterhin von einer selbstverständlichen Kontinuität der Heimarbeit bis in die zweite Jahrhunderthälfte ausgehen. Durch den Aufschwung der Baumwolle wurde die Wollwarenerzeugung zu Beginn des 19. Jahrhunderts vorübergehend zurückgedrängt. Auf der anderen Seite bewirkte die Kontinentalsperre in Bereichen der Wollproduktion, die durch Baumwollwaren nicht ersetzt werden konnten, einen Aufschwung, da die englische Konkurrenz ausgeschaltet war. Das Ende der Kontinentalsperre brachte wie überall ein böses Erwachen, das aber auch positive Folgen hatte. Die Wollindustrie machte nach der Depression in den frühen zwanziger Jahren einen Umstrukturierungsprozeß durch, der zu ihrer Konsolidierung führte und der Österreich um die Jahrhundertmitte kurzfristig zu einem der größten Wollproduzenten Europas werden ließ. Als man begann, zur gestiegenen Wollproduktion im Lande zusätzlich Wolle zu importieren, zum großen Teil aus der Türkei, belebte sich die Wollindustrie, und Fertigprodukte aus Wolle wurden schließlich zu einem der Hauptexportartikel. Neben den traditionellen Zentren in Mähren und Böhmen, wo auch die qualitätvollste Ware entstand, gab es wollverarbeitende Fabriken in Ungarn, Siebenbürgen und Galizien, die vornehmlich für den einheimischen Bedarf produzierten.

Nicht zuletzt führte auch bei diesem Material seit Mitte des zweiten Jahrzehnts die Männermode und ab den dreißiger Jahren die Damenmode zu neuer Nachfrage: Die zunehmend einfacher geschnittenen und farblich gedeckten Stoffe für Frack oder Gehrock und für Mäntel bei den Männern machte Wolle zum Basismaterial für ihre Kleidung. Modestoffe für Damen, jetzt ebenfalls dunkler und auf Jacquardstühlen mit eingewebten Mustern versehen, konnte man das ganze Jahr über aus Wolle tragen, und auch Möbelbezüge und Vorhänge fertigte man zunehmend aus dunkleren und stabileren Woll- und Halbwollstoffen.

Die renommierten Wollfabriken Böhmens befanden sich in Reichenberg, die Mährens in Brünn. Vor allem die Eisenbahnverbindung zwischen Brünn und Wien, 1839 vollendet, förderte den Handel mit der mährischen Metropole. Oft waren diese Fabriken Gründungen des 18. Jahrhunderts, so beispielsweise die böhmische Wollenzeug-Manufaktur in Neugedein (1763/68), Johann Heinrich Offermann in Brünn (1786) oder die Freiherrlich von Puthonsche Tuchfabrik in Namiest bei Brünn (1796). Sie wurden bereits in den frühen dreißiger Jahren mechanisiert und schafften so – vergleichbar der Baumwollindustrie in Vorarlberg – den Anschluß an das gesamteuropäische Niveau. Analog der Entwicklung bei der Baumwollverarbeitung wurden zuerst die vorbereitenden Schritte, das Spinnen, und die Endfertigung, das Scheren und Walken des Stoffes, durch Maschinen vereinfacht. Gewebt wurde meistens weiterhin im Verlag auf Handwebstühlen, auch hier bestand wegen der sehr niedrigen Löhne kein Bedarf an maschinellen Neuerungen und personeller Rationalisierung.

Die Mustertafeln der wollverarbeitenden Firmen in den beiden Wiener Museen illustrieren Produkte aus 25 Fabriken in Mähren, Böhmen, Wien, Oberösterreich, Tirol, Niederösterreich, Kärnten, Steiermark, Vorarlberg, Lombardo-Venezien und Rußland. Die erhaltenen Muster stehen in einem gewissen Mißverhältnis zu den relativ zahlreichen Namen, denn von den meisten Firmen gibt es nur wenige, von manchen sogar nur eine und nur von einigen zwischen 9 (Johann Floth, Schönfeld) und 24 Tafeln (Namiest). Die Linzer Wollenzeug-Fabrik hingegen ist sehr gut und vielfältig repräsentiert. Ihre im Museum für angewandte Kunst heute aufbewahrten 20 Teppiche und über 200 Muster aus dem Kabinett stellen die wichtigsten noch erhaltenen Dokumente ihrer Produktion dar. Als staatliches Unternehmen nahm sie eine besondere Stellung ein.[137]

Die Linzer Manufaktur, die größte wollverarbeitende Textilfabrik Österreichs, war organisatorisch und betriebswirtschaftlich ein Relikt vergangener Zeiten. Schon 1672 gegründet, seit 1754 verstaatlicht, produzierte die k.k. Wollenzeug-Fabrik in Linz neben Wollstoffen, ab 1795 auf Initiative ihres rührigsten Direktors, Konrad Sörgel von Sorgenthal, charakteristische Bodenteppiche (Abb. 77, 81), außerdem bedruckte, wollene Tischteppiche (Abb. 78). 1807 wurde Jakob Feßl Leiter der Teppichwerkstatt, die schon 1822/23, aber nur für kurze Zeit, mit Jacquardwebstühlen arbeitete. Die Teppiche wurden in Bahnen wie Samt mit aufgeschnittenem und unaufgeschnittenem Flor gewebt, die Borten nebeneinander, und dann nach Bedarf zugeschnitten und zusammengenäht. Das Teppichfeldmuster konnte aber auch wie ein Spannteppich den gesamten Boden bedecken. Der Teppichdekor entsprach zuerst der Dekorationsstruktur von Decken- oder Wandaufteilungen, später den gleichzeitigen Stoff- und Tapetenmustern. Man trug so dem wachsenden

76 R. von Alt, ›Interieur aus dem Palais Clary-Aldrigen in Teplice‹, 1846. Aquarell. Regionâlní Muzeum Teplice

77 Linzer Wollenzeug-Manufaktur, 1820. »Ordinärer aufgeschnittener Teppich«. Der Spannteppich des Interieurs in Teplitz entspricht exakt einem erhaltenen Muster aus der Linzer Wollenzeug-Manufaktur.

Interesse am Bodenteppich Rechnung, der sich dem Gesamteindruck des Raumes anpaßte und zunehmend selbstverständlicher Teil auch der bürgerlichen Wohnkultur wurde. Gemessen an der regen Produktion haben sich wenige Stücke erhalten, wohl weil sie sich schnell abnützten oder als Spannteppiche zusammen mit der als unmodern empfundenen Zimmereinrichtung verschwinden mußten. Die Linzer Wollenzeugfabrik wurde 1850 geschlossen.

78 Linzer Wollenzeug-Manufaktur, 1835. »Gedruckter Rosenkranz zu einem Tischteppich von Tuch«

Die 1768 gegründete Schafwollwaren-Manufaktur in Neugedein in Böhmen erhielt erst 1834 ihr kaiserlich königliches Fabriksprivileg und reorganisierte im selben Jahr den gesamten Betrieb: Die Produktion wurde auf Dampfmaschinen umgestellt, und die Gebäude erhielten Gasbeleuchtung. Leider gibt es nur 47 Muster, die alle aus dem Jahr 1829 stammen, also vor der Umstrukturierung entstanden. Der euphorische Bericht von der Wiener Gewerbeausstellung 1835 zeigt, wie stolz man auf dieses Unternehmen war und gibt gleichzeitig eine anschauliche Schilderung der schieren physischen Größe: »...die Gesammtfabrikation [beschäftigt] gegen 6 000 Menschen... Die Fabrikation ist in mehr als 20 Gebäude vertheilt, in welcher sich eine Werkstätte zur Erbauung der nöthigen Maschinen, Zwirn- und Webestühle, eine große Färberei, eine Appreturanstalt u.s.w. befinden.«[138]

Auch der aus Montjoie (Preußen) – heute Mondschau bei Aachen – nach Brünn ausgewanderte Johann Heinrich Offermann stand der Industrialisierung aufgeschlossen gegenüber. In seinem 1786 gegründeten Unternehmen begann die Mechanisierung 1803 mit einer Tuchschermaschine. 1813 folgte die Einführung einer der ersten Wollspinnmaschinen der Monarchie[139] und 1816 die erste Dampfmaschine in Böhmen. 1835 importierte Karl Offermann, der die Firma seit 1819 leitete, englische Walk- und Waschmaschinen und setzte schließlich 1851 mechanische Webstühle mit einem Gesamtvolumen von 70 Pferdestärken ein. Offermann wurde sowohl von von Keeß als auch später von Slokar zu den vorzüglichsten Tuchfabrikanten der Monarchie gerechnet.[140] Auf den Wiener Ausstellungen erhielt die Fabrik 1835 und 1839 eine silberne, 1845 eine Goldmedaille. Die 159 Muster aus dem Kabinett können nur einen sehr reduzierten Aspekt seiner Produktion vor Augen führen, sie stammen alle aus dem Jahr 1837.

79 W. Skene, Brünn, 1845. »Militär-Tücher«

In Namiest, im Brünner Kreis, lag die »größte und vollkommenste Tuch-Manufactur in Mähren und überhaupt in der österr. Monarchie ...die dem Hrn. Grafen von Haugwitz und Frhrn. v. Puthon gehörige Fabrik ..., welche unter der Direction des Hrn. Heinrich Zurhelle, der auch Mitinteressent ist, steht.«[141] Aus dieser k.k. privilegierten Feintuch- und Kasimirfabrik gibt es 191 Muster ausschließlich aus dem Jahr 1839. In Namiest befand sich 1825 die erste Wasch- und Walkmaschine Mährens. Die Fabrikgebäude wurden ab 1830 mit Gas beleuchtet, und in der Färberei gab es schon 1833 eine Dampfheizung. Die Maschinenaufzählung von 1841 ist eindrucksvoll: Die Rauherei allein umfaßte 21 Maschinen, in der Walkerei arbeiteten 15 Maschinen, und für die Appretur werden 43 Maschinen aufgezählt; 3 Dampfmaschinen von 41 Pferdestärken sowie 2 Wasserräder mit 70 PS lieferten die notwendige Energie. Fast 1 000 Menschen waren in der Fabrik beschäftigt.

In Niederösterreich gab es um 1820 nur eine, allerdings nicht unbedeutende Tuchfabrik, die der Gebrüder The Losen, die aus Eupen bei Aachen (Preußen) kamen und sich 1815 in Rittersfeld etablierten.[142] Auch sie hatten ihre Maschinen mitgebracht, »nämlich Spinn- und Schermaschinen und viele zur Färberei und Appretur gehörige Werkzeuge«.[143] Sie erhielten 1825 ein Privileg auf eine Wollwaschmaschine.[144]

80 J. S. Decker (1784–1844), ›Schlafzimmer der Erzherzogin Sophie in Laxenburg‹, um 1825/30. Gouache. Stg. PSG Potsdam

81 Linzer Wollenzeug-Manufaktur, um 1820. »Kleiner Bett-Teppich mit abgepaßtem Muster und schwarzen Fransen, geschnittener Flor«. Das Motiv des kleinen Bett-Teppichs im Schlafzimmer der Erzherzogin Sophie in Schloß Laxenburg dürfte mit dem des erhaltenen Linzer Teppichs identisch sein.

Leinen

In der habsburgischen Monarchie war die Leinenverarbeitung vor allem in Böhmen, Böhmisch-Schlesien und in Mähren, in der Lombardei und Galizien beheimatet. Im Norden wurde Flachs, im Süden und Osten Hanf zu Leinen verarbeitet. Den besten Flachs lieferten Böhmen und Mähren. Die meisten Arbeitsschritte der Leinenverarbeitung waren, wie bei Baumwolle und Wolle vor allem die Weberei, vorwiegend im Verlagssystem als Hausindustrie organisiert.

Die Leinenverarbeitung geriet allgemein durch den neuen Werkstoff Baumwolle in eine schwierige Lage. Als jedoch die Kontinentalsperre spürbare Schwierigkeiten bei der Beschaffung von Baumwolle verursachte, griff man auf den inländischen Rohstoff zurück. Allerdings gingen die neuen technischen, die Leinenverarbeitung belebenden Impulse von Frankreich aus: Erst als 1810 Napoleon in den von ihm eroberten Ländern einen Preis für eine mechanische Leinenspinnmaschine ausschrieb, gab es ernsthafte Versuche, das Flachsspinnen zu mechanisieren und damit den technologischen Fortschritt der Baumwollverarbeitung einzuholen.

Österreich hatte vorerst allerdings keinen Anteil an dem innovativen Impuls. Hier behinderte der Wunsch Kaiser Franz' I., die Flachsspinnerei händisch betreiben zu lassen, um der bäuerlichen Bevölkerung nicht einen wichtigen Teil ihrer Lebensbasis zu nehmen, lange die Weiterentwicklungen. Allein in Böhmen gaben die Leinenmanufakturen um 1810 mehr als 600 000 Menschen Brot.[145] »Noch 1815 war der Leinwandhandel ungeachtet der Nachtheile, die ihm die Continentalsperre zugezogen hatte, in manchen Gegenden blühend.«[146] Die Krise begann erst 1816 und führte zu einer raschen und drastischen Verschlechterung der Lage der Leinenproduzenten und des Leinenhandels.

82 K. Fürst Auersperg, Tuppadl, 1808.
»Ord. u. feine Piqués«

Ein weiterer Grund für die technische Rückständigkeit dieser Industrie lag am mangelnden Interesse der Großgrundbesitzer an entsprechenden Investitionen; sie allein hätten das Kapital zu sachgerechter Aufbereitung gehabt. Wie in der Baumwoll- und Wollweberei waren es jedoch wiederum die sehr niedrigen Löhne der Leinen-Spinner und -Weber, die die Industrialisierung hintanhielten und entsprechende Investitionen obsolet erscheinen ließen.

Die mangelnde Verbreitung der Ware bildete einen anderen Grund für die Rückständigkeit, »... denn nur ein Theil der erzeugten Leinenstoffe bildet einen Gegenstand des Handels, der bei weitem größere Theil (der ordinären Gattung angehörig) hingegen fällt der Hausweberei anheim, wo der Landmann aus selbstgebautem Flachse (und Hanfe) in der Winterzeit mit seiner Familie das Garn spinnt und daraus die Leinwand zu seinem eigenen Gebrauche webt.«[147] In Böhmen waren die Produzenten in drei Kategorien aufgeteilt. ›Commercial-Weber‹ waren Familien, die alle Arten von Leinenwaren webten und von ihrem Verkauf lebten. Sie kauften das Garn in kleinen Mengen und verkauften die gewebte Ware. Der ›Landweber‹ betrieb, wie oben in der Quelle zitiert, das Weben als Nebenbeschäftigung mit eigenem Flachs und erzeugt nur einfache Ware, die er meist selbst verbrauchte. Als Weber arbeitete er ausschließlich im Winter. Die ›Leinwand-Fabriken‹ arbeiteten für feste Rechnung gegen Garnverlag an die Weber. Nur wenige beschäftigten Weber auf eigenen Webstühlen in den Fabrikgebäuden. Leinwand-Fabriken waren vielmehr mit Bleichen und mit der Appretur von fertigen Leinenstoffen beschäftigt. Die chemische Schnell- oder Kunstbleiche mit oxydierter Salzsäure wurde in Böhmen und Frankreich in den achtziger Jahren des 18. Jahrhunderts gleichzeitig erfunden. Gegenüber der Rasenbleiche hatte sie den großen Vorteil, den Arbeitsvorgang von mehreren Wochen auf wenige Tage zu verkürzen.

Erst in den vierziger Jahren zeigten sich positive Tendenzen, die wohl auf die Ende der zwanziger Jahre einsetzende Mechanisierung zurückzuführen waren. Schon 1817 hatten die Maschinenfabrikanten Wurm & Pausinger in Wien ein Privileg auf eine Flachsspinnmaschine erhalten.[148] 1829 benutzten die böhmischen und mährischen Betriebe der Auerspergs und Harrachs englische Maschinen ›für den eigenen Gebrauch‹, ab 1835 waren bei Erxleben in Landkron (Böhmen) alle Maschinen mit Wasserantrieb ausgerüstet. In diesen Fällen mag das Nebeneinander von Leinen- und Baumwollproduktion positiv auf die Mechanisierung der Leinenverarbeitung gewirkt haben. 1845 gab es in der gesamten Monarchie 20 000 Flachsspinnmaschinen, zehn Jahre später bereits 82 000, die meist in den traditionell mit der Flachsverarbeitung beschäftigten Ländern Böhmen und Mähren zu finden waren. Leinenfärberei und -druckerei hingegen waren um 1840 sehr zurückgegangen. Leinen wurde also vor allem für Tisch-, Bett- oder Leibwäsche verwendet.

Die Provinzen, in denen Leinen verarbeitet wurde, erreichten auf Grund ihrer diversen Bedürfnisse auch unterschiedliche Ergebnisse. So florierte im Grenzland Galizien die Leinenindustrie wegen des großen Bedarfs des Militärs. Das bedeutete aber auch, daß dieses Leinen nur in Galizien verbraucht wurde und nicht in den weiteren Handel gelangte. Handelsware mittlerer und minderer Qualität stellte

83 Gebrüder Stolle, Warnsdorf. »Gebleichter Tischzeug, ord. Gebl: Tischz:, mittelf: gebleicht: Damast=Tischzeug, fein wie 136 …«

die niederösterreichische Hausweberei in Orten wie Groß-Sieghards oder Weitra her, dem sogenannten Bändlkrämer-Land. In Oberösterreich war die Leinenverarbeitung ebenfalls als Hausweberei besonders im oberen Mühlviertel mit Haslach als Zentrum verbreitet. Ähnliches traf auf Tirol, die Steiermark, Kärnten und Krain zu. Auch in der Lombardei, einem traditionellen Zentrum der Leinenverarbeitung, überwog die Handweberei, um 1835 gab es hier noch 3 847 Handwebstühle mit 7983 Beschäftigten.

1841 gelangten die ›Tafeln zur Statistik der österreichischen Monarchie‹ bezüglich der Lage der Leinenverarbeitung in der Habsburgermonarchie einerseits »... zu der Ueberzeugung, daß sich im Leinwandhandel seit 20 Jahren nicht viel verändert hat«; andererseits gehörte die Leinenverarbeitung auch jetzt noch zu einem durchaus beachteten Teil der österreichischen Textilindustrie. So heißt es an derselben Stelle: »Die Leinen-Industrie, der älteste so wie einst der wichtigste Zweig der österreichischen Betriebsamkeit, ist in der neueren Zeit durch die aufstrebende Baumwoll-Industrie vielfach beschränkt, und für die hiermit Beschäftigten weniger lohnend geworden, er muß aber noch immer den Hauptzweigen der vaterländischen Industrie beigezählt werden, und liefert, obiger Beschränkung ungeachtet, dem Gewichte und der Stückzahl (nicht so dem Werthe) nach, eine größere Menge von Stoffen für den Verbrauch, als die übrigen gewebte Stoffe erzeugenden Industrie-Zweige zusammen genommen. Seine Wichtigkeit wird dadurch bedeutend erhöht, daß der Urstoff im Lande vortrefflich gedeiht, und vorzugsweise ein Erzeugnis jener höher gelegenen Gegenden ist, welche für den Getreide-Anbau wenig oder gar nicht geeignet sind.«[149] Die teuren Maschinen dafür wurden »bis vor kurzem« noch ausschließlich importiert.

Insgesamt gibt es aus dem ehemaligen Technologischen Kabinett Muster von 27 leinenverarbeitenden Betrieben in Böhmen, Mähren, Wien, Niederösterreich, Oberösterreich, der Steiermark, Italien und Galizien. Meist ist pro Firma nur eine Tafel vorhanden. Der Bereich Leinen erscheint am dürftigsten dokumentiert. Besonders bedauerlich ist, daß sich aus den vier größten Fabriken Böhmens, die Leinenwaren produzierten, meist allerdings auch Baumwolle verarbeiteten, nur auf bestimmte Jahre limitierte und entsprechend kaum signifikante Leinenmuster erhalten haben. Dabei handelt es sich um die Gebrüder Stolle (Abb. 83) (21 Muster undatiert) und Fröhlich's Söhne (216 Muster von 1835 bis 1838), beide in Warnsdorf, außerdem um die Auerspergische Fabrik in Tuppadl (Abb. 82) (35 Muster von 1808). Die in den Quellen immer wieder als exemplarisch hervorgehobene Produktion der Firma Erxleben & Comp. in Landskron kann mit 194 Mustern von 1808 und 1825 kaum genügend dokumentiert sein. Hier befand sich eine der größten Bleichereien Europas, und ihr Besitzer, Christian Polycarp Erxleben, hatte zu diesem Thema 1812 die erste wissenschaftliche Abhandlung (›Die böhmische Leinwandbleiche‹) publiziert.

Rechte Seite:
84 Brüder Erxleben & Comp., Landskron, 1825. »Krappviolette, einfarbige Handmodeldrucke. krapprother, zweyfarbiger Handmodeldruck. indig=u. krappfarbige, bunte Handmodeldrucke. Indigoküperblauer, einfacher Walzendruck«

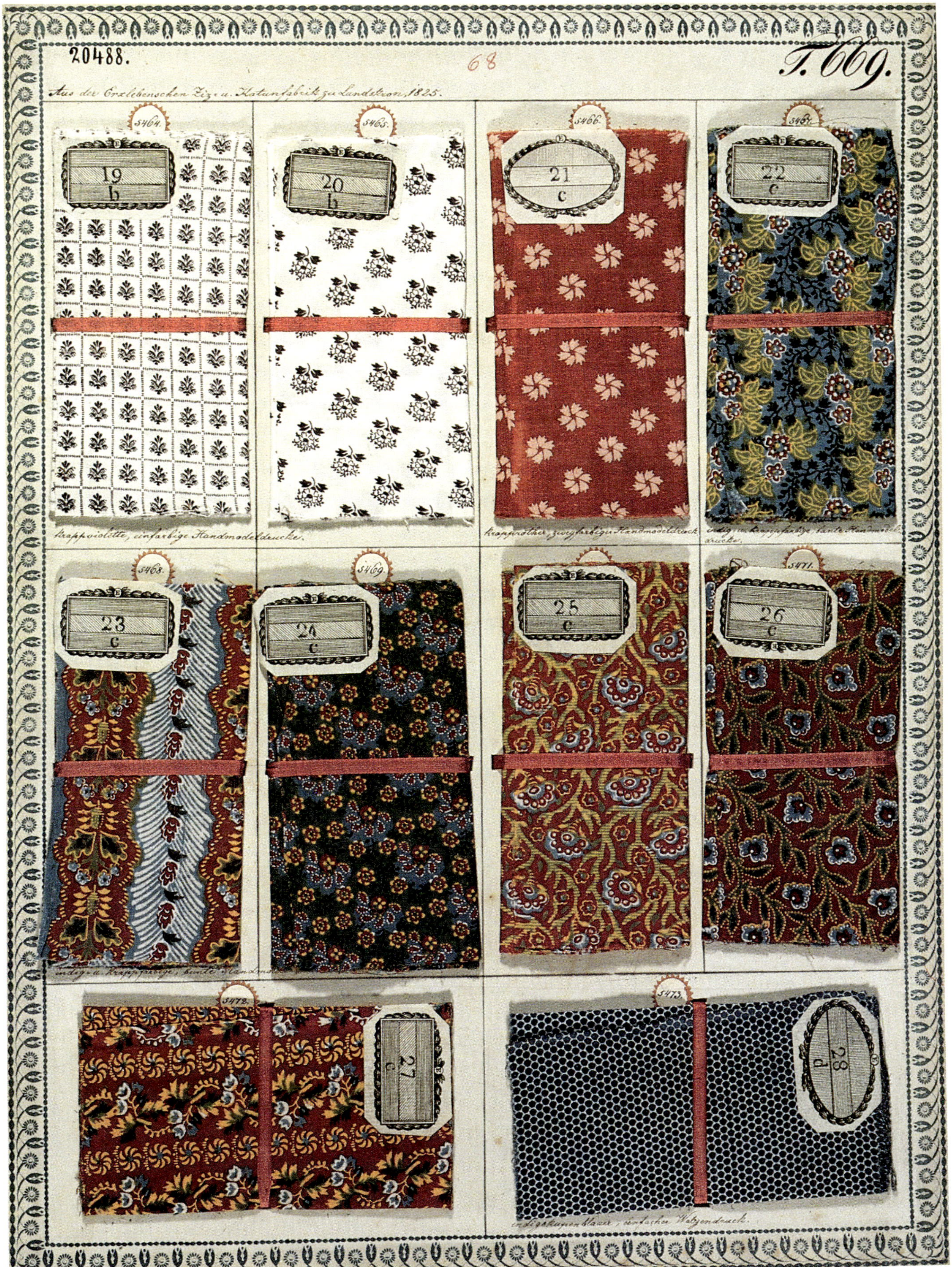
20488.
68
T. 669.
Aus der Erxlebenschen Ziz u. Katunfabrik zu Landskron, 1825.
5464.
19
b
5465.
20
b
5466.
21
c
22
c
23
c
24
c
25
c
26
c
5468.
5469.
5471.
5472.
27
c
5473.
28
d

Fabrikanten und Fabriken

Die persönliche Stellung der Fabrikanten in der Biedermeierzeit entsprach der damaligen, durch Umwälzungen verursachten sozialen Vielschichtigkeit. Durchaus gegensätzliche Möglichkeiten existierten nebeneinander, die einerseits innovative, der Zukunft verpflichtete Vorstellungen förderten, andererseits aber auch anachronistisch anmutende Ansätze zuließen. Versierte Handwerker mit kaufmännischem Geschick konnten im Bereich der vorerst weiterhin ohne Maschinen arbeitenden Luxusproduktion der Hauptstadt zu Unternehmern aufsteigen, und traditionsbewußten Webermeistern gelang es, kommerzielle Nischen für ihre Arbeit, ihr Können und ihre Phantasie zu finden. Ohne großes Kapital konnten sie ihrer qualifizierten und spezialisierten Arbeit zum Beispiel als Shawl- oder Kirchenstoffproduzent nachgehen. Ihre Ware bestach durch handwerkliche und künstlerische Gediegenheit, war durchaus kostspielig und fand ihren vermögenden Kundenkreis. Die ›Kunstweber‹ bildeten das beharrende Potential. Die so weiterhin erhaltene Handwerklichkeit hatte zwar in dieser Zeit noch eine breite Basis, drohte aber zugunsten einer gewissen Industrialisierungseuphorie rasch an Boden zu verlieren. Ausreichendes Kapital hingegen erforderte die Gründung und Ausstattung großer Fabriken mit entsprechenden Maschinen, die den Tendenzen der hier rekonstruierten Entwicklungen, den neuesten Erfindungen und Verbesserungen Rechnung trugen. Dies stand meist nur Unternehmern zur Verfügung, die ihr Vermögen bereits in anderen Bereichen angesammelt hatten, wie beispielsweise Bankiers oder Händler.[150] Zu dieser Schicht gehörte auch der durch Land- oder Immobilienbesitz vermögende Adel.[151]

In Böhmen, Mähren und Niederösterreich unterhielten adelige Grundbesitzer schon im 18. Jahrhundert auf ihren Besitzungen Manufakturen, die anfangs Leinen, dann auch Baumwolle verarbeiteten, so die Auerspergs in Tuppadl, die Harrachs in Starkenbach und in Janowitz, die Rottenhans in Rothenhaus oder Cajetan von Blümegen in Kettenhof. Andererseits gab es in diesen Ländern bürgerliche Fabrikanten, oft selbst Stoffdrucker oder Weber, die ihre Unternehmen seit dem späten 18. oder frühen 19. Jahrhundert aufbauten. Zu ihnen gehörten in Niederösterreich Franz Xaver Lang in Ebreichsdorf (1773) und Carl Chazel in

Linke Seite:
85 J. S. Decker (1784–1844), ›Wohnzimmer der Erzherzogin Sophie in Laxenburg‹, um 1825/30. Gouache. Stg. PSG Potsdam
Hier sind Sessel und Sofa mit einem Baumwollstoff bezogen, dessen Muster, der damals überaus beliebte ›Irisdruck‹ – verlaufende, irisierende Streifen –, 1823 von den Tapetenfabrikanten Spörlin und Rahn zum Patent angemeldet und diesen 1826 von einigen Baumwollfabrikanten abgekauft wurde (vgl. Abb. 95, 97, 98).

86 J. Kriehuber (?), Paul Mestrozi. Lithographie. Aus: ›Die wichtigsten Momente meines Lebens, gewidmet seinen Nachkommen zur späten Erinnerung von Paul Mestrozi, 1839‹

Rechte Seite:
87 Mustertafel mit Felpelmustern. »Erzeugnisse aus der Fabrik der Brüder Mestrozi in Wien«. Rollettmuseum Baden
›Felpel‹, Webpelzstoffe in den kühnsten Farbzusammenstellungen, eine Spezialität der Brüder Mestrozi, fanden in der Mode als Besätze oder Futter Verwendung.

Perchtoldsdorf (1798), in Mähren Johann Heinrich Offermann in Brünn (1786) und in Böhmen die Gebrüder Porges (1790) und Michael Wiener in Prag (1813), außerdem Moyses Jerusalem & Aaron Pribram nahe Prag (1798) sowie Christian Polykarp Erxleben (1802) und Peter August Schlechta (1808) in Landskron.

Vor allem in Wien und vornehmlich in der Seidenverarbeitung gab es Webermeister, die sich aus eigenen Kräften zu Fabrikbesitzern emporgearbeitet hatten. Die Wiener Seidenfabrikanten Paul und Vitalis Mestrozi oder Christian Georg Hornbostel brachten die Voraussetzungen für derartige Karrieren mit. Die Baumwollfabrikanten Philipp Haas und Johann Joseph Leitenberger, Gründer erfolgreicher Textilunternehmen in Wien und in Böhmen, machen deutlich, daß es auch andere Varianten gab. Gemeinsam war den genannten ihre spezifische handwerkliche Begabung, umfassendes und detailliertes theoretisches sowie technisches Wissen, das sie mit künstlerischem Gespür und wirtschaftlichem Geschick verbanden. Der Shawlweber Joseph Burde und der ›bürgerliche Seidenfabrikant‹ Joseph Lehmann sind exemplarisch für Weber, deren Produkte wegen ihres hohen handwerklichen Niveaus besonders geschätzt wurden. Als frühindustrielle Unternehmen seien die Fabriken der einflußreichen Familien Fries und Puthon beschrieben.

Die Seidenfabrikanten Paul und Vitalis Mestrozi in Wien

Die persönlichen und beruflichen Lebensumstände eines Wiener Seidenfabrikanten des frühen 19. Jahrhunderts beschreibt anschaulich die mehrfach erwähnte handschriftliche Autobiographie Paul Mestrozis, den die Quellen übereinstimmend als einen der bedeutendsten seiner Branche einstufen.[152] 25 Tafeln mit 282 Mustern aus dem Fabriksprodukten-Kabinett geben außerdem ein Bild von seiner Ware: variationsreiche, qualitätvolle Modestoffe aus nur drei Jahren, 1819 bis 1822. Die anfangs schon vorgestellte, von Mestrozi nicht nur aus eigenen Produkten zusammengestellte Stoffmustersammlung bietet zusätzliches Anschauungsmaterial, ebenso die Tafeln im Rollettmuseum in Baden bei Wien.

Joseph Mestrozi, 1765 aus Görz nach Wien gekommen, seit 1777 ›bürgerlicher Seidenzeugfabrikant‹, starb 1790. Seine Söhne, Paul (1771–1858) und der jüngere Vitalis (1774–1823), mußten nun als Heimweber für fremde Betriebe arbeiten, so für Andrä & Bräunlich in Wiener Neustadt.[153] Wegen ihrer außerordentlichen handwerklichen Fertigkeiten als Weber und als Einrichter von Webstühlen wurden die Mestrozis oft herangezogen, wenn es um webtechnische Schwierigkeiten ging. 1787 bis 1793 besuchten sie »Sonn- und Feiertags« die private Zeichenschule Franz Grabners, später Direktor der Manufakturzeichenschule der Akademie, um Zeichnen und Patronieren zu erlernen.[154] Seit 1796 befand sich die Mestrozische Produktionsstätte im Schottenfeld. 1798

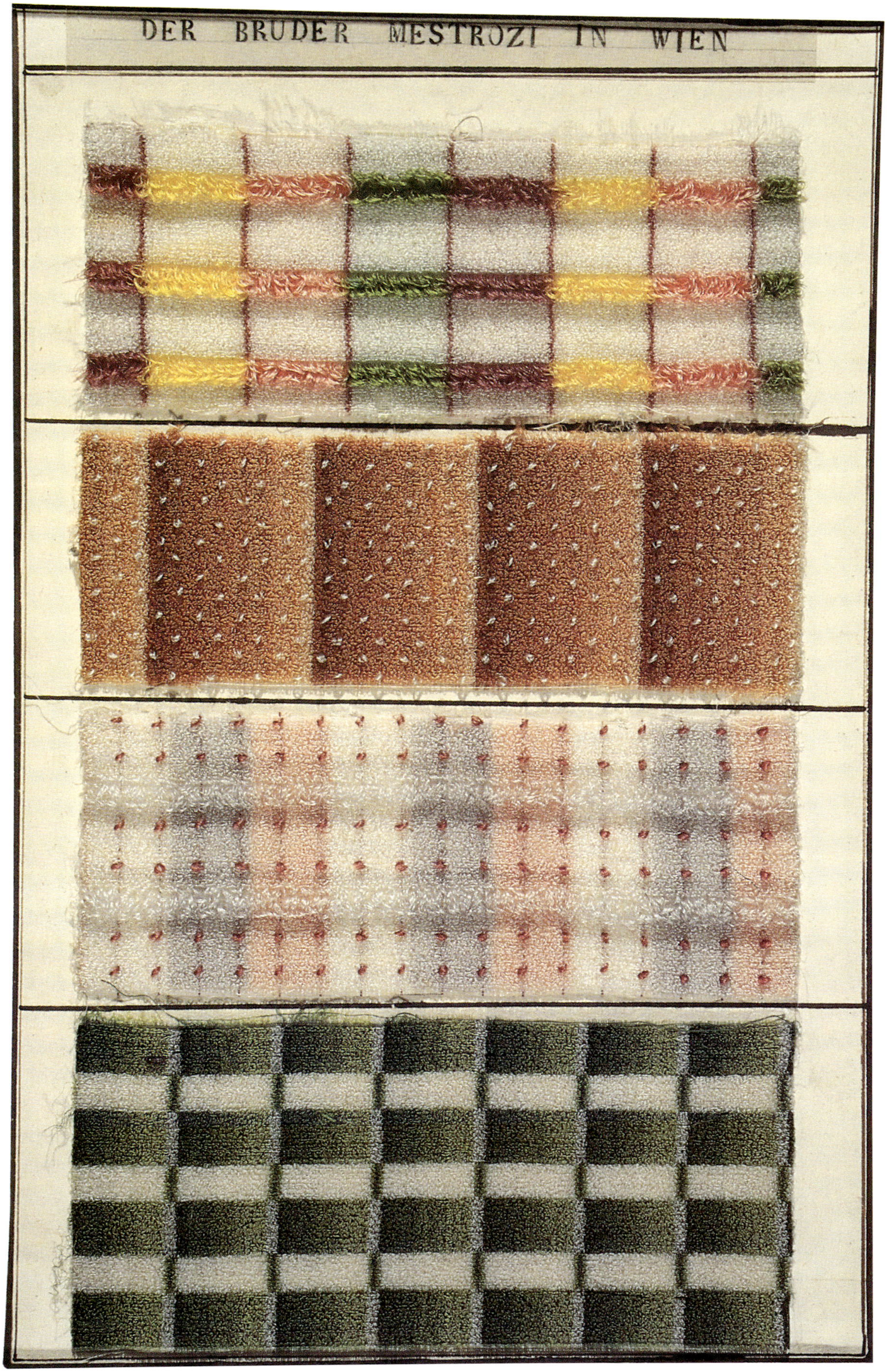
DER BRUDER MESTROZI IN WIEN

88 ›Wiener Moden‹, 1826, Nr. 14, Modenbild V. »Der Hut von Atlas ist mit Sammt gefüttert, und mit breiten schwarzen Spitzen garnirt. Die Verbrämung des Überkleides ist aus Fellchen von brasilianischen Pfeffervögeln zusammen gesetzt...« MHM Wien

erhielten die Brüder die ›Fabriksmäßige Befugnis‹ und beschäftigten bereits Angestellte für ihre zwölf Webstühle, die sie mit selbsterfundenen Verbesserungen versehen hatten. Im Jahr 1800 waren hier und in weiteren angemieteten Räumen bereits 180 Angestellte beiderlei Geschlechts beschäftigt. 1802 wurde ein neu errichtetes Fabrikgebäude bezogen. Während die napoleonischen Kriege die österreichische Industrie allgemein vor harte Proben stellten, konnten die Mestrozis aus vorher angekauftem Rohmaterial zügig weiterproduzieren, brauchten keine Arbeiter zu entlassen und machten nach Beendigung der Kriege mit ihrer gestapelten Ware gute Geschäfte.[155]

1806, beim Stande von 260 Angestellten, erhielten sie das ›Landes-Fabriks-Privileg‹ und durften nun ihre Ware in eigenen Geschäften verkaufen. 1814/15 entwickelten die Mestrozis ein Färbe- und Appreturverfahren für Dünntücher aus italienischer Seide und konstruierten – in der 1809 eingerichteten und 1815 erweiterten hauseigenen Tischlerei – eine ›Dessein-Maschine‹, die, »wie wir später erfahren haben, mit der französischen Jaquin-Maschine [Jacquard-Webstuhl] große Aehnlichkeit«[156] hatte. 1816 betrieben sie bereits 20 derartige Webstühle und konstruierten eine ›Latz-Dessin-Ausschlag-Maschine‹, d.i. eine Kartenschlagmaschine.[157]

1817 stand das Unternehmen auf seinem Höhepunkt: Es exportierte nach Rußland, England, Spanien und in die Türkei und beschäftigte 600 Menschen. Für den durch Modejournale aufgestachelten, enorm gewachsenen Bedarf an Modestoffen brachten die Mestrozis von ihnen selbst entworfene Stoffmuster auf den Markt, die sich durch neueste Mustervarianten und raffinierte Webtechnik auszeichneten:[158] chinierte Samte, moirierte Dünntücher, façonnierte Samte, Braut- und Ballkleiderstoffe mit Bordüren, sogenannte Miniatursamte für Herrenwesten oder tiger-, chinchilla-, hermelinfellartige Phantasieplüsche, ›Felpel‹ für Besätze oder als Futter von Damenmänteln. Von all diesen Stoffen haben sich Beispiele in den Sammlungen Mestrozischer Produkte erhalten, und man wundert sich nicht, warum gerade diese Firma so hoch geschätzt war. Besonders die in Farbzusammenstellung und Musterphantasie unerschöpflich scheinenden Miniatursamte und die vielleicht noch ›verrückteren‹ Felpel (Abb. 87), die auch webtechnisch an Wunder grenzen, begeistern. Daß sie durchaus verwendet wurden und nicht nur Schaustücke begabter Weber waren, zeigen Modekupfer der Zeit (Abb. 88).

1821 erkrankte Paul Mestrozi plötzlich schwer. Vitalis, der die Geschäfte nun allein weiterführen mußte, war dieser Belastung nicht gewachsen und starb, erst 49 Jahre alt, am 6. März 1823 vollkommen überraschend. Obwohl Paul sich erholte, beschloß er, das blühende Unternehmen noch im Todesjahr des Bruders zu verkaufen.[159]

Nachdem er die noch vorhandene Ware offenbar mit Verlust veräußert hatte, wurde das Fabrikgebäude in der Schottenfeldgasse von Dezember 1823 bis April 1824 umgebaut und dann wieder als Seidenzeugfabrik verwendet. Mestrozi erwähnt in der Autobiographie nicht, daß Ludwig Rüdelmann sein Nachfolger war. Seine Söhne, als Seidenweber ausgebildet, brachten es zu anerkannten Seidenbandfabrikanten. Seine Tochter heiratete 1830 Ludwig Damböck, der mit sachkundiger und finanzieller Hilfe seines Schwiegervaters im selben Jahr eine der erfolgreichsten Spitzenfabriken der Monarchie in Hernals gründete, im Schottenfeld ab 1832 ein neues Fabrikgebäude errichtete und kontinuierlich erweiterte.[160] Paul Mestrozi starb erst 1856.

Der Seidenfabrikant Christian Georg Hornbostel in Wien

Christian Georg Hornbostel (1778–1841), wie die Brüder Mestrozi Seidenfabrikant in der zweiten Generation, reiste 1802 und 1804 in die Niederlande, nach Italien und Frankreich, um sich über die neuesten Erfindungen zu informieren und Kontakte zu knüpfen. 1809, nach dem Tod des Vaters, übernahm er das Unternehmen. Sein Talent erstreckte sich, ebenfalls wie bei den Mestrozis, auch auf die konstruktive Seite der Weberei. Mit Erfindungen wie dem seit 1817 für die Seidenweberei eingesetzten ›Powerloom‹ und der frühen – vor 1825 – Verwendung des Jacquardmechanismus für diese Webstühle war er den österreichischen Fabrikanten weit voraus. Vielleicht zu weit, denn in den Quellen findet sich kein Echo auf Hornbostels Erfindungen. Es ist auch erstaunlich, daß seine in diesen Jahren geradezu avantgardistisch anmutenden Neuerungen in seinem Unternehmen keine Fortsetzung fanden. Dieselben Webstühle waren in Leobersdorf an der Triesting (Niederösterreich) ohne Veränderungen 70 Jahre lang in Betrieb. So fortschrittlich die eine, so eigentümlich beharrend die andere Aktion.

89 F. Eybl, ›Friedrich Theodor Hornbostel‹, 1849. Lithographie. HM Wien

Hornbostel produzierte nicht nur Seidengewebe. In seiner Fabrik wurden spätestens seit 1803 auch Bänder gewebt und Kammgarngewebe angefertigt, die ihm 1835 bei der Wiener Ausstellung eine ehrenvolle Erwähnung einbrachten.[161] In den zwanziger Jahren erlangte Hornbostel zwei Privilegien, 1822 für einen dünnen, Crêpe-de-Chine-artigen Seidenstoff, 1829 für eine Maschine zur Nadelstickerei und Näherei. Ebenfalls 1822 hatte Hornbostel in Leobersdorf eine ›englische Baumwollspinnerei‹ eingerichtet, die er 1842 auf zwei Stockwerke erweiterte. Er produzierte also offenbar auch Baumwollwaren. Zwei Filatorien, 1824 auch in Leobersdorf eingerichtet, dienten der Seidenweberei. Bei der zweiten Wiener Ausstellung 1839 gewann Hornbostel eine Gold- und eine Bronzemedaille.

Wie andere Textilfabrikanten des Biedermeier nutzte Hornbostel die ihm durch Privilegien und neue Gesetze gegebenen Freiheiten dazu, sein Unternehmen auszudehnen und sich in verschiedenen Textilbranchen zu betätigen. Er entwickelte sich im Laufe seiner Karriere aber auch zum Unternehmer mit gesellschaftlich prestigeträchtigen Positionen. 1818 war er Prüfungskommissär für die kommerzielle Abteilung am

Polytechnischen Institut und provisorischer Direktor der Nationalbank, 1837 Gründungsmitglied des niederösterreichischen Gewerbevereins sowie 1835 und 1839 Kommissionsmitglied bei den beiden Wiener Gewerbeausstellungen. Nach seinem Tod 1841 übernahmen die Söhne Otto und der im Polytechnikum ausgebildete Theodor Friedrich (1815–1888) das Unternehmen. Dem allgemeinen Trend folgend verlegte man einen Teil der Produktionsstätten nach Böhmen und Mähren. Theodor Friedrich Hornbostel wandte sich auch einer Reihe von öffentlichen Aufgaben zu, so war er 1848 für kurze Zeit Handelsminister, 1848/49 Mitglied des Reichstags von Kremsier und 1850 bis 1852 Präsident der Wiener Handelskammer. Die Firma wurde unter seinem Nachfolger 1890 geschlossen. Beiden Wiener Seidenfabrikanten, Mestrozi und Hornbostel, die bei den Zeitgenossen für die hohe Qualität ihrer Produkte bekannt waren, rechnete man auch hohe moralische Qualitäten an, wenn man feststellte, in Krisenzeiten sei niemand entlassen worden und Hornbostel beschäftige keine Frauen.[162]

90 C. G. Hornbostel, Wien, 1826.
»Gelber Tabouret-Sitz«

91 C. G. Hornbostel, Wien, 1829.
»Gelbe 5 zöllige Draperie-Bordur. Gelb und weiße 3,75 zöllige Draperie-Bordur«.
Abgepaßt gewebte Seidenstoffe und Borten, für Möbel im Empirestil bestimmt, wurden noch über das dritte Jahrzehnt hinaus produziert.

Hornbostels Beispiele im Kabinett umfassen einen Zeitraum von mehr als vierzig Jahren und bieten entsprechend differenzierte Betrachtungsmöglichkeiten. Es handelt sich um Interieurstoffe von 1818 bis 1841 sowie um Modestoffe aus den Jahren 1803 bis 1848, letztere sind in der Mehrzahl. Die Dekorstoffe können in drei Gruppen aufgeteilt werden: Ab 1818 gibt es schwere seidene Atlasse mit eingewebten Mustern in Empirestil, deren Beispiele bis 1835 reichen. Zu diesen teilweise für Möbelstücke gewebten Stoffen gehören außerdem Borten mit passenden Dekoren sowie flächenhaft gemusterte Stoffe von 1837, die weiterhin ganz in der Tradition des Empire stehen. Halbwollene Möbeldamaste, 1835 bis 1839 datiert, konnten mit abstrakten Mustern oder mit realistischen Blumenmotiven versehen sein, die man fast identisch auf einer dritten Gruppe seidener Dekorstoffe wiederfindet. Diese Muster aus den Jahren von 1835 bis 1841 zeichnen sich durch sehr plastische Zeichnung der Pflanzenformen aus, die auf eine Weise mit Rocailleornamenten kombiniert sind, die man aus der zweiten Hälfte des 18. Jahrhunderts nicht kennt. Es handelt sich also um Muster, die dem beginnenden Historismus zuzurechnen sind. Farblich sind alle Stoffe durchwegs in zwei Tönen gehalten, wobei die Palette von hellen Gelb- und Grautönen bis zu kräftigem Rot oder Blau reicht. Es handelt sich bei diesen Mustern um konventionelle Dekorstoffe, die zu entsprechenden repräsentativen Interieurs passen. Das mag nicht zuletzt an dem in diesem Zusammenhang bevorzugten kostbaren Material Seide liegen. Die früheren halbwollenen Stoffe wirken demgegenüber innovativer, während die späteren wiederum nur eine Variante der seidenen darstellen.

Bei den Modestoffen herrschten bis in die zwanziger Jahre helle Farben, kleinteilige Muster oder Streifen vor, feine oder glatte Seidenstoffe und sogenannte Dünntücher überwogen, daneben gab es seidene Fellimitationen, Felpel. Ab Mitte der zwanziger Jahre wurde die Farbskala bunter und kontrastreicher. Man findet ombrierte Streifen in Seide oder

Samt und karierte Stoffe in vielen Varianten. Ende der zwanziger Jahre erschienen chinierte Muster, halbseidene Stoffe, Kleiderstoffe mit Borten in dunkleren Tönen gehalten. Mit den dreißiger Jahren waren dunklere Farben in Sommer- und Wintermodestoffen obligat. Seit 1831 bedruckte Hornbostel Seidenstoffe, stellte dunkelgrundige Giletseiden her und webte orientalisierende Muster in Halbseide. Mitte der dreißiger Jahre setzte auch in der Mode das Neorokoko ein: Nach dem Vorbild des 18. Jahrhunderts gab es Stoffe mit aufgedruckten Spitzenborten, Streifen, die mit Blumenranken abwechseln, und architektonische Rokokomotive kombiniert mit Streublumen. Aus diesen Jahren sind auch Seidentücher erhalten. Die Beispiele aus den vierziger Jahren zeigen konventionelle Muster und zurückhaltende Farbkombinationen, den Abschluß bildet eine Reihe karierter Seiden.

Die Baumwollwarenfabrik Philipp Haas in Wien

92 F. Eybl, ›Philipp Haas sen.‹, 1850. Lithographie. HM Wien

Philipp Haas, 1791 als Sohn eines Webers in Wien Gumpendorf geboren (gest. 1870), richtete sich 1810 mit dem Geld, das er bei einem Wettbewerb der Manufaktur-Zeichenschule gewonnen hatte, eine eigene Werkstatt ein. Haas war offenbar ein besonders erfindungsreicher Weber. Er meldete immer wieder neue Patente an, die sich teils auf Verbesserungen am Webstuhl, andererseits auf neue Stoffe bezogen, zum Beispiel auf den damals so beliebten Spitzengrund, den man als Maschinenprodukt, ›Bobbinet‹, nur aus England kannte. Haas wurde schon im Laufe der zwanziger Jahre zum Unternehmer, der sich – wie Hornbostel – nicht nur auf eine Material- oder Techniksparte festgelegt hatte. Ab 1831 betrieb er seine eigene Baumwollspinnerei in Mitterndorf an der Fischa, im nächsten Jahr gründete er eine Weberei für einfache glatte Stoffe in Kunstadt bei Brünn. Als landesbefugter Fabrikant durfte er ab 1832 Leinen-, Baumwoll- und Schafwollwaren, halb- und ganzseidene Zeuge sowie Seiden- und Samtbänder herstellen. 1840 richtete Haas eine Maschinenteppichweberei ein, von der keine Beispiele überliefert sind und die er später nach Ebergassing verlegte. 1842 gründete er eine Modewarenfabrik. In Mitterndorf betrieb er ab 1845 eine Garn- und Stoffärberei und bekam im selben Jahr abermals eine Goldmedaille. 1850 folgte Philipp Haas dem allgemeinen Trend und verlegte einen Teil seiner Produktion nach Hlinsko in Böhmen, wo Möbelplüsch und Baumwolldamast gewebt wurden. In Ebergassing betrieb er seit 1851 eine Maschinenspinnerei für Baumwolle.

Die frühesten im Kabinett erhaltenen Muster von Philipp Haas, leichte, kleingemusterte Mousseline, sind 1823 datiert und entsprechen der Mode der Zeit. 1839 und 1845 erhielt er auf der Gewerbeausstellung in Wien eine Goldmedaille für seine Baumwollgewebe. Aus dem Jahr 1839 sind die meisten Muster im Kabinett erhalten, wobei auf den Tafeln leider nicht vermerkt wurde, ob sie von der Ausstellung stammen. Daß nahezu

93 ›K.K. Landespriv. Teppich- und Möbelstoff-Fabriken von Philipp Haas & Söhne in Ebergassing bei Wien‹. Aus: ›Die Gross-Industrie Oesterreichs‹. Wien, 1898

bei jedem Muster die Fadendichte genannt wird und die meisten Garne aus dem Ausland stammen, ist ungewöhnlich. Es handelt sich um Gewebe aus verschiedenen Materialien mit eingewebten und gedruckten Mustern. Möbelstoffe aus der Firma Haas sind nur von 1839 und von 1842 erhalten, wobei erstere halbwollene Fabrikate sind, deren Muster in Ton-in-Ton-Abstufungen üppige Blumenmuster oder Streifen zeigen. Bei den 1842 entstandenen Dekorstoffen hingegen handelt es sich ausschließlich um stark glänzende Chintze mit einer stilistisch qualitätvollen Variationsbreite an Mustern. Hier wird deutlich, daß Haas überaus talentierte Musterzeichner oder exzellente Vorlagen gehabt haben muß, denn man kann diese Stoffe durchaus mit gleichzeitigen englischen und französischen Produkten vergleichen. Bis heute fehlen zu diesem Punkt leider alle Informationen. Einige der Chintze zeigen ausdrucksvolle Indiennemuster, wie sie damals wieder in Mode kamen. Andere sind mit Steinimitationsmustern, Arabesken oder stilisiert-abstrakten Motiven bedruckt. Es gibt auch die so beliebten Blumenmuster mit einem ›fancy machine ground‹, also einem kleinteiligen, einfarbigen Hintergrundmuster, vor dem sich dann die Blumen noch realistischer und plastischer ausnehmen. Die Chintzmuster bilden den Höhepunkt der Haasschen Produktion, jedenfalls was die Kabinettbeispiele betrifft. Die erhaltenen Modestoffe dieser Jahre hingegen entsprechen der Durchschnittsware.

Johann Joseph, Franz Peter, Ignaz und Carl Leitenberger und die Textilfabriken in Wernstadt, Josefsthal-Kosmanos, Neu-Reichstadt und Niemes (Böhmen)

Die herausragendste Rolle unter den böhmischen Textilunternehmen spielten die Fabriken der Familie Leitenberger, die sich einerseits durch technologische Fortschrittlichkeit auszeichneten, andererseits Ware produzierten, die qualitativ europäischem Standard entsprach. Die Leitenbergers könnte man mit den Unternehmern in Mulhouse vergleichen, denn es gelang ihnen ebenfalls, alle Fabrikationszweige der Baumwollverarbeitung vom Spinnen bis zum fertig bedruckten Gewebe unter einem Dach zu vereinigen.

Johann Joseph Leitenberger (1730–1802) übernahm noch im 18. Jahrhundert drei Unternehmen: in Wernstadt (1764), in Neu-Reichstadt (1788) und in Josefsthal-Kosmanos (1793). Neu-Reichstadt und Josefsthal-Kosmanos übergab er seinen Söhnen Franz Peter (1761–1825) und Ignaz (1764–1839). Wernstadt wurde 1817 geschlossen. Ignaz Leitenberger erwarb 1818 die Kattundruckerei in Niemes, die ein Schwiegersohn und Mitarbeiter seines Vaters, August Starke, 1802 gegründet hatte, und übergab sie 1830 seinem Sohn Carl (gest. 1848). Dieses Werk schloß bereits 1843. Die Fabrik in Neu-Reichstadt wurde 1853 aufgegeben, Kosmanos 1868; alle unternehmerischen Aktivitäten konzentrierten sich danach in Josefsthal-Kosmanos.[163]

Johann Joseph Leitenberger hatte die Manufaktur in Wernstadt 1764 von seinem Schwiegervater Reitländer, einem Färbermeister, übernommen. Mit ausgewählten Facharbeitern aus der Schweiz, Frankreich, Dänemark und Deutschland sowie zahlreichen technischen Erfindungen und Übernahmen aus dem Ausland verstand er es, sein Kapital wesentlich zu vermehren und an seine Söhne blühende Unternehmen weiterzugeben. Ignaz und Franz Leitenberger versicherten sich ebenfalls versierter Ausländer, beispielsweise der erwähnten Elsässer Carl Koechlin und Jeremias Singer. Sie agierten sowohl als Textilfachleute wie als Unternehmer, wenn sie selbst Patente für Verbesserungen an Druckmaschinen erwarben und andererseits Patente kauften wie 1826 das für den so beliebten und deshalb kommerziell erfolgversprechenden Irisdruck.[164] Ignaz Leitenbergers Sohn Eduard wiederum, 1818 in das Unternehmen in Neu-Reichstadt aufgenommen, galt als technisches Genie und erhielt eine Reihe von Privilegien auf Erfindungen, die vor allem Maschinen betrafen.

94 C. Ohnesorg, ›Friedrich Freiherr von Leitenberger‹, 1873, Lithographie. HM Wien

Betrachtet man die aus diesen Fabriken im Kabinett vorhandenen Produkte, ausschließlich bedruckte Baumwollstoffe aus den Jahren zwischen 1820 und 1843, wird sofort ihr hoher technischer und künstlerischer Standard deutlich. Die wenigen Muster von 1808 stehen isoliert, da ihnen bis 1820 keine Beispiele folgten. Die meisten erhaltenen Tafeln (321) stammen aus Neu-Reichstadt; die wenigsten (86) und nur aus drei Jahren – 1833, 1835, 1839 – sind aus Niemes. Von Franz – ab 1825 Friedrich – Leitenberger gibt es 154 Musterkarten von 1821 bis 1839. Es entsteht der Eindruck engster Zusammenarbeit, man kann sich aber auch vorstellen, daß die Beschriftung der Tafeln nicht immer korrekt ist. Jedenfalls ist es unmöglich, Charakteristika auszumachen, die die Muster der drei Firmen exakt voneinander scheiden.

Die kleinteiligen Muster in den kühnsten Farbkombinationen, die besonders charakteristisch für die Jahre um 1825 sind, wurden in Josefsthal-Kosmanos und Neu-Reichstadt ungewöhnlich variationsreich gestaltet: Zarte, abstrakte Wellenlinien sind aneinandergereiht und überspannen den Grund. Zickzack- und Diagonalstreifen bilden ein Muster oder den Hintergrund für kleinteilige Pflanzenranken. Farblich sind die Stoffe in den zwanziger Jahren kräftig und kontrastreich, wobei die Zusammenstellung von Komplementärfarben eine wichtige Rolle spielt: Blau und Gelb, Gelb und Violett; Rottöne in allen Schattierungen sind beliebt; Braun und Blau kombiniert man oft. Bis in die Mitte der dreißiger Jahre wird die Palette wieder ein wenig heller, Streifenmuster mit raffinierten vegetabilen oder orientalisierenden Füllungen herrschen vor. Nur die Grundstruktur hat dieser Biedermeierstreifen mit dem farb- und phantasielosen Neobiedermeiermuster des frühen 20. Jahrhunderts gemeinsam. Einen qualitativen Höhepunkt kann man in den Mustern von 1834 und

1835 sehen, die, auch zahlenmäßig für alle drei Firmen den Schwerpunkt bildend, besonders ausdrucksvoll und in den Farben subtil aufeinander abgestimmt wirken. Die Verleihung von Goldmedaillen in Wien 1835 an beide Unternehmen, Friedrich und Ignaz Leitenbergers, ist also in jeder Hinsicht gerechtfertigt. Die Produktion, soweit man sie anhand der Beispiele im Kabinett beurteilen kann, verändert sich gegen Ende der dreißiger Jahre. Helle, mit einfachen Streifen- oder Karomustern, mit Pflanzen oder Blumenranken bedruckte Stoffe zeigen eine deutliche Tendenz zur Massenware, als hätte man sich jetzt auf einen größeren Markt eingestellt. Andererseits dürfte die Mode, die zu dunkleren, schweren und kostbareren Woll- und Mischgeweben tendierte, eine wichtige Rolle gespielt haben.

95 F. Leitenberger, Josefsthal-Kosmanos, 1825. »Mit Walzen gedruckte Kammertücher. Irisdrucke«
Die Familie Leitenberger betrieb in Böhmen, in Josefsthal-Kosmanos und in Neu-Reichstadt, die wohl renommiertesten und auch international bekannten Baumwollfabriken der Monarchie.

Die bürgerlichen Fabrikanten Josef Lehmann & Sohn und Johann Burde, später Burde & Arthaber in Wien

Mit kostbarem Material und komplizierten Webvorgängen vertraut und seit jeher der Tradition verpflichtete Stoffe produzierend, waren die Seidenweber, die sich auf Kirchenstoffe spezialisierten, prädestiniert, eine handwerkliche und kommerzielle ›Nische‹ einzunehmen. Daß sie auch von den ›modernen‹ Gremien geschätzt wurden, zeigt das Beispiel des ›bürgerlichen Seidenzeugfabrikanten‹ Josef Lehmann, der 1835 bei der Wiener Gewerbeausstellung eine Bronze-Medaille für seine Kirchenstoffe erhielt: »Diese Arbeiten hatten sich des größten Beifalls zu erfreuen und gaben den Beweis großer Fortschritte in der Erzeugung von Kirchenstoffen. Die Sachverständigen belobten im Allgemeinen die Fabrikation, insbesondere aber die Ausführung der eben so mannigfaltigen als schönen Dessins, unter welchen die auf dem schweren und echten Silberstoffe mit bunten Blumenguirlanden sich vorzüglich auszeichneten.«[165] Drei Beispiele Lehmannscher Kirchenstoffe aus dem Jahr 1835 sind erhalten. Sie demonstrieren die Tendenz zu üppigen, kostbar glänzenden Seiden- oder Halbseidenstoffen, die ganz in der Tradition des 18. Jahrhunderts stehen, ebenso wie die angesprochene perfekte Ausführung. 1845 ist Lehmann zum »Inhaber einer Kirchenstoff-, Möbelstoff- und Mode-Seidenwaaren-Fabrik« aufgestiegen und erhielt eine Goldmedaille »... wegen ihrer bedeutenden Erzeugung preiswürdiger und geschmackvoller Mode-Waaren, besonders der in ihrer Art unübertroffenen Kirchenstoffe«.[166]

Ein überaus aktuelles, weil hochmodisches Produkt hatten die Shawlweber zu verkaufen. Um den kommerziellen Aufgaben gewachsen zu sein, hatte sich der ›bürgerliche Shawl-Fabrikant‹ Joseph Burde 1834 mit dem Handelshaus Arthaber zusammengetan, so daß sein Geschäftspartner Rudolph von Arthaber (1795–1867) ihn auf Messen vertreten konnte. Die höchste Auszeichnung – eine Goldmedaille – wurde Burde 1835 in Wien verliehen, denn ihm »verdankt die Fabrik den jetzigen Standpunkt, bei welchem die Dessins ihrer Shawls und Tücher nicht mehr, wie

Rechte Seite:
96 J. Lehmann & Sohn, Wien, 1835. »Reiche Seidenstoffe«

23710.

TAF. DCLXXXIV.

Von J. Lemann u. Sohn in Wien, 1835.

44

3550.

3551.

Reiche Seidenstoffe.

es gewöhnlich der Fall ist, als Kopien französischer Muster, sondern als eigene Original-Zeichnungen erscheinen, und die Fabrikate auf der rühmlichsten Stufe hoher Vollkommenheit sich befinden.«[167] Auch Joseph Burde verbesserte sich: Als »Inhaber einer Shawl-Fabrik« erhielt er in Wien 1839 noch einmal eine Goldmedaille;[168] sein Sohn wurde 1845 allerdings wieder als »Shawl-Tücher-...Fabrikant« geführt und brachte es nur zu einer »ehrenvollen Erwähnung«.[169]

Die Textilfabriken in Sassin, Fridau und Namiest und ihre Besitzer Johann Baptist und Karl Puthon

Johann von Puthon (gest. 1816), aus einer französischen Familie stammend und 1777 zum Freiherrn erhoben, übernahm 1786 die schon 1736 von Franz Stephan von Lothringen gegründete Baumwollwarenfabrik in Sassin an der mährisch-ungarischen Grenze, heute in der Slowakei. Zusammen mit Heinrich Graf Haugwitz gründete er 1796 die Feintuch- und Casimirfabrik in Namiest a.d. Oslava (Mähren) sowie 1803 in Niederösterreich in Teesdorf eine der großen Baumwollspinnereien. Diese Unternehmen vererbte er seinen Söhnen Johann Baptist (1776–1839) und Karl Puthon (1780–1863), die 1833 außerdem die Fridauer Baumwollwarenfabrik von der Familie Fries erwarben: »Karl Freiherr von Puthon gehörte zu jenen Großkaufleuten, die im Vormärz den Eintritt der österreichischen Wirtschaft in die industrielle Phase ermöglichten und durch ihre unternehmerischen Aktivitäten die österreichische Großindustrie begründen halfen.«[170]

Sowohl die Fabrik in Sassin als auch das Fridauer Unternehmen sind im Kabinett ausschließlich mit gedruckten Baumwollstoffen dokumentiert. Aus Fridau alleine gibt es wenige, kaum signifikante Muster von 1821 bis 1823. Zwischen 1821 und 1839 sind Stoffe datiert, die aus Sassin kamen, und die 1836 bis 1841 datierten Beispiele wurden als »aus den Fridauer und Sassiner Fabriken« stammend beschriftet. Diese Klassifikation und das reiche Material machen deutlich, wie ähnlich sich die Produkte einer mittleren Qualität schon in den Augen der Zeitgenossen waren. Vergleicht man beispielsweise die Fridauer und Sassiner mit den Kettenhofer Mustern, so ist bei allen bis in die späteren zwanziger Jahre die Muster- und Farbvielfalt auffallend, ebenso die Auflockerung und Vereinzelung der Musterelemente in den dreißiger Jahren. Ähnlich ist außerdem das neue Interesse an kleinteiligen Hintergrundmustern, nicht zuletzt wohl

97 Fridauer Barchent- und Kattunfabrik, 1825. »Gedruckte Kammertücher auf Kleider u. Meubles«

durch die Perrotine hervorgerufen, die diesen Druckvorgang erleichterte. Geichzeitig erhält der Hintergrund einen eigenen ästhetischen Wert, so daß eine tendenzielle Zweischichtigkeit entsteht, die die plastisch gestalteten, realistischen Blumenmuster des beginnenden Historismus vorbereitet. Die Abdunkelung der Farbskala ebenso wie die kontinuierliche Vergrößerung des Musterrapportes beginnt in der zweiten Hälfte der dreißiger Jahre bei den Stoffen zur Innendekoration und bei Möbelbezügen. Die einfachen, kleinteilig gemusterten, oft hellgrundigen Baumwollstoffe für Kleidungszwecke, die aus den späten dreißiger und vierziger Jahren datieren, machen deutlich, daß die gemusterten Baumwollstoffe aus der Mode verschwanden. Baumwollstoffe wurden für weniger aufwendige Kleidungsstücke wie Unterröcke oder Schürzen verwendet.

Die k.k. privilegierte Kettenhofer Zitz- und Kattunfabrik bei Schwechat und ihre Besitzer Johann und Philipp Jakob von Fries

Johann von Fries (1719–1785), Sohn eines aus Bern eingewanderten Calvinisten, in Mulhouse im Elsaß geboren, gründete 1752 die Fridauer Barchent- und Kattunfabrik und war seit 1782/83 zusammen mit seinem Bruder Philipp Jakob von Fries Hauptgesellschafter der Kettenhofer Kattunfabrik, an der die Familie Fries bis in die zwanziger Jahre des 19. Jahrhunderts beteiligt blieb. Zusammen hatten sie mehr als 20 000 Beschäftigte. Außerdem waren sie Teilhaber mehrerer Spinnereien sowie auch anderer, nichttextiler Betriebe. Johann von Fries galt als einer der geschäftstüchtigsten Männer seiner Zeit und wurde wie viele verdiente Unternehmer schon im 18. Jahrhundert geadelt. Das Bank- und Handelshaus Fries, das schon Maria Theresia und ihrem Sohn Joseph II. als Bankiers zur Seite stand, kann als Prototyp der frühindustriellen Unternehmergattung gelten.[171]

Die k.k. privilegierte Zitz- und Kattunfabrik zu Kettenhof, 1770 von Graf Cajetan von Blümegen, königlich böhmischer oberster und erzherzoglich österreichischer Kanzler, gegründet, kann als exemplarisches Unternehmen dieser Zeit gelten. 1786 bis 1826 von ihrem technischen Leiter und späteren Mitbesitzer Johann Ziegler geführt, beschäftigte die Kettenhofer Fabrik um 1800 die kaum vorstellbare Zahl von 41 000 Handarbeitern, darunter 36 000 Spinner, 1 157 Weber und 128 Drucker. 1802 wurde eine Maschinenspinnerei eingerichtet, 1806 die erste Walzendruckmaschine Österreichs in Betrieb genommen. Seit 1810 gab es eine eigene chemische Fabrik, in der Substanzen zum Bleichen und Färben hergestellt wurden. Nach der Kontinentalsperre und dem Staatsbankrott 1811 und der damit verbundenen Krise der Baumwollindustrie in Österreich erholte sich das Unternehmen nur langsam. Zwar betrieb man 1815 schon wieder 135 Drucktische und eine Walzendruckmaschine, aber erst in den zwanziger Jahren begann der Aufschwung. Karl

23157.

52

TAFEL CXXXII.

Aus. der Kettenhofer Druckerei, 1824.

Gedruckte Dünntücher.

Karmasch meinte 1823 über die Kettenhofer Fabrik: »Schon lange zeichnet sich dieselbe vorzüglich durch die Ausführung der schönsten und geschmackvollsten Desseins auf gedruckten Baumwollen- und Schafwollen-Stoffen aus.«[172]

1827 übernahmen Salomon Meyer und sein Bruder Veit (Vitus) den 1826 kurzfristig eingestellten Betrieb als Pächter, ab 1834 ist nur Salomon Meyer als Besitzer eingetragen. Im Bericht über die Wiener Gewerbeausstellung 1835, bei der die Fabrik in Kettenhof eine ›ehrenvolle Erwähnung‹ erlangte, liest man: »Dieses Etablissement erwarb sich unter der sachverständigen Leitung des Hrn. Ziegler große Verdienste um die österreichische Industrie; denn die Kettenhofer Fabrik war es, welche zuerst ... die Bleiche mit Chlor, den Walzen- und Lapisdruck, die Fabrikation des Türkischroth, den festfärbigen Druck auf Schafwolle und Seide, und den Steindruck auf Baumwollstoffe ausführte. ... Er [S. Mayer] beschäftiget gegen 2 000 Weber, die für ihn rohe Kattune, Kallikos, Perkalins, Musselinets, Kroisés, Seiden- und Schafwollzeuge zum Färben und Drucken liefern, und ein Fabrikspersonale von 393 Individuen beiderlei Geschlechtes und Kinder, welche letztere sich eines Schulunterrichtes auf seine Kosten zu erfreuen haben.«[173] Hier wird deutlich, daß die Verlagsarbeit beim Weben auch bei einer sonst durchaus fortschrittlich ausgerüsteten Fabrik Mitte der dreißiger Jahre noch gang und gäbe war. Bei der dritten ›allgemeinen österreichischen Gewerbe Ausstellung‹ in Wien 1845 wurden besonders ihre »feinen Stoffe wegen ihrer gefälligen Zeichnung und lebhaften Farben gerühmt«, und sie gewann eine Silbermedaille.[174]

Aus der Produktion sind 88 Tafeln mit über 900 Mustern im Österreichischen Museum erhalten, sie reichen von 1820 bis 1833. Schon bevor die Kettenhofer Fabrik zusammen mit anderen Firmen 1826 das Irisdruckpatent von den Tapetenfabrikanten Spörlin & Rahn kaufte, gibt es aus den Jahren 1824 und 1825 reizvolle Beispiele, die dem Vielfarbendruck in abschattierten ›krapproten‹ Streifen sehr nahe kommen. Die Streifen sind mit ›chromgelben‹ abstrahierenden Blumenstäben dekoriert. Dünntücher, irisdruckartig mit verlaufenden mehrfarbigen Streifen bedruckt, zeigen einen charakteristisch geschlängelten Liniendekor, der reserviert oder geätzt wurde. Die bedruckten Baumwollstoffe für modische Zwecke sind weitgehend einheitlich montiert, jede Tafel enthält zwölf bis fünfzehn Muster, deren Zusammenstellung in der für die Zeit typischen Weise auf Vielfältigkeit und Farbenreichtum zielt. Während die Dekormotive bis zum Ende der zwanziger Jahre den Hintergrund flächendeckend überspannen, wird er etwa 1830 in die Gestaltung einbezogen. Auf weißem oder dunklem Grund stehen die Musterelemente jetzt vereinzelt, gestreut und meist hinterfängt sie ein zweites, einfarbiges und kleinteiliges Hintergrundmuster. In Kettenhof wurden außerdem nach Mulhouser Vorbild Merinos gedruckt, halbseidene Stoffe in Köperbindung, die mit den charakteristischen Palmenmotiven verziert waren und eine Variante des Kaschmirshawls darstellen.

Linke Seite:
98 Kettenhofer Zitz- und Kattunfabrik bei Schwechat, 1824. »Gedruckte Dünntücher«. Am Beispiel der Kettenhofer Fabrik wird deutlich, daß die Heimarbeit beim Weben auch in einer sonst durchaus fortschrittlich ausgerüsteten Fabrik Mitte der dreißiger Jahre in Niederösterreich noch gang und gäbe war.

20244.
TAFEL 425.
Von Joh. Ziegler in Rottenhof um 1822.
Katun mit Steindruck.

Das Musterzeichnen

Abschließend sei noch von der wichtigsten künstlerischen Voraussetzung der Textilverarbeitung, dem Entwerfen und Zeichnen der Muster, berichtet, deren Voraussetzungen und Praktiken während der ersten Hälfte des 19. Jahrhunderts in der Habsburgermonarchie nur schwer zu rekonstruieren sind. Im Gegensatz zu dem in vieler Hinsicht vorbildlichen Frankreich, aber auch zu England oder Deutschland, war das Entwerfen textiler Muster in Österreich offenbar eine zwar durchaus als wichtig erkannte Voraussetzung, brachte dem Entwerfer jedoch kein besonderes Prestige ein.[175] Es ist bis jetzt außerdem unmöglich einzuschätzen, was die Arbeit der Musterentwerfer und -zeichner den Fabrikherren wert war. Namen von Entwerfern oder Musterzeichnern werden auf den Mustertafeln selbst oder in den Inventaren des ehemaligen Technologischen Kabinetts nicht genannt. Aus den schriftlichen Quellen hingegen wird – wie zu erwarten – deutlich, daß das ›Dessin‹ der Stoffe allgemein eine wichtige Rolle spielte. Dennoch ist es schwer herauszufinden, welchen Stellenwert das Musterzeichnen in bestimmten Textilzentren und Unternehmen der Habsburgermonarchie hatte. Vor allem bei der Prämierung während der Gewerbeausstellungen wurden gute Entwürfe hervorgehoben, aber erst 1845 einige Namen genannt. Schließlich vermitteln Vergleiche mit den Praktiken anderer Länder eine Vorstellung davon, wie die Muster wohl auch in Österreich entstanden.

Eine der wichtigsten Voraussetzungen für den Musterentwerfer ist seine künstlerische Ausbildung. Seit Mitte des 18. Jahrhunderts hatte man auch in der Habsburgermonarchie erkannt, daß die gewerbliche Zeichenausbildung stärker zu fördern wäre, wollte man eine internationale Konkurrenzfähigkeit erreichen. Gute Entwürfe waren entscheidend für die Qualität der Produkte. Der ›gewerbliche Musterzeichner‹ unterschied sich dabei vom Maler oder von anderen Künstlern durch seine Kenntnis der handwerklichen Abläufe, von denen die Umsetzung seines Entwurfs bestimmt wurde.

Der Staatskanzler Maria Theresias, Wenzel Anton Dominik Fürst Kaunitz (1711–1794), hatte in seinen Jahren als Botschafter in Paris die französische Situation als vorbildlich kennengelernt und war bestrebt, dem österreichischen Handwerk neue Voraussetzungen zu schaffen. Seine

Linke Seite:
99 Kettenhofer Zitz- und Kattunfabrik bei Schwechat, um 1822. »Katun mit Steindruck«

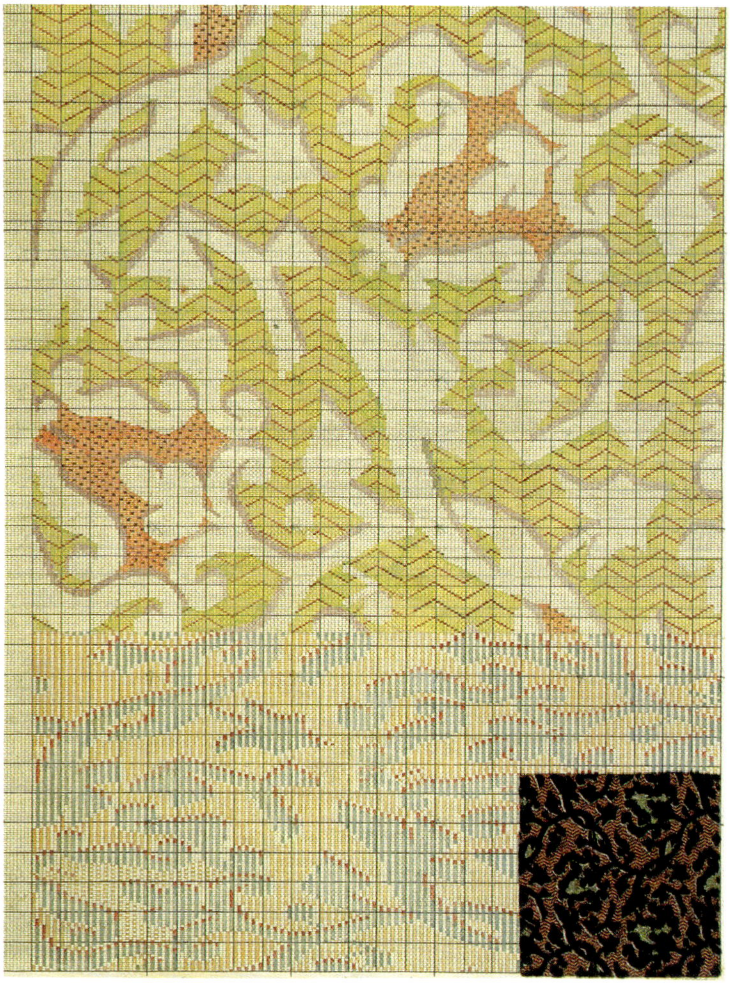

100 A. Rigler (?), Patronenzeichnung und Samtmuster ›W. Neustädter Fabrikat vom Jahr 1838‹

Initiative führte schließlich 1758 zur Gründung der privaten ›Kommerzial Zeichnungs Akademie‹, deren erster Direktor – von 1758 bis 1783 – Florian Zeiss auf Initiative Kaunitz' in Paris ausgebildet worden war.[176] Tagesklassen sowie Abend- und Wochenendkurse, Sonn- und Feiertagsunterricht für Handwerker wurden hier angeboten. Ab 1762 gab es neben der Unterweisung im Blumen- und Ornamentzeichnen Klassen für Webtechnik und Zeugdruck. Die Mehrzahl der Schüler kam aus dem Textilfach. Mit wachsender Bedeutung dieses Manufakturzweiges wuchs auch ihre Zahl, so daß man 1786 beschloß, die jetzt Manufakturzeichenschule genannte Institution der 1726 gegründeten Akademie der bildenden Künste anzugliedern. Der Blumenmaler Johann Baptist Drechsler (1756-1811) übernahm 1787 bis 1807 ihre Leitung. Als Teil der Akademie der bildenden Künste existierte die Schule bis 1850.[177]

Neben der Akademie gab es eine Reihe privater Ausbildungsstätten,[178] und andere einschlägig ausgerichtete Institutionen kümmerten sich ebenfalls um die zeichnerische Ausbildung der Handwerker. »Unterricht in Manufakturzeichnung ... durch einen eigenen Lehrer« gab es nämlich mindestens seit 1819 auch am Polytechnischen Institut. Ein Schwerpunkt lag hier offenbar auf der Ausbildung der Textildessinateure, denn bei der Aufzählung der Unterrichtsthemen heißt es: »verschiedene Musterzeichnungsarten für Kattundruckerei, Tapeten-Fabrikation, Zimmermahlerei, die Zeichnungen im Dessinpapier (Carta rigata) für die verschiedenen Seiden-, Baumwollen- und Wollen-Webereien etc.«[179] Der niederösterreichische Gewerbeverein richtete seit etwa 1845 ›Preis-Ausschreibungen‹ für Entwurfszeichner aus und verfügte über eine für die Zeit typische und notwendige »sich so zweckmäßig bewährende Copir-Anstalt«.[180] Ihr Vorsteher, der Architekt Wilhelm Westermann, zeigte 1845 in Wien »Ornamentale Vorlege-Blätter, ausgezeichnet schön und zierlich ausgeführt«, die »einem bisher sehr fühlbaren Mangel an guten und zeitgemässen ornamentalen Vorlagen für Zeichnungs-Schulen auf das Befriedigendste abgeholfen [haben].«[181] 1845 wurden immerhin 42 selbständige Manufaktur Zeichner in Wien gezählt, aus den vorherigen Jahren fehlen Vergleichszahlen.[182]

Die genannten Ausbildungsstätten waren bestrebt, das künstlerische Interesse und die Begabung der Handwerker, aber auch der Fabrikanten zu fördern, um sie in die Lage zu versetzen, ihre Werkstätten selbst mit Stoffmusterentwürfen zu versorgen. Das bestätigen die Aufzeichnungen Paul Mestrozis, der von 1787 bis 1793 zusammen mit seinem Bruder in den privaten Kursen Franz Grabners, 1807 bis 1835 Direktor der Manufakturzeichenschule, das Entwerfen und Patronieren von Stoffmustern erlernte.[183] Mestrozi schreibt, daß er als handwerklich versierter Fabrikant mit künstlerischer Zusatzausbildung seine Muster selbst entwarf. Eine Vorstellung vom Umfang der Mustervorlagen und -zeichnungen in einer Fabrik gibt Mestrozi, wenn er von mehreren tausend Manufakturzeichnungen, »alle original, mithin selbst combinirt, das ganze aber eigenständig gemacht«, in seinem Unternehmen spricht, zu denen außerdem mehrere tausend Cartarigata-Zeichnungen, Patronen und eine Vorbildersammlung aus etwa zweitausend Kupferstichen gehörten.[184] Hier wird deutlich, auch wenn Mestrozi es nicht zugibt, daß man natürlich auch nach fremden Vorlagen arbeitete oder Vorhandenes neu kombinierte. Mestrozis gutes Verhältnis zu seinen Lehrern und sein Interesse an der Ausbildung der Zeichner bewies er, als er 1830 sowohl Grabner als auch Ignaz Strenzel, 1812 bis 1832 Professor für Blumenzeichnen an der Manufakturzeichenschule, je eine Musterkollektion für die Zeichenklasse und als persönlichen Besitz schenkte.[185] Paul Mestrozi war außerdem stolz darauf, daß man ihn 1805 zum votierenden Stimmführer für Preise der k.k. Manufakturzeichenschule bei St. Anna ernannte.[186] Er könnte also einer der Juroren gewesen sein, als Philipp Haas, bald einer der erfolgreichsten Wiener Textilunternehmer, 1810 den ersten Preis in einem Wettbewerb der Manufakturzeichenschule gewann, mit Hilfe dessen er sein Unternehmen gründete.[187]

101 I. Strenzel, ›Merzenbecher, Narcissus pseudonarcissus‹. Blumenstudie Nr. 30. Herausgeber: J. Trentsensky, Wien. Lithographie. Ignaz Strenzel war von 1812 bis zu seinem Tod 1832 Lehrer für das Blumenzeichnen, dem wichtigsten Fach für die Textilmusterzeichner, an der 1786 der Wiener Akademie angeschlossenen Manufakturzeichenschule.

Dora Heinz hat bei der Beschäftigung mit der Linzer Wollenzeug-Manufaktur einige Aspekte erforscht, die die Entwurfspraktiken dieses Unternehmens betreffen.[188] Wie in anderen österreichischen Textilfabriken und wohl in ganz Europa üblich, wurden auch in Linz Zeichner aus fremden Ländern beschäftigt – man weiß von einem gewissen Cipelius aus Mulhouse[189] – oder Vorlagen aus anderen Betrieben angekauft und tale quale benutzt oder verändert umgesetzt. Außerdem war hier zwischen 1814 und 1819 ein Zeichner beschäftigt, Anton Banholzer, der auf Kosten der Wollenzeugfabrik in der Manufakturzeichenschule in Wien ausgebildet worden war. Ihm folgte von 1819 bis 1839 Josef Hochnemer als Entwerfer von Teppichdessins und für die Druckerei. In Linz wurde außerdem nach Vorlagen bekannter Porzellanmaler gearbeitet, nicht zuletzt weil der Direktor, Konrad Sörgel von Sorgenthal, gleichzeitig – 1784 bis 1805 – Direktor der Wiener Porzellanmanufaktur war. Die Blumenmaler Joseph Fischer (gest. 1843) und Joseph Nigg (1782–1863) entwarfen Motive für die Stoffdruckerei, deren erhaltene Muster in der Tat von besonderer künstlerischer Qualität zeugen.[190]

Andererseits hatte die Linzer Manufaktur auch schon früher Musterzeichnungen gekauft, beispielsweise vom erwähnten Ignaz Strenzel (1786 bis 1832). Er war der Sohn eines Tapezierers und hat dieses Handwerk erlernt, während er gleichzeitig die Manufakturzeichenschule besuchte. 1806 gewann er dort den ersten Preis und wurde daraufhin im folgenden Jahr als Adjunkt und Korrektor angestellt. Gleichzeitig betrieb er von 1807 bis 1812 eine eigene Blumenzeichenschule. Sein Mentor Franz Grabner (gest. 1835) ließ ihn »durch längere Zeit die ausgezeichnete Seidenzeug-Fabrik des Herrn Sottil in der Schmalzgasse in Mariahilf besuchen«.[191] Offenbar hat er sich während seiner ›Besuche‹ in der Fabrik Sottils die für einen Manufakturzeichner notwendigen Fachkenntnisse in der Seidenweberei angeeignet. Michael Sottil besaß eine ›ausgezeichnete Seidenzeug-Fabrik‹, muß allerdings zu den konservativen Webmeistern gerechnet werden.[192] Strenzel war selbst von 1812 bis zu seinem Tod Professor für Blumenzeichnen an der Akademie und hat vor 1832 einige Hefte für eines der raren österreichischen Vorlagenwerke gezeichnet: ›Blumen-Zeichnungs-Studium in drey Abteilungen‹, die bei Joseph Trentsensky in Wien mit einer Widmung an die Kaiserin Carolina Augusta herauskamen und »die ausgezeichneten Beifall fanden«[193] (Abb. 101).

Auch in anderen Textilunternehmen der Monarchie holte man sich für den Stoffentwurf Mitarbeiter aus den dafür bekannten europäischen Zentren. So engagierte Franz Leitenberger für seine Fabrik in Josefsthal-Kosmanos in Böhmen 1815 Jeremias Singer aus Mulhouse. Er war zusammen mit dem Färbemeister – ›Koloristen‹ – Carl Koechlin, Bruder des berühmten Daniel Koechlin-Schouch, nach Böhmen gekommen. Als Koechlin und Singer 1819 eine eigene Druckfabrik in Jungbunzlau gründeten, holten sie sich mit G. Bachmann wieder einen Zeichner aus ihrer Heimatstadt in das Unternehmen.[194] 1835 wurde die Firma besonders »was den Druck der Naturblumen betrifft, ...« hervorgehoben, der »...sowohl in der Zeichnung als auch in der, großen Schwierigkeiten unterliegenden, technischen Ausführung noch von keiner Druckerei erreicht ist«.[195] Den Zeichner – möglicherweise Bachmann – erwähnt der Bericht nicht. Die erhaltenen Beispiele auf den Mustertafeln, zwischen 1833 und 1837 entstanden, zeigen qualitätvolle, variationsreiche Stoffe, die man durchaus mit den reizvollen Druckstoffen der späten zwanziger Jahre bis etwa 1835 aus Josefsthal-Kosmanos vergleichen kann.

Eine aufschlußreiche Quelle, die die zunehmende Wichtigkeit der Zeichner in einer Fabrik illustriert, ist der Bericht zur Prager Gewerbeausstellung 1831, der die dahingehenden Aktivitäten der Firma Ignaz

Leitenberger in Neu-Reichstadt beschreibt: »Ein ungleich höhres Verdienst hat aber die Reichstädter Fabrik dadurch erlangt, daß sie selbstständig erfindend die Mode lenkt und beherrscht. – Sie muß hierzu Zeichner, Koloristen, Formstecher u.s.w. von Talent, Erfindungsgabe und höherer technischer Bildung zu Gebothe haben und dem gemäß höher besolden; nicht genug zu würdigen ist daher ihr weder Kosten noch Mühe sparendes, ruhmvolles Streben, in allem was Geschmack, Kunstsinn und Kunstfertigkeit in dieser Art von Erzeugnissen betrifft, das Vorzüglichste zu leisten, und so allen, auch den höchsten Anforderungen entsprechend, selbst auf den Märkten des Auslandes ihre Fabrikate neben den englischen und französischen gesucht zu machen.«[196]

Der Textilhändler Rudolf von Arthaber wiederum, wie erwähnt seit 1834 Teilhaber beim Shawlfabrikanten Joseph Burde, bediente sich einer der damals modernsten Unternehmerinstitutionen, des Polytechnischen Instituts, um dort »... einen jährlichen Preis von 90 Dukaten für die gelungendste Original-Shawl-Zeichnung ...« festzusetzen, »...um in der Fabrikation unabhängig von ausländischen Mustern zu werden und der inländischen Shawl-Erzeugung den Charakter der Originalität zu verschaffen«.[197] Der Erfolg gab Arthaber recht: Auf beiden Wiener Gewerbeproduktausstellungen 1835 und 1839 gewannen Burde und Arthaber Goldmedaillen. Die Zeichnung eines Joseph Esche erlangte 1834 den ersten von Arthaber ausgesetzten Preis, und Esche erscheint 1839 im Wiener Ausstellungsbericht als Shawlfabrikant, der eine Bronzemedaille gewann.[198] Joseph Esche gehörte demnach zu den Fabrikanten, die ihre eigenen Entwerfer waren. Schließlich ist noch der »geschickte Künstler Joseph Kokesch« bekannt, der ebenfalls 1834 zusammen mit drei Hilfszeichnern in der Shawlfabrik Burde & Arthaber » ... die Komposition und Zeichnung der Dessins ...« leitete.[199] Für den hohen Stellenwert, der Shawlentwürfen beigemessen wurde, spricht, daß auf der Gewerbeausstellung 1845 drei »Zöglinge der Manufakturzeichenschule«, die Shawlzeichnungen präsentierten, namentlich genannt werden: Franz Pokorny, Leopold Müller und Joseph Wobornik.[200]

102 Patronenzeichnung und Lampasmuster der Firma C. Ritter von Andrä, Wiener Neustadt, 1820

Da sie ihre Erfahrungen mit Textilentwürfen österreichischer Zeichner bei der Gewerbeausstellung 1835 negativ einschätzten, gründeten einige Textilunternehmer 1837 einen Verein zur Beförderung der Manufakturzeichnung, »welcher, ohne behördliche Genehmigung und ohne sich jemals zu konstituieren, eine rege Tätigkeit auf diesem Gebiet entfaltete.«[201] Der Verein ließ die prämierten Zeichnungen dann von Mitgliedern ausführen und übergab sie nach der Benützung der Akademie der bildenden Künste, wo sie als beispielhafte Vorlagen für die Schüler fungierten. 1840 ging der Verein in den Niederösterreichischen Gewerbeverein auf und blieb dort als Zeichen- und Webschule bestehen.[202] Diese ›Preis-Ausschreibungen‹, offenbar auch von einzelnen Unternehmern praktiziert, wurden 1845 sehr gelobt, weil »wir [damit] auch in diesem Fache vom Ausland immer unabhängiger werden, wie es bereits theilweise in den Zeichnungen für Seidenzeuge, Shawls und Shawls-Tücher der Fall ist.«[203]

Erst im Bericht über die dritte Gewerbeausstellung in Wien 1845 werden Musterzeichner für verschiedene Handwerkszweige und »Zöglinge der k.k. akademischen Manufactur-Zeichnungs-Schule« unter den Ausstellern erwähnt.[204] In der ›Abteilung‹ Graphik und Plastik sind die verschiedensten entwerfenden Berufe vertreten, beispielsweise Zimmermaler, Anstreicher oder Marmorierer; außerdem Maler verschiedener Art, selbständige Manufaktur-Zeichner, Bildhauer oder Graveure. Es gab fünfzehn Einsender, von denen sieben textile Vorlagen zeigten, so die Manufaktur-Zeichner G. Rödel, Joseph Matschy und Anton Müller, die auf Carta rigata – als Webvorlage benutztes Millimeterpapier – umgezeichnete Figuren, also Webpatronen vorlegten. Außerdem zeigte man Shawl- und Teppichmuster sowie eine Zeichnung für Stoffdruck. Louis Hartmann, ›Fabrik-Zeichner in Prag‹, lieferte Möbel-Zeichnungen und Entwürfe für Kattundruck vor allem für türkischrote Artikel. Es ist schwer zu beurteilen, wie repräsentativ diese Auswahl war, außerdem fehlt jegliche visuelle Evidenz. Einerseits war der später berühmte Architekt, Erbauer des Wiener Opernhauses, Eduard van der Nüll (1812–1868) vertreten, andererseits wird die nicht unerhebliche Zahl der in Wien tätigen gewerblichen Zeichner erwähnt, ohne Namen zu nennen: Es gab »42 selbstständige Manufactur-Zeichner«.[205]

Daß Zeichner zum Fabrikpersonal als zwar selbstverständlicher, aber namentlich nicht hervorgehobener Teil der Belegschaft gehörten, zeigen zeitgenössische Aufzählungen der Mitarbeiter, in denen Dessinateure sowie Weber und Graveure für die Platten und Walzen als qualifizierte Facharbeiter erscheinen.[206] 1845, so entnimmt man dem Bericht über die Ausstellung in Wien, wurde in der Fabrik Franz Leitenbergers Söhne »fast ausschliessend nach Original-Mustern [gearbeitet], die aus ihrem eigenen Zeichnungs-Atelier, das 4 Zeichner und 1 Vorsteher beschäftiget, hervorgehen.«[207] ›Original-Zeichnungen‹ wurden auch in der von Vaucher Du Pasquier gegründeten Zitz- und Kattunfabrik Du Bois, Du Pasquier und Comp. in Neunkirchen in Niederösterreich als Vorlagen benutzt »vom

Rechte Seite:
103 C. Ritter von Andrä, Wiener Neustadt, 1820. »Tapetenstoff mit Gold«

Tapetenstoff mit Gold.

feinsten Geschmacke und in einer grossen Vielseitigkeit«.[208] Außerdem gravierte man hier alle Muster selbst in einer gut eingerichteten fabrikseigenen Gravieranstalt. Leider kann man die Qualität dieser Muster heute nicht mehr überprüfen, da die aus dem Kabinett erhaltenen Stoffmuster nur bis 1840 beziehungsweise 1843 reichen.

Die österreichischen Textilunternehmer kauften – wie die in anderen europäischen Textilzentren – wohl auch fertige Muster in spezialisierten Ateliers im Ausland. In Mulhouse und Paris arbeiteten um die Mitte des 19. Jahrhunderts die besten und größten Dessinunternehmen, deren Entwürfe in Frankreich, England, Deutschland, Österreich und Rußland benutzt wurden. Jean-Ulric Tournier (1802–1865) aus Mulhouse war einer der bekanntesten. Manche ›Dessinateure‹, mit bestimmten Firmen eng verbunden, ließen sich aber nicht abhalten, auch für andere Unternehmen zu arbeiten: Adolphe Braun, von 1831 bis 1848 Entwerfer für Dollfus-Mieg in Mulhouse, machte sich schließlich selbständig und arbeitete hauptsächlich für englische Auftraggeber. Sein Studio hatte 45 Zeichner.[209] Für die bekannte Druckmanufaktur Schöppler & Hartmann in Augsburg waren in den Quellen nicht genannte Zeichner in Paris und Mulhouse tätig, ein Beweis für die bestimmende Rolle Frankreichs, wenn es um das Dessin ging. Die Augsburger Manufaktur beschäftigte aber auch in der eigenen Fabrik angestellte Entwerfer, deren Namen Berger, Bogner und Reger in den Musterbüchern erscheinen.[210]

Andererseits zeigen die in elsässischen Firmen gesammelten englischen Stoffe,[211] englische Muster in französischen Firmen[212] ebenso wie in der Augsburger Kattundruckerei[213] Muster aus böhmischen Unternehmen oder die im Polytechnischen Institut gesammelten ausländischen Stoffbeispiele, daß man sich gegenseitig nicht aus den Augen ließ. In England und Frankreich hatte man sich schon im späteren 18. Jahrhundert erfolgreich um einen Musterschutz bemüht, der aber wohl nicht grenzübergreifend durchsetzbar war. In Österreich schlugen alle Bemühungen um einen Musterschutz bis in die späten 1850er Jahre fehl.[214]

Die Fabrikanten reisten aber auch selbst nach Paris, um sich direkt zu informieren. Ein schottischer Drucker verrät seine Praktiken: »The French lead the taste and we followed them. I go to Paris three or four times a year for no other purpose than to buy designs and see what the French are doing.«[215] Betrachtet man die in europäischen Zentren entstandenen Stoffe der ersten Hälfte des 19. Jahrhunderts, die dem täglichen Gebrauch dienten, so wird das Ausmaß deutlich, in welchem man schon damals Muster tauschte oder andere imitierte. Das trifft natürlich vor allem auf kleinteilige Muster zu, die ohne großen Gestaltungsanspruch entstanden. Originell und erfindungsreich, sind sie dennoch in ganz Europa regional kaum voneinander zu unterscheiden. Durch die enorme Verbilligung vor allem der Baumwolldruckerei lohnte es sich wohl oft nicht, Zeichner für diese Muster zu engagieren.

Zunächst machte der ›Textildesigner‹ des Biedermeier beim Entwerfen der Stoffmuster keine Unterscheidung zwischen Web- und Druckstoff. Erst die Reinzeichnung, die für den Drucker angefertigt wurde, unterschied sich vom Entwurf, allerdings meist nur durch geringfügige Vereinfachung und größere Genauigkeit. Die Reinzeichnungen mußten andererseits nicht vom Entwerfer stammen, oft wurden sie von Spezialkräften ausgeführt, die sie dann auf das Model, die Platte oder die Walze transponierten. Der Model- oder Walzen-Stecher übertrug diese dann in das Relief. In den vierziger Jahren wurden die Guillochierer wichtig, welche die Walzen für kleinteilige, monochrome Hintergrundmuster präparierten.

Die Vorlage für den Weber, die Webpatrone, mußte eine punktgenaue Umzeichnung des Entwurfs auf ein spezielles Millimeterpapier, die Carta rigata, sein. Auf dieser entspricht jedes Kästchen einer vorher festgelegten Anzahl von Bindungspunkten zwischen Kette und Schuß. Sie ist die Grundlage für das Einrichten des Webstuhles und wird deshalb nur von webtechnisch geschulten Entwerfern, oft auch von den Werkmeistern selbst ausgeführt. Aber auch der Patronenzeichner muß ein gewisses künstlerisches Gespür haben, denn er hat eine freie Zeichnung einem strengen Rastersystem einzupassen und entscheidet so, wie der Entwurf auf dem fertigen Stoff wirkt.

Gleichsam als Zusatz sei hier auf Patronenzeichnungen im Österreichischen Museum für angewandte Kunst verwiesen, die aus dem Besitz eines Musterzeichners für den Wiener Neustadter Seidenfabrikanten Christoph Andrä stammen könnten. Eine Zeichnung kann mit dem Stoff auf einer Tafel des Kabinetts in Verbindung gebracht werden, der 1819 in oben genannter Fabrik ausgeführt wurde (Abb. 102, 103).[216]

Anmerkungen

Anmerkungen zu S. 9–21

1 Ottomeyer 1987, S. 91
2 *Mitteilungen des k.k. österreichischen Museums für Kunst und Industrie,* I, 1865–1867, S. 308 f.
3 Mestrozi 1839; MAK Barock-Bibliothek Inv. Nr. S. 13. Zur ›neuen‹ Aktualität der Mestrozi-Sammlung E. Leisching (in: Leisching 1915, S. 27): »... und hat der gegenwärtigen heimischen Industrie neuerdings wieder die fruchtbarsten Anregungen geboten.«
4 Vgl. Kat. Wien 1981; Himmelheber 1988, S. 71 ff.
5 Ottomeyer 1987; Witt-Dörring 1988
6 Keeß 1821, S. 307
7 TE, XIV, 1846, S. 433
8 Vgl. zum Interieur: Robert Adam: *Works in Architecture.* London 1773–1779, 2 Bd.; George Hepplewhite: *The Cabinet Maker and Upholsterer's Guide.* London 1788; Charles Percier & Pierre-François-Léonard Fontaine: *Receuil de Décorations intérieres comprenant tout ce qui a rapport à l'ameublement.* Paris 1801–1812; Pierre de la Mésangère (Hrsg.): *Meubles et Objets de Gout.* Paris 1802–1835; Thomas Sheraton: *The Cabinet-Maker, Upholsterer an General Artist's Encyclopedia.* London 1804–1807; Rudoph Ackermann: *The Repository of Arts, Literature, Commerce, Manufactures, Fashion and Politics.* London 1809–1828; Peter & Michael Angelo Nicholson: *The Practical Cabinet Maker, Upholsterer and Complete Decorator.* London 1826, zuletzt 1846; A. Garnier: *Manuel du Tapissier Décorateur.* Paris 1830; Thiollet & Roux: *Nouveau Receuil de Menuiserie et de Décoration intérieur et exterieur.* Paris 1837; H.W & A. Arrowsmith: *The House Decorator's and Painter's Guide.* London 1840
9 TE I, 1830, S. 602
10 Ebd., S. 612
11 Ottomeyer 1987, S. 100–104
12 Lorenz Seelig: ›Wiener Biedermeier in Coburg‹. In: *alte und moderne Kunst,* H. 178/179, 1981, S. 2 ff.
13 Ebd., S. 6, Anm. 58
14 Zum Palais Liechtenstein freundliche Mitteilung Dr. Christian Witt-Dörring. Zu den Münchner Teppichen vgl. Kat. München 1987, S. 412, Kat. Nr. 4.17.2, 3. Bilder z.B. Kat. Wien 1988, Kat. Nr. 2/4/13; Friedrich von Amerling: ›Kaiser Franz I. von Österreich im Österreichischen Kaiserornat‹. Weltliche Schatzkammer Wien Inv. Nr. GG 8818; im ehemaligen Hofmobiliendepot, heute Bundesmobiliendepot, befinden sich ebenfalls einige kleinformatige Linzer Teppiche, außerdem der bei Heinz 1955, Abb. 25, gezeigte mit Blumenvase. Weitere Interieurs mit möglichen Linzer Teppichen bei Peter Thornton: *Authentic Decor. The Domestic Interior 1620–1920.* New York 1985, Abb. Nr. 292, 300, 317
15 Witt-Dörring 1988, S. 379
16 Keeß 1823, S. 268
17 Ebd., S. 269
18 Ebd., S. 269
19 Bericht Wien 1839, S. 389 ff.; Bericht Wien 1845, S. 735 ff.
20 Vgl. zu England: Schoeser, Rufey 1989, Hefford 1992; Rothstein 1994; vgl. zu Frankreich: Coural 1980; Schoeser, Dejardin 1991; Brédif 1989; Jaqué 1995; vgl. zu Augsburg: Durian-Ress 1988; Kluge 1991
21 Vgl. zur Mode: F.J. Bertuch/G.N. Kraus (Hrsg.): *Journal des Luxus und der Moden.* Weimar 1786–1827; N. Heideloff (Hrsg.): *Gallery of Fashion.* London 1794–1822; Pierre de la Mésangère (Hrsg.): *Journal des Dames et des Modes.* Paris 1797–1839; Rudolph Ackermann: *The Repository of Arts, Literature, Commerce, Manufacture, Fashion and Politics.* London 1809–1828; Johann Schikh (Hrsg.): *Wiener Zeitschrift für Kunst, Literatur, Theater und Mode.* Wien 1816–1848

Anmerkungen zu S. 23–111

1 Lackner 1995, S. 46, vor allem Anm. 32
2 Slokar 1914, S. 216 ff.
3 Jb. II, 1820, S. XIII, Anm. 1
4 Lackner 1995, S. 46
5 Alain Mercier: *Un Conservatoire pour les Arts et Métiers.* Paris 1994. Die Sammlung, bis heute im Kloster Saint-Martin-des-Champs untergebracht, war ab 1802 für das Publikum geöffnet.
6 Wikidal 1994, S. 20–22
7 Sein Direktor, Johann Joseph Prechtl, nennt das Polytechnische Institut auch »Verein zur Beförderung der National-Industrie« oder »Gesellschaft zur Aufmunterung der Künste und Gewerbe«, ein Hinweis auf seine vielfältigen Aufgaben und auf die Hoffnungen, die man in es setzte. Vgl.: Jb. I, 1819, S. 32 f.
8 Innerhalb der habsburgischen Länder hatte das französische Vorbild allerdings schon 1798 zu einem ersten Konzept für eine polytechnische Lehranstalt geführt, zu dem im November 1806 in Prag eröffneten ›Ständischen polytechnischen Institut‹. Ebenfalls noch vor dem hauptstädtischen Institut entstand 1811 in Graz das von Erzherzog Johann, dem Bruder des Kaisers, ins Leben gerufene ›National-Museum‹. Es handelte sich um die naturwissenschaftlich-gewerbliche Sammlung des Erzherzogs, die er der Stadt schenkte und die man mit einer technischen Schule verband. 1812 in bescheidenem Umfang eröffnet, wuchs die Sammlung rasch und existiert heute noch als Museum für Kunst- und Kulturgeschichte. Vgl.: Dieter A. Binder: *Das Joanneum in Graz. Lehranstalt und Bildungsstätte.*

(Publikationen aus dem Archiv der Universität Graz 12) Graz 1983.
9 Vgl. Slokar 1914, S. 225–249; Beckmann 1991, S. 77 ff., Anhang S. XIII; Wikidal 1994, S. 38 ff.
10 Jb. I, 1819, S. 32 f.
11 Zitiert nach: Schützenhofer 1947, S. 2. Vgl. zum Kabinett allg.: W. Hebenstreit: ›K.K. polytechnisches Institut in Wien‹. In: *Wiener Moden Zeitung* 1816, Bd. 2, S. 540–544; Habacher 1971, S. 39 ff.; Lackner 1995, S. 45–65; Lackner, Mikoletzky 1995, S. 36–52
12 Lackner, Mikoletzky 1995, S. 37
13 Zitiert nach Lackner, Mikoletzky 1995, S. 31
14 Jb. II, 1820, S. XII–XIV. Wahrscheinlich weicht das Jahr der Einsendung von dem der Produktion nicht wesentlich ab: vgl. Jb. IV, 1823, S. 3, 7. Wenn eine Tafel auf der ersten ›Allgemeinen österreichischen Gewerbs-Produkten-Ausstellungen‹ in Wien 1835 zu sehen war, ist es ebenfalls vermerkt. Bei Einsendungen im Zusammenhang mit den beiden folgenden, 1839 und 1845, ist dies nicht mehr notiert.
15 Keeß 1819, 1820, 1821, 1823
16 Keeß 1829, 1830
17 Blumenbach 1825, S. 34–38, bes. S. 35. Im Ungarischen Nationalmuseum ist diese Sammlung nicht mehr auffindbar. Sie hat möglicherweise das Ungarische Nationalmuseum nie erreicht (freundliche Mitteilung von Frau Dr. Waltraud Neuwirth) oder blieb dort nicht erhalten. Dazu: Lackner, Mikoletzky 1995, S. 40 und Anm. 26
18 Lackner, Mikoletzky 1995, S. 30 f.
19 Blumenbach 1825, S. 34
20 Ebd., S. 38
21 Zur weiteren Geschichte des Kabinetts bis zu seiner Auflösung vgl. Lackner, Mikoletzky 1995, S. 33 ff.
22 Jb. IV, 1823, S. 1–197, S. 100
23 Blumenbach 1825, S. 35–37
24 Diese Zeitangabe findet sich im Neuerwerbungsbericht Eduard Leischings (Leisching 1916, S. 185). Eine exakte Festlegung der tatsächlichen Übergabe erscheint wegen der widersprüchlichen Quellen nicht möglich. Man hat die Objekte weder in das allgemeine Museumsinventar noch in das Fachinventar der Sammlung eingetragen; es existieren auch keine Akten zur Übergabe. Offenbar nachträglich wurde mit Bleistift auf der ersten Seite der mit der Schreibmaschine geschriebenen Inventarabschrift im Österreichischen Museum für angewandte Kunst (MAK) handschriftlich »übernommen 1906 u. 1907« eingetragen. Dieses Inventar beruht auf dem ›Verzeichnis über die vom technologischen Kabinete aus der k.k. technischen Hochschule in Wien entliehenen Gegenstände‹, das im Technischen Museum Wien aufbewahrt wird und seinerseits wieder eine auszugsweise Abschrift des 1894 bzw. um 1900 fertiggestellten ›Inventar[s] für Fabrikate an der k.k. technischen Hochschule in Wien‹, Bd. 1: ›vom Jahre 1818 bis 1862‹, und Bd. 2: ›vom Jahre 1818 bis...‹ im Archiv der Technischen Universität Wien darstellt. Es listet die damals vorhandenen Bestände auf und macht heute deutlich, daß die Verluste bei den textilen Produkten nicht unbeträchtlich sind. Vor allem fehlen nahezu alle ausländischen Produkte, von denen es nicht wenige gab. Hier ist verzeichnet, welche Gegenstände an welche Institution abgegeben wurden, z.B. »leihweise« an das Technische Museum und an das ›Museum der Geschichte der österreichischen Arbeit‹ (MGöA). Letztere sind fast durchwegs Textilien. Vgl. zu der Inventarisierung: Lackner, Mikoletzky 1995, S. 37 ff. Moritz Dreger, der diesen Bestand zuerst bearbeitete, im Sommer 1915 teilweise publizierte und die Objekte auch physisch übernommen hat, schreibt, daß sie aus dem ›Technologischen Gewerbemuseum‹ (TGM) in das MAK gelangten (vgl. Dreger 1915, S. 360). Wenn der handschriftliche Eintrag auf der Abschrift von ihm stammt, wären die Objekte – wahrscheinlich inoffiziell – schon früher in das MAK gelangt. Das TGM wurde 1879 gegründet, während das MGöA erst seit 1893 existierte und neben dem TGM eingemietet wurde. Das TGM war außerdem Träger des zukünftigen MGöA; vgl. Lackner, Mikoletzky 1995, S. 41. Die Textilobjekte müßten demnach vom Kabinett um 1894 an das MGöA bzw. TGM abgegeben worden sein, von wo sie 1906/07 oder erst 1914 in das MAK überstellt wurden. Zu MGöA und TGM vgl. Schützenhofer 1947, S. 9–33. Andere Abteilungen des MAK inventarisierten schon seit Gründung des Hauses, 1864, immer wieder Objekte aus dieser Quelle.
25 Aus dem Technischen Museum wurden etwa 550 Tafeln mit Stoff- und vor allem Bandmustern bearbeitet, deren Produzenten sich teilweise mit denen des Museums für angewandte Kunst decken. Die im Technischen Museum aufbewahrten Bestände des Kabinetts kamen lt. Inventar 1911/12 in dieses Haus, ein Teil erst nach 1945 und noch direkt aus der ursprünglichen Quelle. Vgl. Lackner, Mikoletzky 1995, S. 42
26 Alle Objekte dieser Provenienz behielten die auf den Tafeln links oben oder an den Einzelmustern auf Etiketten notierten und offenbar von einer Hand geschriebenen Inventarnummern. Mit den vorangestellten Buchstaben »TGM« behandelte man sie in der Textilsammlung des MAK als Inventarnummer. Rechts oben trägt jede Tafel eine Tafelnummer, bis »1832« überwiegend römische und ab »1836« ausschließlich arabische Ziffern. Beide Eintragungen sind spätere Zufügungen, wobei die Inventarnummern links von der 1894/1900 abgeschlossenen Gesamtinventarisierung stammen. Die auf die Stoffmuster geklebten und mit Nummern versehenen kleinen runden Etiketten müssen zu einer anderen Inventarisierungsphase gehören. Zu diesen Zahlen hat sich bis heute kein Inventar gefunden. Die roten Zahlen auf den Tafeln schließlich hat man ihnen im MAK gegeben, sie bezeichnen nach Produzenten geordnete Stapel, in die man die Tafeln im Museum schlichtete.
27 Vgl. dazu Anm. 24
28 In meinem 1995 erschienenen Aufsatz zu den Textilmustern habe ich noch die überlieferte These als selbstverständlich übernommen, daß alle Textilien aus dem Kabinett Kaiser Franz' I. kamen (vgl. Völker 1995). Im Laufe meiner Vorarbeiten für dieses Buch entstanden Zweifel an der Tradition und veranlaßten mich, meine Sicht zu ändern.
29 Jb. II, 1820, S. XIV, Punkt 2
30 Ebd., S. XIV, Anm., Punkt 4
31 Mestrozi 1839, S. 154 f. Inventar TU Wien – Bd. 2, Inv. Nr. 27.421-27.433.
32 Vgl. Lackner, Mikoletzky 1995, S. 40
33 1825 waren in 25 Schränken 25 000 Fabrikate nebst Rohmaterialien (1 500) und einer Modellensammlung unter gebracht. Vgl. Blumenbach 1825, S. 34–38
34 Blumenbach 1825, S. 35; vgl. zu ›Metallwaaren‹ Werner 1995, Tafel 27, 28
35 Werner 1995, Tafel 26, 27
36 Blumenbach 1825, S. 36
37 Vgl. Lackner, Mikoletzky 1995, S. 32, bes. Anm. 31
38 Blumenbach 1825, S. 38; Jb. IV, 1823, S. 124, 129. Insgesamt befanden sich Ende 1822, als dieses Inventar erstellt wurde, »nahe an 1000 Stück« ausländische Erzeugnisse, allerdings aus allen Abteilungen, im Kabinett. Jb. IV, 1823, S. 6. Auch Mestrozi berichtete von französischen Seiden, die 1820 zum Vergleich mit seinen Produkten im Polytechnischen Institut zu sehen waren. Mestrozi 1839, S. 168. Im Inventar von

1894/1900 findet man ebenfalls einige ausländische Beispiele, die heute verschwunden sind. Vgl. zu Bissardon et Bony: Coural 1980, Index S. 577

39 Vgl. Keeß 1821, S. 302: »Einer rühmlichen Erwähnung würdig ist die besonders in Sammten und reichen Stoffen ausgezeichnete Fabrik des Hrn. Christoph Andrä in Wiener Neustadt.«

40 Tafeln 1841, Tafel 41: »... ist nicht nur die umfassendste Anstalt dieser Art, sondern überhaupt die großartigste Fabrik der österreichischen Monarchie.«

41 Vgl. außerdem Slokar 1914, S. 399

42 Jb. IV, 1823, S. 112

43 Vgl. Lackner, Mikoletzky 1995, S. 32

44 Mestrozi 1839, S. 276 ff.; Dreger 1915, S. 387

45 MAK Akt 580–1864 und Akt 5–1867

46 MAK Akt 580–1864

47 Mestrozis Muster sind in fast 400 einmal zusammenklappbare Mappen geklebt, 34 x 52 cm groß, außen mit hellblauem Papier verkleidet. Die Mappen sind mit Nummern versehen, ein diese aufschlüsselnder Index fehlt.

48 Mestrozi 1839, S. 140 f.

49 Ebd., S. 140 f.; Dreger 1915, S. 387

50 Briefe von 1809, 1817, 1819 (?), 1820 von von Keeß an A. Rollett in den Städtischen Sammlungen-Archiv. Rollettmuseum der Stadtgemeinde Baden

51 Vgl. H. Meissner, G. Holler, H. Hnatek, J.A. Stark, R. Maurer: *Anton Rollett – ein Badener Arzt und Naturforscher im Biedermeier.* Baden (1992)

52 In der Textilsammlung Rolletts, die wie die des Fabriksprodukten-Kabinetts in Roh- und Fertigprodukte geteilt ist, gibt es 13 großformatige Kassetten für Stoffe aus unterschiedlichen Fasern und verschiedener Provenienz. Die einzelnen Muster sind auf 449 lose, meist beschriftete Papiertableaus geklebt, 402 enthalten Stoffmuster aus unterschiedlichen Materialien. Nicht auf jeder Tafel werden die Fabrikanten genannt, und auch nicht alle Tafeln sind mit einem Datum versehen. Kassetten 5 und 6 enthalten »Weibliche Handarbeiten«, 7 und 8 fehlen, 9 und 10 enthalten Rohmaterialien, 11 bis 17 Stoffmuster verschiedener Firmen des Habsburgerreiches. Kassette 18 enthält »Seidenband-Fabrikate«, Kassette 19 Posamentrie und Spitzen. Die Daten reichen von 1790 bis 1837.

53 Zum Interieur vgl. Anm. 8, S. 112; zur Mode vgl. Anm. 21, S. 112

54 Schoeser, Rufey 1989, S. 76 ff.

55 Durian-Ress 1988, S. 68

56 Mestrozi 1839, S. 138; Dreger 1915, S. 380

57 Tuchscherer 1972; Coural 1980; Brédif 1989; Schoeser, Dejardin 1991; Jacqué 1995

58 1826 gelang es Otto Unverdorben (1806–1873) aus Indigo und 1837 Friedrich Ferdinand Runge (1795 bis 1867) aus Steinkohleteer Anilin, die Grundsubstanz für künstliche Farbstoffe, zu gewinnen, und ab 1857 wurden solche in England von Henry Perkin (1838–1907) industriell hergestellt. Vgl. Barbara Mundt: *Historismus*, München 1981, S. 134

59 Die Grundsubstanz des Türkisch- oder Adrianopel-Rot ist die Wurzel der Krappflanze.

60 Keeß 1829, S. 373

61 Z.B. stellte die Firma Franz Leitenberger in Josefsthal-Kosmanos 1846 eine von André Koechlin aus Mulhouse konstruierte Turbine auf. Vgl. Lorber 1981, S. 54

62 Jaqué 1995, S. 23

63 Victoria & Albert Museum 1960; Clabburn 1988; Schoeser, Rufey 1989; Lemire 1991; Hefford 1992; Rothstein 1994

64 Schoeser, Rufey 1989, S. 44; Hefford 1992, S. 158

65 Rothstein 1994

66 Albert Tanner: ›Das ganze Land eine Baumwollfabrik. Ländliche Industrie in der Ostschweiz im 18. und 19. Jahrhundert‹. In: Komlosy 1991, S. 65–75

67 Kluge 1991, besonders S. 11–45; R. Traupel: ›Die Neuenburger Indienne Industrie‹. In: *CIBA Rundschau* 97, 1951, S. 3563–3567; Bellezza Rosina, Cataldi Gallo 1993; Hartkamp-Jonxis 1987

68 Gustav Schafer: ›Zur Geschichte der Türkischrotfärberei‹. In: *CIBA Rundschau* 47, 1940, S. 1723 ff.; R. Traupel: ›Die Entwicklung der Schweizer Indienne Industrie‹. In: *CIBA Rundschau* 97, 1951, S. 3552; ders.: ›Die Neuenburger Indienne Industrie‹. In: ebd., S. 3563 ff.; ders.: ›Der Glarner Zeugdruck‹. In: ebd., S. 3569 ff.

69 Föhl, Hamm 1988

70 P. Wescher: ›Die preußische Wollmanufaktur unter Friedrich Wilhelm I.‹ In: *CIBA Rundschau* 55, 1942, S. 2017–2023 ders.: ›Die Seidenindustrie in Sachsen, Preußen und Österreich zur Zeit des Merkantilismus‹. In: ebd., S. 2024–2035

71 Durian-Ress 1988, S. 70, Anm. 16; Kluge 1991

72 Vgl. Kluge 1991, S. 148, Anm. 69

73 Die österreichische Monarchie war nach dem Wiener Kongreß, abgesehen von Rußland, der flächenmäßig größte Staat Europas und erreichte um 1850 mit rund 36 000 000 Einwohnern die zweite Stelle nach Frankreich. Damit entsprach die Einwohnermenge der deutschen Staaten. Wien war mit 430 000 Bürgern die größte deutschsprachige Stadt. Mittendorfer 1991, S. 211. Wien hatte seine Einwohnerzahl von 1815, mit 240 000 Einwohnern, bis 1850 fast verdoppelt.

74 Slokar 1914, S. 394

75 Bujatti 1893, S. 22

76 Tafeln 1841, Tabelle 41

77 Komlos 1986, S. 75

78 Slokar 1914, S. 268; Sandgruber 1982, S. 278. »Die Handspinnerey der Baumwolle so wie die Weberey auf dem Lande waren schon durch das Patent vom 23. Febr. 1740 für freye Gewerbe erklärt worden.« Keeß 1829, S. 120 f.

79 Tafeln 1841, Tabelle 41

80 Slokar 1914, S. 304

81 Vgl. dazu Matis 1991 und Sandgruber 1991, bes. S. 51 ff.; Luxbacher 1991

82 Vgl. dazu Luxbacher 1991, S. 59–71

83 In der Fabrik J.J. Leitenbergers in Wernstadt hatte allerdings schon 1796 ein dänischer Mechaniker eine transmissionsbetriebene Spinnmaschine nach englischem Muster aufgestellt. Vgl. Slokar 1914, S. 289 f. Slokar berichtet, daß auch in den Fabriken in Josefsthal-Kosmanos und Reichstadt 1799 englische Spinnmaschinen arbeiteten. Vgl. auch Luxbacher 1991, S. 41 f.

84 Vgl. Matis 1991, S. 29 ff.

85 Luxbacher 1991, S. 41 f.

86 Keeß 1820, S. 86

87 Jb. IV, 1824, S. 116

88 Matis 1991, S. 23

89 Keeß 1829, S. 370

90 Keeß 1830, S. 778

91 Witt-Dörring 1995

92 Hefford 1992, S. 16; Jb VII, 1825, S. 395

93 Luxbacher 1991, S. 92

94 Tafeln 1841, Tafel 41; Luxbacher 1991, S. 45, 96; Luxbacher 1995, S. 78

95 Beschreibung I, 1841, S. 295; allerdings geht es hier um Bandstühle, außerdem ist Haas nicht nur Baumwollfabrikant.

96 Luxbacher 1991, S. 93, 96 ff.

97 Luxbacher 1995, S. 74, 78 f.

98 Tafeln 1841, Tafel 41: In Vorarlberg gab es 1841 bereits 5 Fabriken mit 466 mechanischen Webstühlen, die 25 760 Stück produzierten. Dem standen 4 563 Handweber gegenüber, die insgesamt 78 791 Stück fertigstellen, also die dreifache Menge.

99 Sandgruber 1991, S. 58

100 Keeß 1829, S. 664

101 Keeß 1820, S. 188

102 Jb. XIII, 1928, S. 376

103 Die Fridauer Barchentfabrik war nicht die älteste Baumwollwarenfabrik Niederösterreichs, schon 1724 hatte die Ostindische Handelskompanie die Zitz- und Kotonmanufaktur in Schwechat gegründet, von der es im Kabinett keine Muster gibt.
104 Slokar 1914, S. 389
105 Keeß 1821, S. 298
106 Ebd., S. 299 ff.; Tafeln 1841 Tafel 41; Sandgruber 1982, S. 282 ff.
107 Keeß 1821, S. 300
108 Keeß 1929, S. 457; Sandgruber 1982, S. 283
109 Ebd., S. 457
110 Keeß 1820, S. 285
111 1823 allerdings erhält Peter Gianicelli ein Privileg auf eine »Musterpreßmaschine« aus Gußeisen. Beschreibung I, 1841, S. 158
112 Keeß 1829, S. 446
113 Keeß 1821, S. 288; Jb. IV, 1823, S. 128
114 Keeß 1829, S. 444
115 Jb. III, 1822, S. 501; Keeß 1823, S. 99: 22.4.1821 auf 5 Jahre
116 Keeß 1829, S. 444
117 Jb. IV, 1823, S. 127. Ein Teil dieses Musters dürfte sich erhalten haben: Inv. Nr. TGM 23118 (Abb.)
118 Tafeln 1841, Tafel 14
119 Keeß 1829, S. 458
120 Ebd., S. 456
121 Tafeln 1841, Tafel 41
122 Beschreibung I, 1841, S. 91; Beschreibung II, 1842, S. 70
123 Vgl. Nigri, Festi 1841; Tafeln 1841, Tafel 41
124 Keeß 1821, S. 297
125 Bericht Wien 1835, S. 119 f.
126 Keeß 1821, S. 298; Jb.IV, 1823, S. 117
127 Keeß 1821, S. 297
128 Keeß 1829, S. 458
129 Slokar 1914, S. 396, 398
130 Vgl. Völker 1981, S. 409–422
131 Jb. II, 1820, S. 364
132 Monique Levi-Strauß: *The Cashmere Shawl*. New York 1986
133 Bei Zeisel & Blümel z.B. arbeitete man seit 1837 mit einer französischen Shawl-Ausschneidemaschine und ab 1846 mit der Dampfappretur. Vgl. Völker 1981, S. 422
134 Beschreibung I, 1841, S. 94
135 Keeß 1830, S. 781
136 J. Zeisel: Exner 1873, S. 254; A. Mayer: Keeß 1829, S. 477
137 Keeß 1820, S. 339–344. Dreger 1917, S. 289–369; Heinz 1955. Hier sind die im Österreichischen Museum für angewandte Kunst erhaltenen Teppiche und Teppichmuster bearbeitet. Heinz 1988, S. 387–390
138 Bericht Wien 1835, S. 32
139 Die erste Spinnmaschine hatte Altgraf Salm 1802 nach aus England importierten Zeichnungen in Brünn nachbauen lassen. Vgl. Slokar 1814, S. 328
140 Keeß 1820, S. 235; Keeß 1829, S. 430; Slokar 1914, S. 332
141 Keeß 1820, S. 235
142 Heute Provinz Lüttich (Belgien)
143 Keeß 1820, S. 236
144 Beschreibung I, 1841, S. 95
145 Keeß 1820, S. 158: genau 627 327
146 Keeß 1820, S. 162
147 Tafeln 1841, Tafel 41
148 Keeß 1820, S. 64; Luxbacher 1991, S. 48
149 Tafeln 1841, Tafel 41
150 Vgl. Matis 1991, bes. S. 35 ff.
151 Erfolgreiche, die Wirtschaft fördernde Fabrikanten wurden andererseits wegen ihrer Verdienste in den Adelsstand erhoben, ein sogenannter Industrieadel entstand.
152 Keeß 1821, S. 300 ff.; Jb. IV, 1823, S. 128; Dreger 1915, S. 358 ff.
153 Mestrozi 1839, S. 16 f.
154 Ebd., S. 12 ff.
155 Ebd., S. 78
156 Ebd., S. 93 f.; vgl. Abb. 63 und Dreger 1915, S. 346 f.
157 Mestrozi 1839, S. 101 ff.
158 Ebd., S. 138
159 Ebd., S. 210 ff.
160 Ebd., S. 279 ff.
161 Slokar 1914, S. 398
162 Keeß 1821, S. 301; Bericht Wien 1835, S. 78 ff.
163 Vgl. zur Geschichte der Leitenbergers: Lorber 1981
164 Zusammen mit den Unternehmen in Kettenhof, Fridau und Sassin erwarben sie es von den aus dem Elsaß stammenden Wiener Tapetenfabrikanten Spörlin und Rahn. Vgl. dazu: Witt-Dörring 1995
165 Bericht Wien 1835, S. 86
166 Bericht Wien 1845, S. 499
167 Bericht Wien 1835, S. 17
168 Bericht Wien 1839, S. 276 f.
169 Bericht Wien 1845, S. 446
170 ÖBL, 39. Lfg. 1982, S. 346
171 Vgl. zur Familie Fries: Matis 1991, S. 37 f. u. Anm. 91
172 Jb. IV, 1823, S. 116 f.
173 Bericht Wien 1835, S. 119 f.
174 Bericht Wien 1845, S. 551; Dreger 1916, S. 55
175 Schoeser, Rufey 1989, S. 43; Schoeser, Dejardin 1991, S. 100 ff.; Kluge 1991, S. 44; Hefford 1992, S. 10 f.
176 Vgl. Fabiankowitsch 1989, bes. S. 23–28
177 Braun-Ronsdorf 1954, S. 4201–4204; Wagner 1967
178 Im Bericht Wien 1845, S. 654 werden »20 Unternehmer von Privat-Zeichnungs-Schulen« angeführt.
179 Jb. I, 1819, S. 12
180 Bericht Wien 1845, S. 654
181 Ebd., S. 660. Schon 1813 gaben die Tapetenfabrikanten Michael Spörlin und Heinrich Rahn drei Hefte mit »Verzierungen zur Verbreitung des guten Geschmacks« heraus. Vor allem Spörlin setzte sich auch in anderen Zusammenhängen für das Musterzeichnen, gute Vorlagen und schließlich für den Musterschutz ein. Vgl. Slokar 1914, S. 257 f.; Witt-Dörring 1995, S. 167, Anm. 15
182 Bericht Wien 1845, S. 654
183 Mestrozi 1839, S. 12 ff.
184 Ebd., S. 221
185 Ebd., S. 276 ff.; Dreger 1915, S. 387
186 Mestrozi 1839, S. 58
187 ÖBL 1959, Bd. 2, S. 119
188 Heinz 1955, S. 39 ff., 56 ff. Der Zeichnungsbestand der Akademie aus dieser Quelle wird im Moment von Gisela Winkelhofer für ihre Dissertation an der Universität Wien aufgenommen und bearbeitet. Zu den Zeichnungen Ignaz Strenzels vgl. Heinz 1955, S. 57, Anm. 81
189 Vgl. George Zipelius Abb. 38; womit noch nicht gesagt sein soll, daß diese identisch sind.
190 Aus den Ausführungen von D. Heinz geht nicht hervor, ob die Zeichnungen erhalten sind.
191 ›Ignaz Strenzel, Professor der k.k. Academie der bildenden Künste. Nekrolog‹. In: Franz Pietznigg (Hrsg.): *Mitteilungen aus Wien. Zeitgemälde des Neuesten und Wissenswürdigsten*. Wien 1833; S. 156 f.
192 Noch 1837 ließ er ein Patent von 1822 für einen Handwebstuhl ohne Jacquardmechanismus verlängern. Vgl. im Katalog Firma Sottil, Michael
193 MAK Bibliothek: Zeichenunterricht Neuzeit II 57 o.D. A.a.O. Anm. 15, S. 157
194 Dreger 1916, S. 51 f. Zeichner aus Mulhouse schätzte man ebenso im Lombardo-Venezianischen Königreich, wo 1820 die Söhne Johann Adam Kramers in Mailand einen elsässischen Entwerfer – Daniel Mayer – in ihr florierendes Unternehmen engagierten. Hier produzierte man neben einfachen Druckstoffen sogenannte Mezzaris, eine italienische Spielart der in Europa so beliebten ›Indiennes‹. 1823 (Jb. IV, S. 117) hieß es: Kramer & Comp. »gehört zu den vorzüglichsten in dem österreichischen Staate überhaupt, und im venetianisch-lombardischen Königreiche insbesondere.« Die Fortschritt-

lichkeit des Unternehmens mißt sich auch daran, daß man hier schon 1789 und 1792 mit Maschinen und ab 1807 mit einer englischen Druckmaschine arbeitete.

195 Bericht Wien 1835, S. 111

196 Bericht Prag 1831, 136 f.

197 Bericht Wien 1835, S. 16 f.

198 Bericht Wien 1839, S. 276

199 Bericht Wien 1835, S. 16

200 Bericht Wien 1845, S. 662

201 Slokar 1914, S. 223

202 Vgl. Witt-Dörring 1995, S. 163 f. Im MAK befindet sich ein umfangreiches Buch *Webkurs 1848–49* tituliert, das von einem gewissen Rudolf Reichert stammt. Auf dem Deckblatt: »Theoriekurs für Weberey nach der Anleitung des Herrn Proffessors F.W. Londow. Erster Band.« Links auf einer kleinen Kartusche: »Unterzeichnetem wurde die 1. Prämie des niederösterreichischen Gewerbevereins zuerkannt.« Rechts: »Den VII. May 1849 vom Schlusse des 1. Jahrgangs der Weber schule.«

203 Bericht Wien 1845, S. 656

204 Vgl. ebd., S. 653 ff.: XXXVIII. Abteilung Graphik und Plastik

205 Bericht Wien 1845, S. 654

206 Zum Beispiel 1835 bei Jenny & Schindler in Hard bei Bregenz; vgl. Bericht Wien 1835, S. 116

207 Bericht Wien 1845, S. 549 f.

208 Ebd., S. 550

209 Schoeser, Dejardin 1991, S. 100 ff.

210 Kluge 1991, S. 40, 44

211 Jacqué 1995, S. 30 f.

212 Ebd., S. 52 ff.

213 Kluge 1991, S. 44, Anm. 69

214 Vgl. Slokar 1914, S. 255 ff.

215 Zitiert nach Hefford 1992, S. 11

216 Inv. Nr. T 2732/1876 nachträglich inventarisiert. Aus dem Kontext ergibt sich, daß die Zeichnung wahrscheinlich auf der Wiener Weltausstellung 1873 erworben wurde. Die Beschriftung auf der Rückseite datiert den Stoff falsch in die 2. Hälfte des 18. Jahrhunderts. Da in dem Konvolut noch 2 Patronenzeichnungen vorhanden sind, die in derselben Schrift 1838 und 1850 datiert sind, mit dem Hinweis auf Andrä oder Wiener Neustadt, und letztere von einem Anton Rigler signiert und mit dem Zusatz versehen ist: »gezeichnet und durchgeführt von A.R. im Jahre 1850«, muß man die frühere Zeichnung wohl auch in diesem Zusammenhang sehen.

Zusammenfassender Katalog

der im MAK – Österreichisches Museum für angewandte Kunst, Wien, und im Technischen Museum Wien aufbewahrten Textilien und ihrer Fabrikanten aus dem ›Technologischen Kabinett‹ des ehemaligen Polytechnischen Instituts, nach Ländern und Fabrikanten alphabetisch geordnet

Böhmen

AUERSPERG, Karl Fürst, Tuppadl
K.k. priv. Baumwollwarenfabrik
MAK 4 T. 1808/35 M.
Kammertuch, Musseline, Surban, Barchet, Wallis, Perkal, Piqué
um 1790 200–400 Stühle
1801 mechanische Spinnerei vorhanden
1829 englische Maschinen
Lit.: Keeß 1829, S. 164; Slokar 1914, S. 184, 187, 227, 289, 341, 400; Luxbacher 1991, S. 48

BERGER, Johann Georg, HAUPTMANN & Co., Prag
Leinwand- und Kottondruckfabrik
MAK 1 T. undatiert/20 M.
Gedruckte Leinwanden, Sacktücher
1790er Jahre gegründet
Lit.: Slokar 1914, S. 20, 289, 340 f., 342, 348; Luxbacher 1995, S. 70

DOLESCHAL, Joseph, & PITSCH, Joseph, Pottenstein (Königgrätz)
MAK 1 T. 1822/5 M.
Quadrillierte Baumwoll-Tücher, schottische Leinwand

ERXLEBEN, Christian Polykarp (gest. 1831), Gebrüder Erxleben & Comp., Landskron
Niederlassung in Wien, Wipplingerstraße Nr. 393
K.k. priv. Zitz-, Kattun-, Leinwand- und Tischzeugmanufaktur
MAK 23 T. 1808 und 1825/194 M.; 1 Manchesterbahn, 1821/1 M.
Lederleinwand oder Creas, Kommerzleinwand, Zwillich, Sacktuch, Calicot, Canevas, Model- und Walzendruck
1802 gegründet von Christian Polykarp Erxleben
1805/17 C. P. Erxleben Leiter des ärarischen Leinwandeinkaufs; Leinwand für Militärverwaltung
1812 ›Die böhmische Leinwandbleiche‹ von C. P. Erxleben, eine der größten Bleichereien Europas
1818 Depression; 41 Tische und Stühle, 12 Meister, 32 Gesellen, 12 Lehrjungen, 71 Gehilfen
1829 Ausstlg. Prag: Silbermedaille
1831 Tod C. P. Erxlebens
1835 alle Maschinen mit Wasserkraft, Bleichanstalt musterhaft mit 150 Beschäftigten, dazu Druckerei und Färberei
Ausstlg. Wien: Silbermedaille
1837 Einkaufsanstalt aufgelassen
1839 Ausstlg. Wien: Aussteller
1845 Konkurs; konnte staatl. Vorschuß nicht zurückzahlen
Lit.: Jb. IV, 1823, S. 113; Keeß 1829, S. 298, 371; Keeß 1830, S. 777; Bericht Wien 1835, S. 3 ff., 121; Bericht Wien 1839, S. 221; Tafeln 1841; Slokar 1914, S. 192, 291, 294, 297, 361, 367 ff., 374; Luxbacher 1991, S. 46

FRÖHLICH Sohn & Co., Warnsdorf Georg Anton FRÖHLICH
Niederlassung in Wien, Freiung, ›Zum römischen Kaiser‹
K.k. priv. Leinen- und Baumwollwarenmanufaktur
TM 4 T. 1835–38/29 M.
MAK 24 T. 1821–38/178 M.; 2 Manchesterbahnen 1821/9 M.
Manchester, Wallis, Thikset, Velveret, Dimity, Drillich, Nankin, Bambus, Hosenzeug, Bettzeug
1813 k.k. Landespriv.
1835 Eigentümer: Georg Anton Fröhlich, Geschäftsführer: Johann Reinhold
50 Arbeiter in der Fabrik, 250 außerhalb
Ausstlg. Wien: Silbermedaille
1841 Damaste, Atlasse und Wallise: Güte des Stoffes, künstliche Arbeit, geschmackvolle Zeichnungen, blendend weiße, vollendete Appretur
1845 Ausstlg. Wien: ehrenvolle Erwähnung
Lit.: Jb. IV, 1823, S. 114; Keeß 1829, S. 174; Bericht Wien 1835, S. 13, 52 ff., 121; Tafeln 1841; Bericht Wien 1845, S. 555; Slokar 1914, S. 299 f., 345, 375

HARRACH'sche landesbefugte Leinenwarenfabrik,
Franz Ernest Graf von HARRACH, Starkenbach, Böhmen, und Janowitz, Mähren
MAK 1 T. undatiert/12 M.
MAK 1 T. Janowitz, Mähren, 1821/12 M.
Rumburger- oder Weißgarn
1747/50 Graf Ferdinand Bonaventura von Harrach gründet Janowitz, erste Leinenwarenfabrik hier, und Starkenbach
1767 kaiserlich privilegiert für Böhmen und Mähren, Niederlassung in Wien
1791 Ausstlg. Prag: Ware für ausländisch gehalten
1801 mechanische Baumwollspinnerei vorhanden
1807 800 Beschäftigte
1812 solides Fabrikgebäude, Bleichpläne erweitert
1818 Garnbleiche dazu
Ende 30er Jahre: 73 Kunstwebstühle, 780 ordinäre Webstühle, 1915 Personen, doppelt so viele Hilfsarbeiter
1831 zus. mit Janowitz: 130–150 Webstühle, ca. 1000 Arbeiter, Arbeiter- und Witwenpensionsanstalt
Ausstlg. Prag: Goldmedaille
1832 Johann Faltis, Gründer der österr. mechanischen Flachsspinnerei übernimmt Direktion beider Fabriken und Niederlassung in Wien
1836 Ausstlg. Prag: Goldmedaille
1839 Ausstlg. Wien: Silbermedaille
1841 150 Webstühle für Damaste u.a.; Battistweberei; Bleich- und Appreturanstalt, 1 000 Personen
1845 ca. 2 000 Beschäftigte an beiden Orten
Ausstlg. Wien: Goldmedaille
Lit.: Keeß 1820, S. 158, 177 f.; Jb. IV, 1823, S. 106; Keeß 1829, S. 297 f.; Keeß 1830, S. 777; Bericht Prag 1831, S. 112; Bericht Wien 1839, S. 204, 206 f., 217 ff.; Exner 1873, S. 266; Slokar 1914, S. 28, 364 f., 371 ff., 375, 377 f.; Luxbacher 1991, S. 42

JERUSALEM, Moyses, & PRIBRAM (PRZIBRAM), Aaron B., Karolinenthal, Rosenthal und Smichow
K.k. landesbefugte Kattunfabrik
MAK 8 T. 1835/19 M.
Kammertuch, Katun, Zitz
1798 Aaron Pribram gründet Leinwand- und Kottondruckerei in Karolinenthal bei Prag
ab 1802 zusammen mit Moyses Jerusalem
1814 Übernahme der Fabrik Durazins in Smichow
1827 800 Menschen im Betrieb ohne Spinner und Weber
1836 Trennung: Pribram übernimmt Smichow (seitdem Aufschwung)
1841 2 Walzendruckmaschinen, 2 Perrotinen, 150 Drucktische
1845 180 Drucktische, mehrere Walzendruckmaschinen, 1 Dampfmaschine 12 PS, Betriebspersonal 600
Ausstlg. Wien: Silbermedaille
600–700 Arbeiter, alle modernen Maschinen
1836 Jerusalem in Karolinenthal (seitdem Niedergang), ältere Fabrik (1800 bis 1836) von B. Joß in Rosentahler Vorstadt weitergeführt
1841 2 Walzendruckmaschinen
Lit.: Keeß 1829, S. 371; Tafeln 1841; Bericht Wien 1845, S. 552; Slokar 1914, S. 289, 291, 295, 297 f., 300 ff.; Dreger 1916, S. 34 ff.

KIESLING, Joseph Fr. (Brüder), Hohenelbe
MAK 1 T. undatiert/10 M.
Webe, Schockleinen, Schleyer, rohe Leinwand
Lit.: Jb. IV, 1823, S. 106 f.

KOECHLIN, Carl, (1789–1835) & SINGER, Jeremias, Jungbunzlau
Niederlassung in Wien, Am hohen Markt Nr. 543
K.k. priv. Kattunfabrik
TM 1 T. 1837/9 M.
MAK 46 T. 1833–37/191 M.; 1 Musterbuch 1839/116 M.
Kammertuch, Perkal, Zitz
bis 1814 in Lörrach
ab 1815 C. Koechlin (Kolorist), Bruder von Daniel Koechlin-Schouch, J. Singer (Zeichner) aus Mulhouse zu F. Leitenberger, Josefsthal-Kosmanos
1818 Orden für beide, auch Leitenberger und Orlando
1819 gründen Kattundruckfabrik; Zeichner: G. Bachmann aus Mulhouse
1829 513 Mitarbeiter ohne Weber, Landesprivileg
Ausstlg. Prag: Silbermedaille
1830 Priv. Vorrichtung an Webstühlen
1835 Tod Koechlins, Singer allein
Ausstlg. Wien: Silbermedaille
1843 C. Koechlins Söhne: 3 Walzendruckmaschinen, 1 Perrotine
1845 Ausstlg. Wien: ehrenvolle Erwähnung; 150 Arbeiter
Lit.: Keeß 1829, S. 371; Keeß 1830, S. 778; Jb. XVII, 1832, S. 110, 360; Bericht Wien 1835, S. 110 f.; Beschreibung I, 1841, S. 294; Bericht Wien 1845, S. 554 f.; Slokar 1914, S. 273, 296 f., 301 ff.; Dreger 1916, S. 47; Jacqué 1995, S. 23

LEITENBERGER, Franz Peter (1761–1825), Friedrich LEITENBERGER d. Ä. (1801–1854), Josefsthal-Kosmanos
Niederlassung in Wien, Haarmarkt Nr. 646
K. k. priv. Zitz- und Kattundruckerei
TM 2 T. 1839/7 M.
MAK 153 T. 1810–43/529 M.; 4 Musterbahnen 1810–18/38 M.; 1 Tuch 1818/1 M.
Kammertuch, Honicomb, Musseline, Calicot, Katun, Percal, Zitz, englische Leinwanden, gedruckte Möbelstoffe, Iris- und Türkischrotdruck
1793 J. J. Leitenberger (1730–1802), Besitzer Fabrik Wernstadt, kauft Fabriken von Christoph Weckherlin in Kosmanos (1779 gegr.) und Bernhard Joß in Josefsthal (1787 gegr.)
1794–96 Übernahme: Sohn Franz Peter Leitenberger: 6 Drucktische, Plattendruck, Weberei mit 8 Webstühlen
1797 Ankauf Gebäude Piaristenkloster: Baumwollspinnerei/-weberei
1799 Maschinenspinnerei wie Wernstadt und Reichstadt, verbesserte Webstühle; eigene Maschinen- und Tischlerwerkstätten in aufgelassenem Gymnasium
1810 50 Drucktische, 10 engl. Spinnmasch., 200 Arbeiter i. d. Fabrik, zahlreiche Weber im Verlag
1810 10.7. Landesbefugnis
1812 Lapisdruck, Spinnerei aufgelöst, engl. Garne preiswerter
1814 Reorganisation: Kattundruckerei im Piaristengebäude
1815 Messe Frankfurt u. Leipzig: leistungsfähigste Kattunfabrik Europas engl. Walzendruck in Kattundruckerei
1818 Entlassungen, dennoch großes Unternehmen mit Niederlassungen in Wien, Mailand, Leipzig, Lemberg, Bozen, Düsseldorf. 100 Drucktische, Walzendruckerei mit 38 Formstechern, 112 Gehilfen
Orden an F. P. Leitenberger u. Schwiegersohn Ignaz v. Orlando
Kaiser Franz I. besichtigt Fabrik mit großem Interesse
1819 Krise, Ansuchen um Vorschuß von 300 000 Gulden aus Staatskasse
Zollfreiheit nicht bewilligt
1820 F. P. Leitenberger zieht sich zurück
1825 7.4. Tod F. P. Leitenbergers
I. v. Orlando Geschäftsführer bis 1829
1826 Patent für Irisdruck von Spörlin & Rahn mit Reichstadt u.a.
1829 Ausstlg. Prag: Silbermedaille;
100 Drucktische, 400 Angestellte i. d. Fabrik
Repräsentanzen in Prag, Wien, Linz, Pest, Verona, Mailand, Frankfurt
ab 1830 neuer Geschäftsvertrag: Johanna von Orlando, geb. Leitenberger, I. v. Orlando und Friedrich Leitenberger d. Ä. (1801–1854) als Unternehmensführer

1831 Ausstlg. Prag: Goldmedaille
1832 F. Leitenberger technischer Leiter
1835 Ausstlg. Wien: Goldmedaille; 160 Drucktische (um ein Viertel vermindert), Walzendruckabteilung mit zahlreichen Kupferwalzen, neue Melettier- und Guillochiermaschinen. Ölhaus zur Erzeugung von Türkisch-Rot, 657 Arbeiter Maschinenstürmer gegen niedrige Frauenlöhne
1836 Ausstlg. Prag: Goldmedaille
1839 Ausstlg. Wien: Goldmedaille
1843 200 Drucktische, 2 Walzendruckmaschinen, 3 Perrotinen, 4 Plattendruckmaschinen (Modeldruckmaschine von F. Leitenberger) Färberei für Adrianopelrot; 800 Arbeiter in der Fabrik
Besitzer: Franz Leitenbergers Söhne
1844 Prager Druckerstreik, Kosmanos: Perrotinen lahmgelegt
1845 Ausstlg. Wien: außer Preisbewerbung 800 Arbeiter, Maschinen mit Wasserantrieb, eigenes Zeichenatelier: 1 Vorsteher, 4 Zeichner
1846 erste dreifarbige Druckmaschine, Jouvalsche Turbine mit 81 PS von André Koechlin, Mulhouse, gebaut. Tod Orlandos und seiner Frau, F. Leitenberger alleine, Zusammenarbeit mit Cousin Eduard Leitenberger
1846–52 Verlagerung der Abteilungen von Kosmanos nach Josefsthal
1850 13 Walzendruckmaschinen mit 1800 Walzen
1851 Weltausstlg. London: 2 Medaillen
1852 alle wichtigen Abteilungen in Josefsthal, erste Dampfmaschinen und erste Vierfarben-Tücherdruckmaschine Österreichs; bedeutender Zeichner
1854 29.9. Tod F. Leitenbergers
1858 Neffe Friedrich Franz Josef, Frh. von L. (1837–1899) übernimmt 1868 alles in Josefsthal, Kosmanos verkauft

Lit.: Keeß 1820, S. 206 f., 226; Jb. IV, 1823, S. 118; Keeß 1829, S. 121, 352 f., 371; Bericht Wien 1835. S. 104 ff.; Tafeln 1841; Bericht Wien 1845, S. 549 f.; Slokar 1914, S. 290 ff., 295 ff., 303; Dreger 1916, S. 47 ff.; ÖBL Bd. V, 1970, S.7 f.; Lorber 1981, S. 21 ff.

LEITENBERGER, Ignaz, (1764–1839) & Söhne
Eduard LEITENBERGER (gest. 1871), Neu-Reichstadt

Niederlassung in Wien, Hohe Brücke Nr. 353
K. k. priv. Kattundruckerei
TM 3 T. 1828 und 1838/5 M.
MAK 313 T. 1808–40/1470 M.;
6 Kaffeetücher 1818/6 M.;
1 Decke 1828/1 M.
Kaffeetuch, Kammertuch, Satin, Musseline, Piqué, Percal, Katun, Batist
1786–88 Hof Prärupt in Reichstadt von J. J. Leitenberger, Besitzer Fabrik Wernstadt, angekauft
1786 Kommissionierung für ein staatl. Darlehen: Bleicherei und Druckerei; Leitung Söhne: Franz Peter und Ignaz Leitenberger
1788 Eröffnung: 24 Drucktische
Ende 1780er Jahre Besuch Josefs II., weiterer Aufschwung
1791 40 Drucktische, 400 ›Fabrikanten‹, 5000 Spinner und Weber
1799 Maschinenspinnerei wie in Wernstadt und Kosmanos
1802 Tod J. J. Leitenbergers, neuer Leiter: Ignaz Leitenberger
1818 Eduard, Sohn Ignaz Leitenbergers, tritt ein: Priv. für Platten-Druckmaschine zu Seiden-, Baumwoll- und Leinwandwaren
1818 Ignaz Leitenberger kauft Fabrik des Schwagers A. Starke in Niemes
1820–35 Kapazität ausgeweitet: 650 Betriebsmitglieder, 2000 Beschäftigte im Verlag; 170 Drucktische, 3 Graviermaschinen, 1 Walzendruckmaschine, Plattendruck
1825 Priv.: Walzengravierung, besonders für Moiré ombré
1826 Priv.: Irisdruck, von Spörlin & Rahn mit Kosmanos u.a. erworben
1827 Priv.: Walzen maschinell und sehr vielfältig zu guillochieren
1829 Ausstlg. Prag: Goldmedaille
1830 E. Leitenberger verstärkt in Neu-Reichstadt
1831 Ausstlg. Prag: höchste Auszeichnung für Leistungen im technischen Fach
1834 Herstellung von Krapptafelrot (E. Leitenberger)
1835 Ausstlg. Wien: Goldmedaille 607 Arbeiter i. d. Fabrik, über 2000 außerhalb
1836 Ausstlg. Prag: I. Leitenberger wirkl. Mitglied des böhm. Gewerbevereins
1837 Übergabe an Eduard Leitenberger
1837–42 k.k. priv. Kattundruck-Fabrik: Priv.: Vorrichtung zum Handdruck und Schnell-Modeldruck-Maschine
1839 Ausstlg. Wien: Goldmedaille an E. Leitenberger
26.12. Tod I. Leitenbergers in Reichstadt
1841 3 Walzendruckmaschinen, 10 Plattendruckmaschinen
1842 350 Mitarbeiter, 100 Drucktische
1853 Schließung der Fabrik
1871 25.1. Tod E. Leitenbergers in Prag; hinterläßt Manuskript: ›Geschichte der Kattundruckerei‹

Lit.: Jb. I, 1819, S. 405; Keeß 1820, S. 167, 195, 206; Keeß 1821, S. 297; Jb. X, 1827, S. 262; Jb. XIII, 1828, S. 385; Keeß 1830, S. 350, 352, 371; Bericht Prag 1831, S. 18, 136 f.; Bericht Wien 1835, S. 107 ff.; Bericht Wien 1839, S. 332 ff.; Beschreibung I, 1841, S.182; Tafeln 1841; Beschreibung III, 1843, S.130, 131; Slokar 1914, S. 184, 186, 274, 288 f., 292 f., 295 f., 300 f.; Dreger 1916, S. 50 ff.; ÖBL Bd. V, 1970, S. 7; Lorber 1981, S. 35 ff.

LEITENBERGER, Carl, Niemes

Niederlassung in Wien, Hohe Brücke Nr. 353 bei J. N. Soucoup
K. k. priv. Kattundruckerei
MAK 95 T. 1835–39/480 M.
Zitz, Percal, Kammertuch, Musselinet, Trauer-Musseline, Katun, Piqué
1802 gegründet von August Starke, Schwiegersohn und leitender Mitarbeiter J.J. Leitenbergers in Wernstadt
1806 Tod A. Starkes, Ignaz Leitenberger Vormund und Ratgeber für Starkes Familie
1818 Ignaz Leitenberger erwirbt Niemes
1825/27 Niemes an Ignaz' Sohn Eduard Leitenberger
1830 Niemes an Ignaz' Sohn Carl Leitenberger
1830er Jahre über 100 Drucktische
1835 Ausstlg. Wien: Silbermedaille
1843 Schließung Werk Niemes
1848 Tod C. Leitenbergers

Lit.: Bericht Wien 1835, S. 111; Dreger 1916, S. 52; Lorber 1981, S. 31 ff.

LORENZ, Brüder, & PFEIFER, Anton, Arnau und Starkstadt

MAK 2 T. undatiert/20 M.
Canevas, Glanzleinen, Sangaletten (Flachsleinen), Schockleinwand, moirierte Leinwand

Lit.: Keeß 1820, S. 177; Slokar 1914, S. 375

MÜNZBERG, Anton, Georgenthal
Anton MÜNZBERG'S Söhne

MAK 6 T. 1821–46/43 M.
Nankin, Gingham, Leinwand
1845 Ausstlg. Wien: Aussteller

Lit.: Bericht Wien 1845, S. 557

NEUGEDEIN, k.k. priv. Schafwollwaren-Manufaktur

Besitzer: Wiener Kaufleute
Schmidt & Co
Niederlassung in Wien, Seilerstätte Nr. 815
MAK 3 T. 1829/47 M.
Cordonnets, Kalander, Camelot-Kalander, Everlasting, Striatto (köperbindiger Wollstoff für Hosen), Figaro (Wollstoff für Hosen mit breiten Rippen), Lustrinell, Raye-Croise, Codrington, Droguet, Amiens
1763 od. 1768 Gründung
1770 Landesbefugnis
1831 Ausstlg. Prag: Silbermedaille; mehr als 20 Gebäude.

Besitzer: J.M. Schmidt's Erben, Friedrich Schleger Geschäftsführer
1834 k.k. Priv.: Schafwollwarenfabrik, völlige Umwandlung, Dampfmaschinen, Gasbeleuchtung, über 500 Zwirn- und Webstühle, tausende Personen mit Webern auf dem Lande
1835 6000 Beschäftigte, 38 Personen mit Pension
Ausstlg. Wien: Bronzemedaille
1836 Ausstlg. Prag: Goldmedaille
1839 Ausstlg. Wien: Goldmedaille
1841 größte Kammgarnspinnerei in Böhmen
1845 600 Webstühle, davon 120 Jacquardstühle, über 2000 Menschen, davon 700 im Fabrikgebäude; Dampfmaschine 40 PS; 600 Webstühle insgesamt, davon 120 Jacquards
Ausstlg. Wien: Goldmedaille
Lit.: Bericht Prag 1831, S. 159 f.; Bericht Wien 1835, S. XXVI, 31 ff.; Bericht Wien 1839, S. 248, 253 f.; Tafeln 1841; Bericht Wien 1845, S. 430

PORGES von Portheim, Juda Leopold (1785–1869) und Moses (1781–1870), Prag und Smichov
Niederlassung Wien, Paßauergasse Nr. 365
K.k. priv. Kattun- und Tücheldruckerei
MAK 72 T. 1821–38/119 M.
Croisé, Kammertuch, Merino, Zitz, Musseline, Batist
1790 Koppelmann Porges gründet Zeugdruckfabrik in Prag
1803 50 Drucktische, kaiserl. Adler = k.k. priv.
1811 80 Drucktische, Niederlassungen in Wien, Prag, Brünn
1829 Ausstlg. Prag: ehrenvolle Erwähnung
1830 größere Fabrik in Smichov errichtet
1831 Ausstlg. Prag: Sachverständiger, Bronzemedaille
1833 Ausstlg. Prag: Bronzemedaille; vom Kaiser besucht
vor 1835 erste Dampfmaschine Böhmens in Smichov
1835 Ausstlg. Wien: Bronzemedaille; 569 Arbeiter in der Fabrik
1841 Brüder Porges geadelt: Edle von Portheim
1843 5 Walzendruckmaschinen, 2 Perrotinen
1845 700 Arbeiter in der Fabrik, 2 Dampfmaschinen von 28 PS
Ausstlg. Wien: Silbermedaille
1856 eine der größten Fabriken ihrer Art, M. Porges gibt Leitung von Smichov auf
Lit.: Bericht Wien 1835, S. 116 ff.; Bericht Wien 1845, S. 553; Exner 1873, S. 264; Slokar 1914, S. 289, 291 f., 294, 297 f., 300 ff.; Dreger 1916, S. 34, 56 f.; ÖBL Bd. 8, 1981, S. 209

RIPKA, Math.
MAK 1 T. 1825/1 M.
Umhängtuch

ROTTENHAN, Graf, Rothenhaus
Baumwollwarenfabrik
MAK 1 T. 1808/15 M.
Piqués
1779 gegründet
um 1790 157 Stühle; Verbreitung der Schnellschützen in Böhmen
1801 Maschinenspinnerei vorhanden
Lit.: Keeß 1829, S. 121, 164; Slokar 1914, S. 289, 290, 292 f., 297, 377; Luxbacher 1991, S. 42

SCHLECHTA, Peter August, & Sohn, Lomnitz bei Hohenelbe
Priv. Leinwandfabrikanten
MAK 2 T. 1835/11 M.; 1 Musterbuch 1829/209 M.
Doppel- und Batistwebe
1808 gegründet
1829 Ausstlg. Prag: Silbermedaille
1831 und 1836 Ausstlg. Prag: Goldmedaille
1835 Ausstlg. Wien: Goldmedaille
1839 Ausstlg. Wien: Goldmedaille
1845 Ausstlg. Wien: in der Beurteilungskommission
Lit.: Keeß 1829, N 777; Keeß 1830, S. 777; Bericht Wien 1835, S. 1 f.; Bericht Wien 1839, S. 205 f., 214 f., S. 209; Slokar 1914, S. 374

SILBERER, Johann, Komothau
MAK 2 T. 1820, 1822/30 M.;
10 Mustertücher 1818/191 M.
Kammertuch, Perkal
Lit.: Slokar 1914, S. 294

STOLLE, Gebrüder
Josef STOLLE & Söhne; Franz STOLLES Erben, Warnsdorf
Niederlassung in Wien Nr. 351
K.k. priv. Leinen-Damast-Manufaktur
MAK 2 T. undatiert/21 M.
Canevas, Tisch- und Bettzeug
gegründet von Josef Stolle, Söhne Franz und Josef Stolle Erweiterung
1809 Gebrüder Stolle, Landesbefugnis
1818 Kupferplattendruck eingeführt
1820 Teilung: J. Stolle & Söhne sowie Franz S. Erben (größere Bedeutung) Damastfabrikation
1835 Ausstlg. Wien: Bronzemedaille
1836 38 Webstühle, 380 Beschäftigte mit Spinnern
1839 Ausstlg. Wien: Silbermedaille; 400 Personen
1845 Ausstlg. Wien: Aussteller
Lit.: Keeß 1820, S. 155 f., 172, 178, 195, 226; Jb. IV, 1823, S. 107; Bericht Wien 1835, S. 9; Bericht Wien 1839, S. 220; Bericht Wien 1845, S. 336; Slokar 1914, S. 269, 293, 298, 300, 372, 374

WECKERLIN, Christof, Königinhof
MAK 1 T. 1820/15 M.
Kattun
vor 1803 gegründet
Lit.: Slokar 1914, S. 291

WIENER & Söhne, Prag und St. Pölten
Niederlassung in Wien Judengasse Nr. 501
Landesbefugte Kattunfabrik
MAK 12 T. 1836/29 M.
Kammertuch, Zitz
1813 von Michael Wiener gegründet
1819 beide Söhne Gesellschafter
1820 Landesfabrikbefugnis
1823 erste Walzendruck- und Graviermaschine in Prag
Priv.: Walzendoppeldruck
1824 Niederlassung in Mailand
1829 Kattunfabrik St. Pölten (1787 gegr.) übernommen
1831 Niederlassung in Wien, Mailand, Pest und Prag; Landesbefugnis für St. Pölten; 503 Beschäftigte
Ausstlg. Prag: Silbermedaille; Sachverständiger
1835 160 Drucktische, 2 Druckmaschinen, über 500 Beschäftigte
Ausstlg. Wien: Aussteller
1839 geschlossen
Lit.: Keeß 1830, S. 778; Bericht Prag 1831, S. 129 f.; Bericht Wien 1835, S. 123; Slokar 1914, S. 292, 294, 296, 298, 300; Dreger 1916, S. 35

Galizien

MANIZALEW, Gregori, Suczawa und Lipnik
MAK 1 T. 1837/6 M.
Alaczazeug, gestreifte und karierte Zeuge; Heereslieferant
Lit.: Keeß 1820, S. 227

Kärnten

MORO, Gebrüder, Edle von, Klagenfurt und Viktring
K.k. priv. Feintuch-Manufactur
MAK 1 T. 1835/3 M.; 1 Musterbuch 1837/72 M.
Superfeine Tücher
1788 Gründung: Zisterzienserkloster Viktring, Brüder Christoph (gest. 1823) und Johannes Moro aus Ligosullo (Friaul)
1811 Ausbildung Franz Moros in Brünn, Frankreich u. Belgien
1813 Leitung: Söhne Eduard Moro (1790–1846) und Anton Moro Viktring: dunkle, Klagenfurt: helle Militärtücher
1823 Leitung: Söhne Franz (1782–1866) und Eduard Moro

1835 Ausstlg. Wien: Goldmedaille
1839 Ausstlg. Wien: Goldmedaille
1845 Sohn von Franz, Max (1817–1899), tritt ein, 400 Beschäftigte
1844 Ausstlg. Berlin: roter Adlerorden 3. Klasse
1845 Ausst. Wien: Aussteller außer Preisbewerbung
1850–61 Franz Moro erster Bürgermeister von Viktring
Lit.: Keeß 1820, S. 236, 253, 277 f.; Keeß 1821, S. 253; Jb. IV, 1823, S. 121; Bericht Wien 1835, S. 18; Bericht Wien 1839, S. 265 f.; Exner 1873, S. 251; Slokar 1914, S. 322, 355 f., 390; ÖBL Bd. VI, 1975, S. 374 f.

Lombardo-Venezianisches Königreich

D' ANGELI, Dominik; GRAPPUTO, Jacob, Triest
MAK 1 T. 1819/4 M.
Segelleinwand
Lit.: Keeß 1820, S. 178

ANTIVARI, Joseph, Udine und Wien
MAK 3 T. 1823/28 M.
Barchent, Sacktuch, Halb-, Hanf- und Segelleinwand, Matratzenzeug
Lit.: Keeß 1829, S. 292

BETTIO, Thomas, Venedig
MAK 3 T. 1820/4 M.
Zenia (Gondelstoff), Felzada (Bettkotzen)

BORGHI, Anton, Canale (Illyrien)
MAK 1 T. 1820
Tisch- und Bettzeug
Lit.: Jb. IV, 1823, S. 104; Slokar 1914, S. 383

BUFFALI, Franz Michael; CEROI, Johann Baptist, Görz
MAK 2 T. 1822/4 M.
Mantò, Spinadon (Seidensorten) u.a.

CANCIANI, Vincenz, Udine
MAK 1 T. 1823/11 M.
Hanfleinwand (Sotto monegria), quadrillierte Leinwand (Occhiettoni), Tisch- und Matratzenzeug
Lit.: Keeß 1829, S. 292

CAVALLI, Domenico, und Comp., Mailand
Niederlassung in Wien, Untere Bräunerstraße Nr. 1129
K.k. priv. Druckerei und Färberei
MAK 8 T. 1835/11 M.
Kattuntüchel, Kammertuch, Türkischrotdruck
1835 Ausstlg. Wien: Bronzemedaille
Lit.: Bericht Wien 1835, S. 114 f.

CAVENEZIA, Brüder, Venedig
MAK 3 T. 1820/7 M.
Ganzo, Cameloto, Virginet
Lit.: Keeß 1821, S. 299, 324 ff.; Jb VI, 1825, S. 71

COIZET, Innozenz, & Brüder, Mailand
Niederlassung in Wien, Seilergasse Nr. 1090
K.k. priv. Seidenzeug-Manufaktur
MAK 1 T. 1835/1 M.
Lampas
1775 gegründet
1835 Ausstlg. Wien: Goldmedaille; 200 Stühle, 420 Beschäftigte, Filanda in Inveruno: 110 Beschäftigte Filatorio in Vill' Incinno, Como: 75 Beschäftigte
Lit.: Bericht Wien 1835, S. 77 f.

CUMERLONDER (CAMERLENDER), Franz Anton, Görz
MAK 1 T. 1822/5 M.
Brokate, Damaste
Lit.: Jb. IV, 1823, S. 124

FISCHER, Johann Maria, Como
TM 1 T. 1820/15 M.
MAK 1 T. 1820/15 M.
Levantine, Florence-Taft, Marcelline, Gros de Naples

FORAMITI, Lorenz, Cividale
Niederlassungen in Udine und Verona
Flachs-, Hanf- und Baumwollweberei
MAK 2 T. 1823/18 M.; 1 Musterbuch 1835/16 M.
Hanf- und Flachsleinwand, Cottoni, piquéartiger Barchet (Fustagno tempestino), Handtücher
1745 gegründet für Leinengewebe
ab 1800 Schwerpunkt: Hanfverarbeitung
1814 Baumwollweberei und Rothfärberei
1829 Handspinnerei bei Baumwolle
1835 Ausstlg. Wien: ehrenvolle Erwähnung 225 Individuen beschäftigt in Fabrik. 20 000 Spinnerinnen und 1 500 Weber außerhalb
Lit.: Jb. IV, 1823, S. 131; Jb. VI, 1825, S. 61; Keeß 1829, S. 120, 292; Bericht Wien 1835, S. 10 f.

GALBIATI di Carlo, Brüder, Mailand
Kommissionslager in Wien, Steyrerhof Nr. 727
Seiden- und Halbseidenfabrikant
MAK 17 T. 1837/100 M.
Levantine, Halbseide
1835 Ausstlg. Wien: ehrenvolle Erwähnung
Lit.: Bericht Wien 1835, S. 92, 122

GERLIN, Matteo, Venedig
MAK 1 T. 1819/2 M.
Segelleinwand (Cavallina und Viadana)
Lit.: Jb. IV, 1823, S. 105; Keeß 1829, S. 292

GOGOLI, Johann, & SERUSSIZ, Anton, Görz
MAK 2 T. 1822 und 1824/23 M.
Florettseidenzeug (Bavella), Halbleinwand

De GREGORI, Carlo, Mailand
Niederlassung in Wien, Untere Breunerstraße Nr. 1129, bei A. Thomas Seidenzeugfabrikant
MAK 5 T. 1835/12 M.
Grosgrain, Atlas, Lampas
1835 Ausstlg. Wien: Aussteller
Lit.: Bericht Wien 1835, S. 93 f., 122

GUARNIERI, Joseph, Verona
MAK 2 T. 1823/13 M.
Florettseidenwaren (Bavella, Cordolato, Trezzol)
Lit.: Keeß 1829, S. 457

KRAMER, Giovanni Adamo, & Comp., Mailand
K.k. priv. Kattundruckfabrikanten
MAK 5 T. 1819/56 M.
Kammertuch, Katun, Umhängtuch
1782 9.8. G. A. Kramer aus Frankfurt/O. mit Carlo Francesco Rho, Frey & Pestalozzi (Zürich) und Hartmann aus Augsburg: Gründung in Cavalchina mit 45 Drucktischen
1789/92 erste und neue Maschinen
1807 Convento della Pace, 2. Fabrik: englische Druckmaschinen; Kontinentalsperre: Baumwollstoffimport aus der Schweiz
1815 Tod G. A. Kramers, Nachfolger Söhne Carlo, Francesco, Ferdinando; Zusatzfabik in Cremella (Como): 450 Arbeiter
1820 78 Drucktische, 295 Arbeiter; Daniel Meyer, Zeichner aus Mulhouse; Cavalchina Handdruck, della Pace Maschinendruck
1824 Priv.: Irisfarben auf Seide und Baumwolle, Auseinandersetzung mit Kettenhofer Fabrik
1825 Priv.: verbesserte Maschine zur Baumwollspinnerei
1829 rohe Kattune werden selbst gewebt; gedruckt aus freier Hand oder engl. Walzenmaschinen
1844 Schließung
Lit.: Keeß 1820, S. 206 f.; Jb. IV, 1823, S. 117; Jb. VI, 1825, S. 65, 67; Jb. VIII, 1826, S. 401; Keeß 1829, S.149, 324, 354, 372; Beschreibung I, 1841, S. 182; Bellezza Rosina, Cataldi Gallo, 1993, S. 59 ff.

LAMBERTI, Johann, & ROSSIGNOL, Mailand
K.k. priv. Seidenzeug-Fabrikant
MAK 2 T. 1836/6 M.
Lampas
1839 Ausstlg. Wien: Silbermedaille
Lit.: Bericht Wien 1839, S. 296 f.

LURASCHI, Joseph B., Como
MAK 1 T. 1818/10 M.
Tuch, Casimir, Vigognestoff (1809 prämiert)
Lit.: Jb. VI, 1825, S. 64

MARTINOLLE, Bartolo, Venedig
MAK 1 T. 1823/4 M.
Stoffe für die Levante (»Rasetti drappetti« nach türkischer Art)
Lit.: Keeß 1829, S. 457

PAVESI, Cäcilia, Crema, Lombardei
MAK 1 T. 1835/1 M.
Gebleichte Leinwand
1835 Ausstlg. Wien: ehrenvolle Erwähnung
Lit.: Bericht Wien 1835, S. 12

PERKARK, Franz, Verona
TM 1 T. 1818/16 M.
Taftbänder mit Zackenrändern

PIUTTI, Peter, & BERTIOLO, Jacob, Friaul
MAK 1 T. 1823/11 M.
Hanf, Flachs, Tischzeug, quadrillierte Leinwand (Occhione), Matratzenzwillich
Lit.: Keeß 1829, S. 292

POLINA, Joseph, Verona
MAK 1 T. 1823/6 M.
Damast, Levantine, Felpa a soprarisso (Samt à la Reine)

SAVI, Felice, Vicenza
TM 1 T. 1823/9 M.
MAK 2 T. 1823/19 M.
Atlas, Brokat, Persiennes, Grisetta

VERNAY, Andreas, Mailand
TM 23 M. 1820
Moirierte, façonnierte, karierte Taftbänder mit/ohne Zackenrand
1825 Priv.: Seidenbänder »Marabout«
Lit.: Jb. IV, 1823, S. 136; Jb. VI, 1825, S. 72; Keeß 1829, S. 497

VESCOVI, Ottavio, Venedig
MAK 1 T. 1823/5 M.
Hanfleinwand (Canepaccio), Hanfzwillich (Ceneracciolo), Segelleinwand (Cavallina und Alona)
Lit.: Keeß 1829, S. 292

VIDEMARI, Angelo, Mailand
Gasse di S. Salvatore Nr. 1062
Seidenzeugfabrikant
MAK 1 T. 1824/2 M.
Stoffa garzata (auf- und unaufgekratzte, felpelartige Stoffe)
1824–29 Priv.: schwarze felpelartige Seidenzeuge (stoffa garzata) für Hüte usw.
Lit.: Keeß 1821, S. 299; Jb. VIII, 1826, S. 401; Keeß 1829, S. 449; Beschreibung I, 1841, S. 92

Mähren

DELHAES, Brüder, Brünn
M.A. SEITTER, Brünn
MAK 1 T. undatiert/8 M.
Serailtücher, Doppel-Casimir, Wollstruck
Lit.: Keeß 1821, 272 f.; Slokar 1914, S. 336

FLOTH, Johann, Schönfeld bei Elbogen
Kommissionslager in Wien, Wipplingerstr. Nr. 391
K.k. landesbefugte Schafwollen-Fabrik
MAK 9 T. 1835/23 M.
Merino, Droguet, Möbelstoff
vor 1831/33 mehr als 10000 Beschäftigte in Wollweberei
1835 Ausstlg. Wien: Silbermedaille
1839 Ausstlg. Wien: Aussteller
1841 Produktion zurückgegangen
Lit.: Bericht Wien 1835, S. 22 f.; Bericht Wien 1839, S. 256 f.; Tafeln 1841; Slokar 1914, S. 345

HAUPT, Leopold, Wien und Brünn
K.k. Leinenwarenmanufaktur
MAK 3 T. 1835/7 M.
Damaszierte Zwilliche, Gradeldecke
1835 Ausstlg. Wien: Aussteller
1839 Ausstlg. Wien: ehrenvolle Erwähnung
Lit.: Bericht Wien 1835, S. 13; Bericht Wien 1839, S. 204, 222 f.; Slokar 1914, S. 379

NAMIEST (Brünner Kreis)
Puthon, Freiherren von, Johann Baptist (1776–1839) & Karl (1780–1863) vgl. FRIDAU (NÖ), SASSIN (Ungarn)
Niederlassung in Wien, Haarmarkt Nr. 644
K.k. priv. Feintuch und Casimirfabrik
MAK 24 T. 1839/191 M.
Tücher für Civil- und Militärgebrauch, Mantelstoff, Flanell, Beinkleiderstoff, Casimir, Circasse, Thibet
1796 gegründet von Heinrich Graf Haugwitz u. Freiherr Johann Baptist Puthon (gest. 1816) im ehem. Kapuzinerkloster, Arbeiter aus den Niederlanden (Belgien)
1807 187 Arbeiter, 109 sonstige Beschäftigte
ab 1817 Heinrich Zurhelle Direktor
vor 1820 ›Freiherrlich von Puthon'sche Tuchfabrik‹
trefflichste und vollkommenste Maschinen
Cocheletsche Schermaschine
1825 Priv.: neue Tuchwalke/Wasch- und Walkmaschine
ab 1830 Gasbeleuchtung
1832 nordamerikanische Flachs- und Hanf-Bearbeitungsmaschine von Zurhelle aufgestellt, Wasserkraft
1833 Dampfheizung i. d. Färberei
1835 Ausstlg. Wien: Goldmedaille
Ausstlg. Wien: ehrenvolle Erwähnung
1839 Ausstlg. Wien: Goldmedaille, ehrenvolle Erwähnung
1841 175 (20 Jacquard-) Webstühle, 1 Dampffärberei mit 9 Kesseln und 5 Küpen, 1 Rauherei mit 21 Maschinen, 1 Walke mit 15 Maschinen, 1 Appretur mit 43 Schermaschinen, 3 Dampfmaschinen von 41 und 2 Wasserrädern von 70 PS, 984 Beschäftigte
1845 Ausstlg. Wien: Aussteller außer Preisbewerbung;
205 Webstühle meist mit Jacquards, 1000 Arbeiter
Lit.: Keeß 1820, S. 235, 248, 253, 277; Jb. IV, 1823, 122; Jb. X, 1827, 249, 261; Keeß 1829, 398 f.; Bericht Wien 1835, S. 13 f., 18 ff.; Bericht Wien 1839, S. 203 f., 245 f., 263 f.; Tafeln 1841; Bericht Wien 1845, S. 422 f.; Exner 1873, S. 232; Slokar 1914, S. 325, 327, 329, 331, 333, 336, 338; ÖBL Bd. VIII, 1982, S. 346

NEUTITSCHEIN, Posamentierzunft
TM 3 T. 1818, 1819, 1825/6 M.
Taft-, Kopfbänder, Gallonen

OFFERMANN, Johann Heinrich (gest.1793), Brünn
Gebrüder OFFERMANN
Niederlassung in Wien, Kölnerhofgasse Nr. 738
Schafwollwarenmanufaktur
MAK 10 T. 1837/159 M.
Feine Tücher, Casimir, Struck, Circassienne, Satincloths
1786 gegründet von J. H. Offermann (aus Montjoie bei Aachen)
1791 Landespriv., 28 Webstühle, über 1000 Beschäftigte
1793 nach Tod Offermanns Übernahme: Tuchhändler Greisinger
1803 Gebr. Joh. Heinrich d. J. und Karl Offermann, Priv.: mechanische Tuchschermaschine, Beginn Mechanisierung Wollindustrie
1807 63 Arbeiter, 114 sonstige Beschäftigte
1813 Wollspinnmaschinen aufgestellt
1816 erste engl. Dampfmaschine in Brünn, größte Österreichs

1819 Sohn Karl Offermann (1792–1869) übernimmt
1824 zweite Dampfmaschine in Schlapanitz hergestellt
1835 3 englische Walk-, 3 englische Waschmaschinen, 4 Tondeusen, 4 Tondeuses traversales, 1 Tondeuse longitudinale, mehrere gewöhnliche Schermaschinen, 8 Rauhmaschinen, 23 Schrobel- und Lockmaschinen, 8 Vorspinnmaschinen mit 320 Spindeln, 60 Feinspinnmaschinen mit 4000 Spindeln, 1 hydraulische Presse, 2 gewöhnliche Pressen usw., Wasserkraft und 2 Dampfmaschinen: 1 englische mit 12 PS, eine heimische mit 12 PS, dritte Dampfmaschine 25 PS
Färberei: 4 Küpen, 10 Farbkessel
450 Beschäftigte
Ausstlg. Wien: Silbermedaille
1837 Tod Johann Heinrich Offermanns d. J.; Karl (gest. 1869) allein
1839 Ausstlg. Wien: Silbermedaille
Ende 30er Jahre Jacquardstühle
1841 400 Beschäftigte
1842 Sohn Karl (1820–1894) tritt ein
1844 Ausstlg. Berlin: Silbermedaille
1845 Sohn Theodor Friedrich (1822 bis 1892) tritt ein; 600 Beschäftigte; Ausstellung Wien: Goldmedaille
1851 Jurymitglieder in London
1863 Nobilitierung
Lit.: Keeß 1820, S. 235, 243, 246 f., 278; Keeß 1829, S. 407, 430; Bericht Wien 1835, S. 23 f.; Bericht Wien 1839, S. 266 f.; Tafeln 1841; Bericht Wien 1845, S. 423 f.; Exner 1873, S. 230 f., 236; Slokar 1914, S. 325, 327 f., 330, 332, 336; Großindustrie 1898, S. 122 f.; ÖBL, 33. Lieferung, 1977, S. 215 f.

POPPER, Gebrüder, & PERSCH, Carl, Brünn und Butschowitz
Niederlassung in Wien, Am alten Fleischmarkt Nr. 689
K.k. priv. Feintuch- und Kasimir-Manufaktur
MAK 1 T. 1823/2 M.
Thibet
1818 gegründet
1833 Landesbefugnis
1835 mehrere Maschinen, 400 Arbeiter
Ausstlg. Wien: Aussteller
1839 105 Webstühle, 6 eiserne Rauhmaschinen; über 545 Arbeiter
Ausstlg. Wien: Bronzemedaille und ehrenvolle Erwähnung
1840 Landesbefugnis für Wollwaren
1841 200 Beschäftigte
1845 Ausstlg. Wien: Silbermedaille
857 Beschäftigte
Lit.: Bericht Wien 1835, S. 42 f.; Bericht Wien 1839, S. 260 f., 271; Tafeln 1841; Bericht Wien 1845, S. 425 f.; Exner 1873, S. 239; Slokar 1914, S. 335 ff.

PRERAUNER, K., Mähren
TM 3 T. undatiert/3 M.
Halbseiden- und Seidenbänder

SCHULZ, Leopold, Brünn
TM 1 T. 1818/1 M.
Florettseidenband

SKENE, Wilhelm, Brünn
Landesbefugte Fabrik
SKENE & Co., Filiale in Fußdorf bei Iglau
MAK 13 T. 1845/23 M.
Militär(Monturs)tücher
aus Schottland eingewandert
1841 100 Beschäftigte
1845 beide Anstalten haben Dampfmaschinen mit 15 PS, 600–700 Arbeiter
Ausstlg. Wien: Goldmedaille
Lit.: Tafeln 1841; Bericht Wien 1845, S. 424; Slokar 1914, S. 335

WAGNER, Gebrüder, Engelsberg
MAK 1 T. 1821/15 M.
Tisch- und Meßzeug

WONDRA, Joseph I., Mährisch-Trübau
K.k. Tuchmanufaktur
MAK 1 T. 1835/4 M.
Mittelfeine Tücher
1835 Ausstlg. Wien: Aussteller
Lit.: Bericht Wien 1835, S. 45; Tafeln 1841

Niederösterreich

ANDRÄ, Christoph, Ritter von, & Comp., Wiener Neustadt
TM 1 T. 1821/18 M.
MAK 5 T. 1819 und 1820/23 M.
Samte, reiche Seidenstoffe
1784 C. Andrä protestantische deutsche Unternehmer aus Mühlheim/Rhein in ehem. Karmeliterkloster
ab 1787 k.k. niederländ. Seidenfabrik; richtet Fabrik für Sohn ein, deutsche Handwerker und Webstühle; Rohseide: zollfrei
1788–90 120–140 Stühle, 400 Beschäftigte
1809 über 200 Stühle, 600–700 Arbeiter; eigene Seidenfärberei; glatte und halbreiche Zeuge für Zimmertapeten; P. und V. Mestrozi Heimweber für Andrä
1821 sog. holländische Samte und reiche Stoffe
1827 Seidendruckerei
Lit.: Keeß 1821, S. 293, 300 ff., 316 f.; Jb. IV, 1823, S. 125; Keeß 1829, S. 458; Slokar 1914, S. 389 f.; Luxbacher 1991, S. 72 ff.

BISENZ, Adolph, Gaudenzdorf
MAK 2 T. 1835/2 M.
Tischwäsche (Servietten, Kaffeetuch)

BREVILLIER, Carl Wilhelm, und Comp., Margarethen am Moos
Niederlassung in Wien, bei Alois Reyer und Comp. am Hohen Markt
MAK 1 T., 1835/3 M.
Croisé, Kammertuch (auf selbstwebenden Stühlen, ›Powerlooms‹)
1811 Carl Wilhelm Brevillier gründet Baumwollspinnerei in Neunkirchen
um 1820 C. W. Brevillier Mitbesitzer Baumwollspinnerei Schwadorf (v. Fries)
ab 1820er Fabrik für Maschinenbestandteile in Neunkirchen
1823–31 Priv.: Baumwollputzmaschine
1827–35 Priv.: Mule, Vor- und Feinspinnmaschine
nach 1828 Übernahme: Spinnerei Schwadorf (500–600 Arbeiter)
1834 erste Fabrik Österreichs mit selbstwebenden Baumwollstühlen, Wasserkraft
1835 Ausstlg. Wien: ehrenvolle Erwähnung
1839 Ausstlg. Wien: Silbermedaille und Bronzemedaille
1841 100 Powerlooms (Wasserkraft) für eigene Weberei
1845 Ausstlg. Wien: Aussteller »außer Preisbewerbung«
Lit.: Jb. VII, 1825, S. 352; Jb. XIII, 1828, S. 379; Keeß 1829, S. 149, 166; Bericht Wien 1835, S. 62 f.; Bericht Wien 1839, S. 29, 35, 41, 231, 242; Beschreibung I, 1841, S. 74, 78; Tafeln 1841; Bericht Wien 1845, S. 45, S. 385 f.; Exner 1873, S. 264; Slokar 1914, 274 f., 285 f.; ÖBL Bd. I, 1957, S. 114, 367; Luxbacher 1991, S. 45, 96; Matis 1991, S. 33, 38; Luxbacher 1995, S. 74, 78

CHAZEL, Karl, Perchtholdsdorf
Seiden-, Schafwoll- und Baumwollwarendruckfabrik
TM 3 T. 1845–46/6 M.
MAK 26 T. 1845–46/47 M.
Bedruckte Schafwollstoffe und Mischgewebe, Musselin de laine, Trauerstoffe, Umhängtücher, Echarpe
1798 gegründet
1839/40 bedeutend erweitert
1841 Druck auf Wollstoff und Mischgewebe für Damenkleider
1845 250 Menschen, 1 Dampfmaschine, 1 Perrotine, 115 Drucktische, Formstecherei für 18 Personen
Ausstlg. Wien: Silbermedaille
Lit.: Keeß 1820, S. 207; Slokar 1914, S. 284 f.; Tafeln 1841; Bericht Wien 1845, S. 560

EBREICHSDORFER Zitz- und Kottonfabrik
Franz Xaver Lang
Kattundruckerei
MAK 47 T. 1821–48/383 M.
Guillochierte Kammertücher, Kammertücher, Trauer-Zitz, Mailänder und Florentiner Zitz, Krappfärbung

1773 gegründet von Franz Xaver Lang, später Freiherr von Lang
um 1800 größte Druckfabrik in Niederösterreich
1808 Walzendruckmaschine; zweite nach Kettenhof
1814 24 Beamte, 130 Meister, 592 Arbeiter, 2052 Arbeiterinnen, 75 Drucktische, 410 Webstühle; größte Druckfabrik in NÖ
1815 90 Tische, 1 Walzendruckmaschine
1827/28 40 Drucktische, 1 Walzendruckmaschine
1838 Besitzer: Jules Montandon (CH)
Lit.: Keeß 1820, S. 203, 205, 207, 224, 240, 264, 274; Keeß 1821, S. 363 f.; Keeß 1829, S. 166, 370; Slokar 1914, S. 280 ff.; Dreger 1916, S. 33; Matis 1991, S. 23, 39

FICHTNER, Joseph, Atzgersdorf (bis 1839 Georg Leppner, dann Müller)
MAK 12 T. 1849/43 M., 172 Halbschafwoll-, Schafwoll- und Seidenmuster auf Papier in Futteral, 1850
Bedruckte Schafwoll-, Halbschafwoll- und Seidenwaren
1826 erste Dampfmaschine Österreichs
Lit.: Keeß 1829, S. 370; Slokar 1914, S. 284

FRIDAUER Barchent- und Kattunfabrik
Puthon, Freiherren von, Johann Baptist (1776–1839) & Karl (1780–1863), vgl. NAMIEST (Mähren), SASSIN (Ungarn)
Niederlassung in Wien, Haarmarkt Nr. 645
Zitz- und Kattundruckerei-Fabrik
TM Fridau und Sassin 2 T. 1837 und 1841/10 M.
MAK Fridau 9 T. 1818–1825/87 M.; 5 Tücher 1818/5 M.
MAK Fridau und Sassin 245 T. 1835–41/ 1100 M.
Zitz, Calicot, Percal, Kammertuch, Croisé, Walzen- und Handdruck, Iris- und Türkischrotdruck
1752 Barchentfabrik (Halbkotone) gegründet von Johann Fries (1719–1785)
ab 1765 Baumwollwaren
1768 von Baron Grechtler mit Johann Heinrich Schüle aus Augsburg in Kattundruck-Fabrik umgewandelt
1772 100 Meister, 164 Gesellen, 64 Lehrlinge, 211 Handlanger, 401 Frauen, 19 Spinnfaktoren und Beamte, 5260 Spinner, 190 Krempler, Sortierer usw., 220 Stühle, 5 Pressen
1770er Jahre 3500 Arbeiter
1815 25 Drucktische, 1 Walzendruckmaschine
1829 60 Drucktische, 1 Walzendruckmaschine
1833 Frhn. v. Puthon, Besitzer von Sassin, übernehmen
1835 Ausstlg. Wien: Silbermedaille und ehrenvolle Erwähnung
1839 Ausstlg. Wien: Aussteller
1842 geschlossen
Lit.: Keeß 1820, S. 203, 214 f.; Keeß 1829, S. 369; Slokar 1914, S. 279 f., 280, 282, 284; Bericht Wien 1835, S. 112; Dreger 1916, S. 31; Luxbacher 1991, S. 45, 46; ÖBL, 39. Lieferung, 1982, S. 346

GRÜNMÜHLE/Neuffer, Wreden & Komp., bei Traiskirchen
Niederlassung in Wien, Am hohen Markte im v. Sina'schen Hause
Landesbefugte »Bandfabrik in der Grünmühle«
TM 4 T. 1822/65 M.
Atlas-, Gaufré-, Zwillich-, Moiré-, Grundfigur- oder Bauernbänder
1824 Priv.: Bandstühle: 2 Bänder nebeneinander
Lit.: Keeß 1821, S. 390 f., 407 f.; Jb. VIII, 1826, S. 359

KETTENHOFER Zitz- und Kattunfabrik, bei Schwechat
Niederlassung in Wien, Haarmarkt Nr. 646
K.k. priv. Zitz- und Kattun-Fabrik
MAK 86 T. 1820–33/897 M.; 11 Tücher 1819–20/11 M.
Piqué, Katun, Kammertuch, Palm zu einem Shawl, Halbmerinos, Taft, Kaffeetuch, Dreykronentuch, Felpel, Batist, Dünntuch, Calicot
1770 gegründet von Graf Cajetan von Blümegen zus. mit bürgerl. Handelsleuten Schadter, Simans und Sieber (Inhaber Spinnerei Himberg)
1772 1 Meister, 150 Gesellen, 2 Handlanger, 8 Spinnfaktoren und Beamte, 1950 Spinner, 182 Krempler
1782/83 30 Drucktische; Mitbesitzer Johann Fries (vgl. Fridau) und Bruder Philipp Jacob Fries, welcher
1786 Johann Ziegler, als Komis eingetreten, an die Spitze der Direktion berief.
›Liebesverein‹, freiwillige Krankenkasse der Beschäftigten
1790 513 Stühle, 11922 Spinner auf 24 Faktoren und Beamte, 43 Meister, 135 Gesellen, 34 Lehrjungen, 163 Handlanger, 159 Frauen, 47 Lehrmädchen, 282 Krämpler und Sortierer
1800 2 Dampfkessel für Weißbleiche
1801 Maschinenspinnerei vorhanden
1802 36000 Handspinner, 2603 Spulerinnen und Schweiferinnen, 1157 Weber, 117 Tagwerker, 500 Mahlerinnen, 128 Drucker, 128 Streichkinder, 21 Modelstecher und zahlreiche Beamte; Mädchen wurden erstmals zum Drucken ausgebildet
1804 erste Walzendruckmaschinenversuche in Österreich
1806 erste Walzendruckmaschine installiert
1807 Kunstbleiche im geschlossenen Raum eingeführt
1810 eigene Chemiefabrik; erste türkischrot gedruckte, sog. Baumwoll-Merinos
1814 Lithographie für Kattundruck
1815 135 Tische, 1 Walzendruckmaschine
1816 Schafwoll- und Seidenstoffe mit festen Farben bedruckt
1817 staatlichen Vorschuß 500000 fl. nicht erhalten
1818 Entlassung vieler Arbeiter, nur mehr 9 Drucktische
1819 Ziegler Mitgesellschafter bis 1826
1819/20 gedruckte seidene Umhängtücher
1820 35 Drucktische, 1 Walzendruckmaschine
1823 bedruckte Shawls
1826 Kauf von Irisdruck-Patent von Spörlin & Rahn; Betrieb zeitweilig eingestellt
1827 Pächter: Salomon und Veit Mayer, Mitbesitzer: von Fries und J. Ziegler (bis 1834); 50 Drucktische, 1 Walzendruckmaschine
ab 1834 S. Mayer allein: 2000 Weber, 393 Mitarbeiter in der Fabrik
1835 Ausstlg. Wien: ehrenvolle Erwähnung
1839 Ausstlg. Wien: Bronzemedaille
1845 Ausstlg. Wien: Silbermedaille
Lit.: Jb. II, 1820, S. 366; Keeß 1820, S. 191, 194, 203 ff., 207, 215 f., 224 ff., 240, 274; Keeß 1821, S. 297 f., 323, 364; Jb. IV, 1823, S. 116 f.; Keeß 1929, S. 203 ff., 369; Bericht Wien 1835, S. 119 f.; Tafeln 1841; Bericht Wien 1845, S. 550 f.; Exner 1873, S. 264; Slokar 1914, S. 272 f., 280 f., 282, 284; Dreger 1916, S. 17, 33, 38, 54 ff.; Matis 1991, S. 37, 42, 45; Luxbacher 1991, S. 43

LANGER, Anton & LODER, Franz, Pottenstein
MAK 1 T. 1821/2 M.
Gezogene Kaffeetücher

Gebrüder THE LOSEN'sche Tuchfabrik, Rittersfeld
MAK 1 T. 1824/7 M.
Levantiner oder Serailtücher für Constantinopel, Dreykronentücher
1815 Nikolaus Leopold The Losen, Tuchfabrikbesitzer aus Eupen (bei Aachen), gründet Tuchfabrik mit Landsbefugnis, Maschinen aus Eupen
1818 40 Tuchmacherstühle (35 betrieben)
1825 Priv.: Wollwaschmaschine
1839 einige hundert Beschäftigte; orientalische Tücher für die Levante; wichtigste Unternehmung in NÖ
Ausstlg. Wien: Bronzemedaille

1845 Ausstlg. Wien: Bronzemedaille Jacquardgewebe, 400 Arbeiter
Lit.: Keeß 1820, S. 236, 242 f., 245, 270 f., 282; Bericht Wien 1839, S. 255 f., 279; Beschreibung I, 1841, S. 95; Bericht Wien 1845, S. 432 f.; Slokar 1914, S. 321, 350

NEUNKIRCHNER k.k. priv. Zitz- und Kattunfabrik
ab 1821 **Du BOIS, Du PASQUIER et Comp.**
Niederlassungen in Wien, Tuchlauben Nr. 553, sowie in Pest, Verona, Mailand, Kommissionslager in Graz und Linz
MAK 245 T. 1823–43/2058 M.
Kammertücher, Möbel- und Trauerzitz, Musseline, Schnupftücher, Percal, Calicot, Batist-Musseline, Türkischrot
1802 Spinnerei, Zitz- und Kattunfabrik gegründet
1819 Kauf: Vaucher du Pasquier & Co., Druckereibesitzer in Neufchatel (CH); Einfuhr eigene Maschinen zollfrei: 60 Drucktische, 1 Walzendruckmaschine
1820 Landesfabrikbefugnis
1826–31 Priv.: Gravierstuhl für Walzen Priv.: Stempel, um kleine Walzen zu gravieren
1827 Priv.: Walzendruck; 60 Drucktische, 1 Walzendruckmaschine, Färberei
um 1830 eigene Werkstatt für Maschinen, besonders Druckwalzen
1835 Ausstlg Wien: Bronzemedaille
1839 Ausstlg. Wien: Silbermedaille 150 Drucktische, 2 Walzendruckmaschinen, über 300 Arbeiter, eigene Zeichner und Graveure
1845 Ausstlg. Wien: Goldmedaille 500 Arbeiter; Original-Zeichnungen, eigene Gravieranstalt
Lit.: Keeß 1820, S. 206; Keeß 1829, S. 351, 352, 369, 370; Jb. XII, 1829, S. 340 f., 351 f., 369 f.; Bericht Wien 1835, S. 113; Bericht Wien 1839, S. 29; Beschreibung I, 1841, S. 183 f.; Tafeln 1841; Bericht Wien 1845, S. 550; Slokar 1914, S. 85, 281 ff., 286; Großindustrie 1898, S. 268 f.; Dreger 1916, S. 40, 53 f.; Luxbacher 1995, S. 74

Oberösterreich

BLAUENSTEINER
MAK 1 T. 1822/5 M.
Rupfleinwand, gebleichte Leinwand

DIERZER'S, Johann, Erben, Linz
Theresienthal bei Gmunden, Salzkammergut, Kleinmünchen bei Linz (Teppiche)
Niederlassung in Wien, Kölnerhofgasse Nr. 378
K.k. priv. Schafwollenzeug-Fabrik
K.k. priv. Maschinen-Kammgarn-Spinnfabrik
MAK 1 T. 1825/9 M.
Merino
1834 Kammgarnfabrik in Linz gegründet 270 Beschäftigte, schwächliche Personen und Kinder arbeiten für Linzer Wollenzeugfabrik; Weberschule
1835 Ausstlg. Wien: Bronzemedaille und ehrenvolle Erwähnung
1841 Gründung Teppichfabrik
1844 33 Webstühle für Teppiche
1845 Ausstlg. Wien: Mitglied des Beurteilungsausschusses 908 Arbeiter
Lit.: Bericht Wien 1835, S 28 ff.; Bericht Wien 1845, S. 415 f., 441; Slokar 1914, S. 354 f.; Dreger 1917, S. 364 ff.; Heinz 1955, S. 36 f.

ENTMAYR, Franz Xaver, Wels
MAK 1 T. 1820/3 M.
Welserzeug oder Halbcastor, Tullinet
Lit.: Keeß 1821, S. 334 f.

K.k. ärarische Wollenzeug-Manufaktur in LINZ
Niederlassung in Wien, Am alten Fleischmarkt Nr. 708
TM 1 T. 1837/1 M.
MAK 49 T. 1820–37/207 M., 1 Bercanbahn 1820/1 M.; 20 Teppiche 1818–37
Azor, Bercan, Bombasin, Camelot, Carole, Cloths, Concente, Cordonet, Creppon, Dimantino, Drap de Berry, Everlasting, Felpel, Flanell, Harabin oder Hayrbin, Jesuiten- und Alumnatzeug, Kadis, Kalamank, Kassa, Möbeldamast, Minacord, Prunelle, Serailtuch oder Mahout, schottische Zeuge, Scotti, Talles, Tamis, aufgeschnittener und unaufgeschnittener (ausgezogener) Teppich, Tisch- und Fußteppich, Tuchloden, Zwölfer- und Kronenrasch
1672 gegründet von Christian Sind
ab 1754 verstaatlicht; Priv.: Zeugweberei, Musteranstalt, bedeutendste Wollenzeugmanufaktur in Europa
1772 Direktor: Konrad Sörgel von Sorgenthal
1784 27 878 Beschäftigte
ab 1795 Webteppichproduktion: 6 Webstühle, 12 Arbeiter, neues Gebäude an der Donau, zweite Färberei
1796 Vergrößerung der Gebäude, Tuch- und Kasimirerzeugung
1797 9 Teppichwebstühle
Ende 18. Jh. 16 000 Wollspinner in Böhmen (Ignaz Sedlatschek, Herzmannmiestetz) für Linzer Fabrik, insgesamt ca. 30 000 Beschäftigte
1801 12 Teppichwebstühle, Verkaufslager in Wien
1805 Joseph Edler von Lacasa Direktor
1806 27 Teppichwebstühle
ab 1807 Werkmeister Jacob Feßl leitet die Zeug- und Teppichfabrikation über 40 Jahre; Produktion nach niederländischem Muster
1810 30 Teppichwebstühle
1811 Staatsbankrott, Teppichweberei eingestellt
1813 Joseph Groß von Ehrenstein Direktor; Tuchdruck neu
1814 18 Teppichwebstühle
1815 31 Teppichwebstühle, Weber werden nach Ellen bezahlt Zeichner: Banholzer, in Wien in der Manufakturzeichenschule ausgebildet und Ignaz Strenzel (1786 bis 1832) Prof. ebd.
1816 32–36 Teppichstühle, Höhepunkt der Produktion
ab 1816 ausgezogene Teppiche nach engl. Muster, das Ehrenstein von Leipziger Messe mitbrachte; Export nach Lemberg und Frankfurt/Main
1817 Produktion hochfloriger Teppiche, sog. Savonnerien; Erfolg der Maschinenteppiche auf der Leipziger Ostermesse; Kommissionslager in Prag
1817/18 Kombination aus gezogenen und aufgeschnittenen Teppichen
1819/20 34 Teppichwebstühle, 10 in Reserve
1820 auf 25 reduziert, bis September 19 Teppichwebstühle; 9900 Mitarbeiter außerhalb der Fabrik in Linz und Umgebung, 400 in der Fabrik
1822/23 erste Jacquardwebstühle für Teppiche, bald aufgegeben
1823 29 Teppiche im Fabriksprodukten-Kabinett
1823/24 Teppiche nach Mailand, Kommissionslager, ständige Niederlassung mit 2 Beamten
1826 Teppiche à la Gobelin: Tier- und Blumenstücke, kleinformatig, Tisch- und Wandteppiche, Betteppiche
1829 für das kaiserl. Appartement der bisher größte Teppich: 277,76 qm, 500 Pfund
1830er Jahre: 28–29 Teppichstühle
1835 Ausstlg. Wien: Aussteller
1838 über 10 000 Beschäftigte; Aufhebung der Zeug- und Tuchmanufaktur; nur mehr Teppich-Fabrik und Schafwollzeug-Druckerei
1839 Ausstlg. Wien: Aussteller
1841 12 Beamte, 1074 Diener und Arbeiter, 125 Pensionisten und Provisionisten
1844 40 Webstühle für Teppiche, 1 Dampfmaschine, eigene Färberei
1845 Ausstlg. Wien: Teilnehmer
1850 Schließung
Lit.: Keeß 1820, S. 113, 125, 128, 222 f., 236, 254 ff., 260 ff., 268 f., 272 f., 275, 278 f.; Keeß 1821, S. 332 f., 339 f., 342 f., 344 f.; Bericht Wien 1835, S. 38 ff., 122; Bericht Wien 1839, S. 278; Österr. Nat. Enc. 1838; Tafeln 1841;

Bericht Wien 1845, S. 440 f., 558; Slokar 1914, S. 353; Dreger 1917, S. 289–369; Heinz 1955, S. 22/23; Heinz 1988, S. 387 ff.

PACHER, Josef Johann, Peilstein im Mühlkreis
MAK 3 T. 1835/34 M.
Halbleinenstoffe, Drillich

WEINSTABL, Franz, Steyr
TM 1 T. 1822/6 M.
Manchester, Thikset
Lit.: Slokar 1914, S. 313

Steiermark

EBERL, Graz
MAK 1 T. 1920/3 M.
Barchent, Molton aus Flachswerg
Lit.: Jb. IV, 1823, S. 105

MAY, Joseph, Graz
Bürgerl. Zeugweber
TM 1 T. 1841/1 M.
MAK 2 T. 1841/2 M.
Kattun, Perkal, Azor

SUESS, Anton, Graz
MAK 1 T/1 M.
Azor
1835 Ausstlg. Wien: Aussteller
Lit.: Bericht Wien 1835, S. 44; Slokar 1914, S. 356

Tirol

BRACHETTI, Johann Baptist, Ala
TM 1 T. 1823/2 M.
MAK 4 T. 1823/13 M.
Samt
vor 1829 Samt auf Hamburger Art
1845 Ausstlg. Wien: ehrenvolle Erwähnung
Lit.: Keeß 1829, S. 459 f.; Bericht Wien 1845, S. 506 f.

GSCHLIESER, Joseph, Meran
MAK 1 T. 1820/7 M.
Erling (Lodensorte), Flanell, Molton

KUENZER, Josef, Bozen und Lienz
MAK 2 T. 1820, 1822/10 M.
Tischzeug, Raß aus Lienz, Matratzenzeug
Lit.: Keeß 1829, S. 334

PECCAR, Jacob, Ala und Görz
MAK 1 T. 1820/7 M.
Mode, Samt, Plüsch, Damast u.a.

St. SIEGMUND, St. Lorenzen (Pustertal)
MAK 1 T/2 M.
Tischteppich
Lit.: Keeß 1820, S. 340, 344

STREHLE & Co., Imst
Musselin- und Kottonfabrik
MAK 1 T. 1820/8 M.
Musselin, Satin, Wallis
1764 Fabrikspriv.
1841 einzige größere Baumwollwarenfabrik in Tirol
Lit.: Tafeln 1841; Slokar 1914, S. 312

Ungarn

SASSINER k.k. priv. Zitz- und Kattunmanufaktur
Johann Baptist (1776–1839) & Karl (1780 bis 1863), Freiherren von PUTHON vgl. FRIDAU (NÖ), NAMIEST (Mähren)
TM Sassin 1 T. 1833/8 M.
TM Fridau und Sassin 2 T. 1837 und 1841/10 M.
MAK Sassin 151 T. 1821–1835/1098 M.
MAK Fridau und Sassin 245 T. 1835–1841/1100 M.
Zitz, Calicot, Percal, Kammertuch, Croisé, Walzen- und Handdruck, Iris- und Türkischrotdruck
1736 gegründet von Franz von Lothringen als Kattundruckerei
1786 Johann Baptist von Puthon (gest. 1816) übernimmt die Fabrik vom Stiefvater J. G. Schuller; Nachfolger Söhne Johann Baptist (1776–1839) und Karl (1780–1863) von Puthon
1821 60 Drucktische, 1 Druckmaschine
ab1833 zusammen mit Fabrik in Fridau (NÖ) geführt (vgl. dort)
1835 Ausstlg. Wien: Silbermedaille
1836 Nachfolger: Sohn von K. von Puthon: Rudolph von Puthon (1806–1884)
1841 Schließung
Lit.: Keeß 1820, S. 206 f., 226; Jb. XIV, 1829, S. 363; Keeß 1829, S. 316, 372; Exner 1873, S. 264; Slokar 1914, S. 279 f.; Dreger 1916, S. 31; ÖBL, 39. Lfg. 1982, S. 346; Luxbacher 1991, S. 45

VALERO & Co, Pest
TM 3 T. 1824/43 M.
Taft, Gros de Toursbänder, Moirébänder, Gaufrébänder, Bauern-Figurenbänder
Lit.: Slokar 1914, S. 388 f., 406

Vorarlberg

DOPPELMAYER, Karl August, Mittelweyerburg bei Bregenz
Baumwollwarenfabrik
MAK 1 T. 1831/3 M.
Baumwollstoffe mit weißem Druck (Tisch- und Bettzeug)
1829 Priv.: Druck weißes Dessin auf weiße Baumwollstoffe
Lit.: Keeß 1830, S. 778; Slokar 1914, S. 309

GANAHL, Johann Joseph, WOHLWEND & Comp., Feldkirch
Carl GANAHL & Comp.
Baumwollwaren-Weberei, Türkischrot und Kattundruckfabrikant
MAK 1 T. 1835/2 M.
Nankin aus nordamerikanischer Nankin-Baumwolle
1797 J. J. Ganahl (1770–1843), Kaufmann, verlegte 1000 Vorarlberger Spinner für Schweizer Kaufleute; Rohbaumwolle aus Hamburg und Venedig
1819 gründet mit anderen Spinnerei Brunnental i. Bludenz
1820 handbetriebene ›Spinning Jennies‹
1822 Maschinenspinnerei: Textilmaschinenbauer Rieter, Bludenz
1833 Ganahl & Söhne, Baumwollspinnerei, Feldkirch
1835 C. Ganahl gründet in Frastanz Baumwollspinnerei u. mechanische Weberei: 150 Stühle von André Koechlin, Mulhouse
Ausstlg. Wien: ehrenvolle Erwähnung
Baumwolldirektimport aus Nordamerika
1841 Spinnerei, mechanische Weberei und Druckerei in Frastanz
1843 Tod J. J. Ganahls; Frastanz: Türkischrot-Färberei, Garne u. Tücher
1845 154 mechanische Webstühle, Färberei, Druckerei, 1000 Arbeiter; Ausstlg. Wien: Silbermedaille
1857 Carl Ganahl kauft Eisengießerei u. Maschinenwerkstatt in Feldkirch
Lit.: Keeß 1829, S. 176; Bericht Wien 1835, S.63; Tafeln 1841; Bericht Wien 1845, S. 373, 565 f.; Exner 1873, S. 264; Slokar 1914, S. 311 ff.; Großindustrie 1898, S. 233 ff.; Franz L. Neher: *Ganahl 1797–1957.* Feldkirch 1958; ÖBL, Bd. I, S. 399; Luxbacher 1995, S. 72, 79

HEROSE, Schwefel bei Dornbirn
MAK 3 T. 1820/31 M.
Kammertuch, Perkal, Tuch

JENNY & SCHINDLER, Hard und Weyerburg bei Bregenz, Kennelbach
Baumwollwarenfabrik
MAK 11 T. 1837/37 M.
Bedruckte Baumwollstoffe, türkischrote Kammertücher, Tücher, echtroter Kattun, Möbelstoffe, Reservagedruck
1825 Melchior Jenny (1785–1863) (CH) und sein Schwiegervater S. Schindler (1762–1830) übernehmen Zitz- und Kottonfabrik Vogel & Söhne (1792 gegründet) in Weyerburg b. Hard und die Türkisch-Rotfärberei (1815 gegründet)
1832 Ankauf: kleine Spinnerei in Lerchenau
1833 Ankauf: Schlößchen Mittelweierburg

1834 Gründung: mechanische Baumwollspinnerei in Kennelbach und mechanische Druckerei für Woll- und Halbwollwaren
1835 Mechanische Spinnerei, Handweberei, Rothfärberei für Baumwolle und Kattune, Druckereien (Kattunfabrik) mit 122 Tischen; Betriebspersonal mit Dessinateuren, Modelstechern, ›Komptoirindividuen‹: 931 Menschen
Ausstlg. Wien: Bronzemedaille
1836/38 Bau der größten mechanischen Baumwollspinnerei des Landes in Kennelbach, mechanische Weberei mit 40–60 ›Powerlooms‹, Wasserkraft; beides 1850 nach Liebenstein
1837 29.5. Streik wegen Lohnminderung: erfolglos
1839 Ausstlg. Wien: ehrenvolle Erwähnung
1841 bekannt für Türkisch-Rothfärberei, auch rote Garne; Übernahme mechanische Weberei in Lautrach
1843 2 Baumwolldruckereien in Hard und Weyerburg
1844 1670 Angestellte
1845 Druckereien zusammen 160 Drucktische, Handweberei auf 500 Stühlen im Verlag; Wolle: 60 Handwebstühle; 1670 Personen
Ausstlg. Wien: Goldmedaille
1867 Firmen geteilt
Lit.: Bericht Wien 1835, S. 58, 115 f., Bericht Wien 1839, S. 234; Tafeln 1841; Bericht Wien 1845, S. 563 f.; Exner 1873, S. 264; Slokar 1914, S. 309 ff.; Großindustrie 1898, S. 246 ff.; *125 Jahre Jenny & Schindler 1825–1950.* Innsbruck o.J.; ÖBL, 3. Bd., 1961, S. 106 f.; Luxbacher 1995, S.74, 79

Wien

ARTHABER, Joseph (1764–1818), Handlungshaus, Wien
Besitzer: Rudolph von Arthaber (1795 bis 1867)
Niederlassung ›Zum weißen Stern‹, Goldschmiedgasse (Stephansplatz)
MAK 28 T. 1827 und 1828/205 M.
Halbseidenstoffe, Seidenbatiste, Tullinets, Dünntücher, Gingham »auf die Leipziger Messe gebracht«
1819 R. Arthaber übernimmt Kurrentwarenhandlung des Vaters
1825 R. A. beginnt Handel mit österreichischen Shawls
1826 Kommissionshaus für österr. Manufakturwaren in Leipzig
1833 R. A. verkauft Shawls für Zeisel & Blümel
ab 1834 R. A. Teilhaber bei J. Burde, setzt Preis für Shawlmuster am Polytechnischen Institut aus
1835 Ausstlg. Wien: Kommissionsmitglied
J. Burde: Goldmedaille
1837 Gründungsmitglied NÖ. Gewerbeverein zusammen mit G. C. Hornbostel, M. Spörlin
1839 Ausstlg. Wien: Kommissionsmitglied
J. Burde: Goldmedaille
Lit.: Keeß 1829, S. 484; Keeß 1830, S. 781; Bericht Wien 1835, S. 16 f.; Bericht Wien 1839, S. 276 f.; Slokar 1914, S. 221 f., 352; ÖBL, I, 1957, S. 31; Völker 1981, S. 412 f., 419 ff.; Czeike 1992, Bd.1, S. 167

BAADER, Joseph, Wien
MAK 6 T. 1837/6 M.
Broschierte Halstücher, Möbelstoffe

BELLON, Alexander, Wien
Schottenfeld Nr. 470
Seidenzeug-Fabrikant
MAK 31 T. 1840–43/134 M.
Ballkleiderstoffe, Giletstoffe, Bajaderen, Schärpen, Tartanumhängetuch
1839 Ausstlg. Wien: Aussteller
1845 Ausstlg. Wien: Aussteller
Lit.: Bericht Wien 1839, S. 301; Bericht Wien 1845, S. 510

BERGER, Thaddäus (1774–1842), Edler von, & Co, Penzing bei Wien
K. k. priv. Bandfabrik
TM 7 T. 1818/138 M.; 173 Bänder 1820
Gaufré-, Zwillich-, Frisolet-, Moiré-, Zopf-, Figur-, Adler-, Bauern-, Gros de Tours-, Renforcé- und Atlasbänder, Fin Double, Passefins
1764 von Marcus v. Kähnel (CH) gegründet
1769 Übernahme durch Weigl & Comp.
1791 T. Berger tritt in Fabrik des Vaters ein, 1800 Mitarbeiter
1803 182 Maschinenstühle, über 600 Beschäftigte
1804 600 Arbeiter, 182 Schweizer Maschinenstühle, eigene Seidenfärberei
1806 T. Berger übernimmt die Fabrik
1836 gründet in Pottendorf maschinelle Hanf- u. Flachsspinnerei
Lit.: Keeß 1821, S. 389 f., 413, 416; Jb. IV, 1823, S. 130; Keeß 1829, S. 501; Slokar 1914, S. 381, 391 f., 396; ÖBL, I, 1957, S. 73; Czeike 1992, Bd. 1, S. 330

BEYWINKLER, Ignaz, Wien
Margarethen Nr. 29, Niederlassung Stadt Nr. 524 und 525
Bürgerl. Seidenzeugfabrikant
TM 2 T. 1825 und 1836/2 M.
MAK 37 T. 1822–40/89 M.
Halbseidene und halbwollene Möbel- und Tapetenstoffe, Giletstoffe, façonnierte Seidenstoffe, Hernanituch
1804 gegründet
1835 Ausstlg. Wien: Silbermedaille
1839 Ausstlg. Wien: Bronzemedaille
1841 wichtige Fabrik
Lit.: Keeß 1821, S. 288, 302, 321; Jb. IV, 1823, S. 125 f.; Keeß 1829, S. 458; Bericht Wien 1835, S. 80; Bericht Wien 1839, S. 29, 35, 242, 259, 295 f.; Tafeln 1841; Slokar 1914, S. 399

BRACHT, F. W., & KÖNIGS, Penzing bei Wien
Mode-Druckwaren-Fabrik
MAK 5 T. 1843/10 M.
Musselin de laine
1839 Ausstlg. Wien: Bronzemedaille
1841 Druck auf Wollstoffe für Damenkleider
1844 Ausstlg. Berlin: Silbermedaille
1845 ernährt über 500 Menschen, 1 Walzendruckmaschine, 2 Perrotinen
Ausstlg. Wien: Goldmedaille
Lit.: Bericht Wien 1839, S. 345; Tafeln 1841; Bericht Wien 1845, S. 559; Slokar 1914, S. 284 f.

BRAYCZNER (BRAYZNER, BRAITZNER), Emmerich, Wien
Margarethen Nr. 63
Priv. Seidenbandfabrikant
TM 4 T. 1819/42 M.
Grundfigur- oder Bauernbänder
1827 Priv.: verbesserte Bänder auch mit Irisfarbe
1832 Priv.: Kettdruck für Bänder
Lit.: Keeß 1821, S. 391, 408; Jb. XIII, 1828, S. 366; Keeß 1829, S. 497, 501; Beschreibung I, 1841, S. 106

BRUNNER, Wenzel, Wien
MAK 3 T., 1829–31/18 M.
Façonnierte und broschierte Umhängetücher, Atlasse, Strohgeflechte

BUCHMÜLLER, Josef, Wien
Schottenfeld Nr. 292
MAK 1 T. 1824/1 M.
Stoff zu den Chenillen
1824–29 Priv.: Chenilleverfertigung mit Mühlstuhl
Lit.: Jb. VIII, 1826, S. 362; Keeß 1829, S. 496, 501; Beschreibung I, 1841, S.103

BURDE, Joseph, Wien
Gumpendorf, Schmiedgasse Nr. 108
Niederlassung am Stephansplatz bei Joseph Arthaber; Bürgerl. Shawlweber
MAK 53 Shawlmuster 1837: »Eine Sammlung von Wiener Shawls in der Größe eines Viertels, von vorzüglicher Qualität und Zeichnung. Aus J. Burdes Fabrik, Wien. Dem Kabinette gewidmet von Rud. Arthaber in Wien«
ab 1834 Januar: R. Arthaber, Teilhaber bei J. Burde, setzt Preis für Shawlmuster am Polytechnischen Institut aus;

Joseph Kokesch mit drei Hilfszeichnern für Komposition und Zeichnung der Dessins von R. Arthaber angestellt
1835 Ausstlg. Wien: J. Burde: Goldmedaille; R. Arthaber Kommissionsmitglied
1839 Ausstlg. Wien: J. Burde: Goldmedaille; R. Arthaber Kommissionsmitglied
1845 Ausstlg. Wien: J. Burdes Sohn, ehrenvolle Erwähnung
Lit.: Keeß 1829, S. 484; Bericht Wien 1835, S. 16 f.; Bericht Wien 1839, S. 276 f.; Bericht Wien 1845, S. 446; Slokar 1914, S. 352; Völker 1981, S. 409, 412 f., 419 ff.

CODECASA, Benedikt, & MALFATTI, Wien
Samt-, Seidenzeug- und Florfabrik
TM 1 T., 1821/12 M.
MAK 4 T. 1821/52 M.
Gilets, türkische Stoffe, Halbseiden, Stamboul Scallis, Pesämi
1793/94 Reise in den Orient erschließt den Export
1803 Kaiser spricht allerhöchste Zufriedenheit aus
24 Seidenbandstühle
1821 19 Stühle, vorher höchste Kapazität 54 Stühle, größter Absatz in die Türkei; kleine goldene Ehrenmedaille des Kaisers
Lit.: Keeß 1921, S. 301 f., 352, 356; Jb. IV, 1823, S. 130; Slokar 1914, S. 395, 398

DAUMAS, Alexander, Wien
Schaumburgergasse Nr. 272, Wieden Nr. 373
Seidenzeugfabrikant
MAK 84 T. 1824–38/473 M.
Halbseidene und halbwollene Möbel- und Tapetenstoffe, Giletstoffe, façonnierte und broschierte Seiden, Foulards, Brillantine, Gros de Naples
1819 gegründet
vor 1829 befugter Fabrikant
1835, 1839, 1845 Ausstlg. Wien: Silbermedaille
1841 wichtige Fabrik
1845 150 Webstühle
Lit.: Keeß 1821, S. 288; Keeß 1829, S. 458; Bericht Wien 1835, S. 36, 81; Bericht Wien 1839, S. 272, 299 f.; Tafeln 1841; Bericht Wien 1845, S. 500; Slokar 1914, S. 399

DITL, Wien
MAK 3 T. 1823/24 M.
Broschierte, façonnierte und quadrillierte Baumwollstoffe

DORFLEITHNER, Leopold, Wien
Schottenfeld Nr. 463
Bürgerl. Seidenzeugfabrikant
MAK 3 T. 1835/7 M.
Geschnittener Seidensamt
1835 Ausstlg. Wien: ehrenvolle Erwähnung
1839 Ausstlg. Wien: Aussteller
Lit.: Bericht Wien 1935, S. 37; Bericht Wien 1839, S. 92, 293

DUSL, Ignaz, & Sohn, Wien
Kärntnerstraße Nr. 1078
Bürgerl. Leinwandhändler
MAK 6 T. 1829/6 M.
Taschentuch
1835 Ausstlg. Wien: Aussteller
Lit.: Keeß 1829, S. 299 f.; Bericht Wien 1835, S. 13

DWORATSCHEK, Philipp, Wien
MAK 1 T. 1827/4 M.
Baumwollbrillantine

ENDER, Caspar, Wien
MAK 4 T. 1827–28/18 M.
Tullinetgiletstoffe

FASSBENDER, Johann, Wien
Neubau Nr. 289
K. k. landesbefugter Seidenzeugfabrikant
TM 2 T. 1823/2 M.
MAK 251 T. 1834–53/651 M.
Gilet-, Krawatten-, Isphahan-, Möbelstoffe, Taschentücher
1839 Ausstlg. Wien: Bronzemedaille; 120 Stühle
1845 Ausstlg. Wien: Aussteller
Lit.: Bericht Wien 1839, S. 293; Bericht Wien 1845, S. 508; Slokar 1914, S. 399

FAVAY, Peter, Wien
MAK 1 T. 1822/4 M.
Halbseidene Shawltücher

FEHR, Joseph, Wien/Fischamend
Baumwollwarenfabrik
TM 8 T. 1826–40/23 M.
MAK 141 T. 1819–37/442 M.
Aleppostoffe, Croisés, Linons, Steindruck, Waterloos, Lapisdruck, Manchester, Ecorces d'Arbre, Merinos, Tris-Merinos, Iris-Merinos, Halbwollen- und Halbseidenzeuge, Kammertuch, Chaly, englische Leinwanden, Musselin, Arabin, Kattun
1815 mechanische Baumwollspinnerei
1829 25 Drucktische; beste bedruckte Manchester
1835 Ausstlg. Wien: Aussteller
Lit.: Keeß 1820, S. 86 f., 184, 214; 219 f., 224 f.; Keeß 1829, S. 168, 370, 466; Bericht Wien 1835, S. 37; Slokar 1914, S. 282 f.

FEHR, Joseph, jun., Wien
TM 1 T. 1834/2 M.
Halbmerinos
1835 Ausstlg. Wien: Aussteller
Lit.: Bericht Wien 1835, S. 37

FELBERMAYER, Franz X., Brüder, Wien
TM 1 T. 1836/1 M.
Gedrucktes Damen-Ridicultuch
Lit.: Keeß 1820, S. 212

FESTI (VESTI), Peter, Wien
Seidenzeugappreteur
TM 3 T. 1827/11 M.
MAK 2 T. 1827/5 M.
Crêpe mit Irisdruck
1814 gegründet
1829 3 Filatorien
1841 mit Filatorium für eigenen Bedarf, Veredelung
Lit.: Keeß 1821, S. 295; Keeß 1829, S. 458; Tafeln 1841; Slokar 1914, S. 400

FRIES, Anton, & (Comp.) ZEPPEZAUER, Wien
Niederlassung Bischofgasse Nr. 633
K.k. erbländisch priv. Sammt- und Seidenzeug-Manufaktur
MAK 17 T. 1826–39/32 M.
Sog. reiche Stoffe, Kirchen-, Möbelstoffe
1835 Ausstlg. Wien: Aussteller
Lit.: Keeß 1829, S. 458; Bericht Wien 1835, S. 98; Slokar 1914, S. 399

FÜRGANTNER, Josef, Wien
Mariahilfer Hauptstraße Nr. 71
Bürgerl. Seidenzeugfabrikant
TM 11 T. 1827–40/40 M.
MAK 232 T. 1823–40/698 M.
Papeline, Batist, Chaly, Ecorces d'Arbres, Foulards, Rayés, Virgines, Mandarinstoff, Ostindes, Wicklerstoff, Aleppostoffe, Musselin, Musselin de laine, ›Damas-laine‹
1814 gegründet
1823 Priv.: ›Damas-laine‹ (Mischgewebe: Wolle/Seide) für Damenkleider, Westen, Umhängtücher
1824 Priv.: Verbesserung: Seide/Kaschmir
vor 1825 Margarethen Nr. 63
1829 Werkstatt mit Jacquardstühlen
1835 Ausstlg. Wien: ehrenvolle Erwähnung
Lit.: Jb. VII, 1825, S. 364 f; Jb. VIII, 1826, S. 354 f.; Keeß 1829, S. 458, 476, 484; Bericht Wien 1835, S. 35; Slokar 1914, S. 398

GIANICELLI, Peter, Wien
Wieden Nr. 377
Priv. Seidenzeugappreteur
MAK 5 T. 1826–28/29 M.
Gepreßte Seiden und Samte
1765 Vater (Joseph) von Vicenza nach Wien
1823 Priv.: Musterpreßmaschine aus Gußeisen
1827 Verlängerung um 5 Jahre auch für Bänder
Lit.: Keeß 1821, S. 296; Jb. VII, 1825, S. 355; Jb. XIII, 1828, S. 393; Keeß 1829, S. 451, 499; Beschreibung I, 1841, S. 158; Slokar 1914, S. 389

GIESSAUF, Johann und Ignaz (Brüder), Wien
Margarethen Nr. 82, Matzleinsdorf Nr. 93
Bürgerl. Webermeister, befugter Seidenzeugfabrikant
TM 1 T. 1836/2 M.
MAK 16 T. 1826 und 1836/58 M.
Orientalische Kleiderzeuge: halbseidene Stambul Scallis, auf Kaftans
1812 gegründet
1835 Ausst. Wien: ehrenvolle Erwähnung; Handel mit dem Orient
1839 Ausst. Wien: Bronzemedaille
Lit.: Keeß 1829, 458, 484; Bericht Wien 1835, S. 93; Bericht Wien 1839, S. 36, 295

GÖBEL, Joseph, Wien
Zieglergasse (Schottenfeld) Nr. 486
K.k. priv. landesbefugter Seidenbandfabrikant
MAK 1 T. 1827/8 M.
Halbseidene Tullinetgiletstoffe
1821–1825 Priv.: broschierte und karierte Bänder
1835 Ausstlg. Wien: ehrenvolle Erwähnung
Lit.: Keeß 1820, S. 223 (Weber Jos. Gabel); Jb. III, 1822, S. 520; Keeß 1829, S. 493, 501; Bericht Wien 1835, S. 93; Beschreibung I, 1841, S. 102

GÖTTGES, Hermann, Wien
Bandfabrikant
TM 2 T. 1836/13 M.
Glatte Samtbänder

GRILLER, Georg, Wien
MAK 7 T. 1820/42 M.
Shawlbordüren, Palm, Emplein
1796 gegründet, Produktion Halbseide, Goldstoffe für den Orient
1800 seidene Modewaren; 160 Webstühle
1803 24 Seidenbandstühle
ab 1805 Tücher, Shawls, Gilets, Bordüren; 130 Webstühle, 250 Beschäftigte
1820 Federplüsche
1821 20 000 Ellen Shawlbordüren in die Türkei
Priv.: elastische Bänder
läßt in Znaim und Namiest spinnen; leitet eine Webereischule in der Mariahilferstraße
Lit.: Keeß 1820, S. 179, 223; Keeß 1821, S. 286, 301, 322, 326, 352, 354, 356 ff., 361 f., 367, 535; Jb. III, 1822, S. 510 f.; Jb. X, 1827, S. 272; Beschreibung I, 1841, S. 102; Slokar 1914, S. 398; Dreger 1915, S. 392; Völker 1981, S. 411, 414 ff.

GRUBER, I., Wien
MAK 2 T. 1843/2 M.
Modestoffe, Schafwoll-Musselintuch

HAAS, Joseph, Wien
Seidenbandmanufaktur
TM 5 T. 1839/30 M.
Moirierte und glatte Taftbänder mit/ohne Zackenrand

HAAS, Philipp (1791–1870), Wien
Gumpendorf Nr. 180 (201)
K. k. landesbefugte Baumwoll-, Schafwoll-, Seidenwaren- und Teppichfabrik
TM 6 T. 1839–47/18 M.
MAK 100 T. 1823–47/407 M.
Zitz, Samt, Möbeldamast, Musselin de laine, Percal, Batist, Madras, Croisé, Moll, broschierte Tulles, Merino, Ecorces d'Arbres, Halstücher
1810 1. Preis Wettbewerb Manufaktur-Zeichenschule, mit Erlös eigene Werkstatt gegründet
1822 Priv.: Verbesserung am Webstuhl für dünne Baumwollgewebe
1823 Priv.: Bobbinet (Spitzengrund) »ganz gleich dem englischen«
ab 1825 Kleiderstoffe
1826 Priv.: mechanische Vorrichtung an Spitzenmaschinen
1827 Priv.: seidene und baumwollene Bänder: nebeneinander gewebt und auseinandergeschnitten auf gewöhnlichem Webstuhl
1828–39 Baumwollmanufaktur
ab 1831 Möbelstoffe, Spinnerei in Mitterndorf a. d. Fischa
ab 1832 Weberei für einfache glatte Zeuge in Kunstadt bei Brünn, 90 Stühle für Baumwolle: 30 in Wien, 60 in Kunstadt,Gumpendorf: Werkstätte zum Waschen, Appretieren, Färben, Drucken von Baumwollstoffen, ca. 300 Angestellte; Landesbefugnis; Verfertigung von Leinen-, Baumwoll- und Schafwollwaren sowie von halb- und ganzseidenen Zeugen, Seiden- und Samtbändern
1833 Priv.: Verbesserung an Bandstühlen, Landesbefugnis
1839 Ausstlg. Wien: Goldmedaille und ehrenvolle Erwähnung
1840 Maschinenteppichweberei
1840er Jahre: mehr als 700 Arbeiter, davon 140 in Kunstadt
1841 700 Arbeiter
1842 Modewarenfabrik
1844 Ausstlg. Berlin: Medaille
1845 Mitterndorf: 24 mechanische Baumwollwebstühle für Möbeldamaste; Garn- und Stofffärberei
Ausstlg. Wien: Goldmedaille
1851 Weberei: 50 Stühle in Hlinsko (Böhmen) für Damast und Utrechter Samt (Möbelplüsch); Mule Spinnerei in Ebergassing, Messe Leipzig: Medaille; Söhne Eduard (1827–1880) und Robert in die Firma aufgenommen
Lit.: Jb. IV, 1823, S. 115; Jb. VII, 1825, S. 399; Jb. XIII, 1828, S. 317, 389; Keeß 1829, S. 320, 336, 377, 499, 512 f.; Jb. XXIX, 1837, 421; Bericht Wien 1839, S. 243, 265, 298; Beschreibung I, 1841, S. 106 ff., 291, 295; Bericht Wien 1845, S. 387 f., 441 f.; Slokar 1914, S. 274, 285, 351; K.k. Österr. Museum: Eduard Ritter von Haas. Wien 1881; ÖBL, Bd. II, 1959, S. 119; Luxbacher 1991, S. 73, 76 ff.; Czeike 1994, Bd. 3, S. 4

HAAS, W. Jacob C., Wien
Andreasgasse Nr. 302
Seidenbandfabrik
TM 9 T. 1839/35 M.
Atlasbänder mit/ohne Zackenrand

HACKHOFER, Ignaz, Nußdorf bei Wien
Schön- und Schwarz-, Leinenfärberei
TM 3 T. 1845–46/6 M.
MAK 3 T. 1845–46/6 M.
Gepreßte, appretierte Baumwollstoffe
1815 gegründet
1829 größte Leinenfärberei der Monarchie; 13 Blauküpen, 3 große Mangen, immer mehrere Drucktische tätig, eigene Bereitung der Stärke. Quetschen der Körner mit kleinem Schleppwerk
1845 moderne Maschinen
Ausstlg. Wien: Silbermedaille
Lit.: Keeß 1829, S. 290; Bericht Wien 1845, S. 567

HADWIGER, Carl, Wien
Webermeister
MAK 1 T. 1832/5 M.
broschierte Jaconnets

HARPKE, Anton, Wien
Seidenbandmanufaktur
TM 13 T. 1845–47/46 M.
Ombrierte, façonnierte, chinierte Bänder
1845 Ausstlg. Wien: Silbermedaille; 30 Mühlstühle, 60 Arbeiter
Lit.: Keeß 1821, S. 391; Slokar 1914, S. 401

HARTENROTH, Wien
Webermeister
MAK 5 T. 1822 und 1831/33 M.
Broschierte, glatte und gewürfelte Baumwollstoffe
1829 Kopie englischer Bobbinet-Maschinen
Lit.: Keeß 1829, S. 512 f.

HARTMANN's Brüder, Wien
Seidenzeugmanufaktur
TM 3 T. 1838–46/8 M.
Dünntücher, Tafte

HARTMANN's Söhne, Wien
Seidenzeugmanufaktur
TM 1 T. 1838/1 M.
Dünntuchbajadere
1841 Filatorium für eigenen Bedarf
Lit.: Tafeln 1841

HARTMANN, Johann Georg, Wien
Seidenzeugfabrik
TM 2 T. 1830/4 M.
MAK 11 T. 1830–46/32 M.
Crêpe, Crepon, Chainette, canellierter Gros de Naples
Lit.: Keeß 1821, S. 301

HASSA, Anton, Wien
MAK 2 T. 1838/4 M.
Gepreßte Buchbinderleinwand
1845 Ausstlg. Wien: Aussteller
Lit.: Bericht Wien 1845, S. 568 f.

HÄUSSLE, Joseph, Wien
Landstraße Nr. 225
Lithograph
TM 1 T. 1828/1 M.
MAK 3 T. 1828/4 M.
Katun und Papeline mit Steindruck
1825 Priv.: mit neuer Presse und Ätzwasser lithographische Arbeiten auf Leinen-, Baumwoll-, Schafwoll- und Seidenstoffe, Leder zu verbessern
Lit.: Jb. X, 1827, S. 259; Keeß 1829, S. 664

HAVEKOST/HAFELKOST August, Wien
TM 1 T. 1847/3 M.
MAK 4 T. 1847/12 M.
Gilets aus Seide und Schafwolle

HECHT, Sebastian, Wien
MAK 1 T. 1830/1 M.
Reicher Meßkleiderstoff

HELL d. J., Georg, Wien
TM 2 T. 1825/7 M.
MAK 10 T. 1825 und 1827/29 M.
Felpel, façonnierte und schattierte Gros de Naples, Barège
Lit.: Keeß 1821, S. 302

HELLER, Franz, Wien
Schottenfeld 430
Bandfabrikant und Posamentierer; Landesfabrikant
TM 8 T. 1827/21 M.
Modebänder (façonnierte, karierte Bänder), Borten
1827 Priv.: Verbesserung an Seidenbandmühlstuhl
1829 Dünntuchbänder mit Dessins auf Jacquardmaschine
1835 Ausstlg. Wien: ehrenvolle Erwähnung
Lit.: Jb. XIII, 1828, S. 376; Jb. XV, 1829, S. 400; Keeß 1829, S. 497 f., 501; Keeß 1830, S. 782; Bericht Wien 1835, S. 94; Beschreibung I, 1841, S. 293

HERMANN, David, Wien
Neubau Nr. 303
Bürgerl. Seidenzeug- und Schafwollwaren-Fabrikant
MAK 1 T. 1824/8 M.
Papeline, Merinos oriental
1821 Halbseidenzeuge: Umhängtücher, Shawls und Bordüren
1823–28 Priv.: ›Merinos orientales‹ auf Jacquardwebstuhl, Kette: Seide, Schuß: Wolle
1824-29 Priv.: ›Egerie‹, eine Art Maschinenspitze
Lit.: Keeß 1820, S. 259; Keeß 1821, S. 301, 352, 357, 360, 362, 366; Jb. VII, 1825, S. 389 f.; Jb. VIII, 1826, S. 388; Keeß 1829, S. 442, 476, 484; Beschreibung I, 1841, S. 94, 99

HIRSCH, Johann Michael & Franz Michael (Brüder), Wien
Penzing, Hietzingerstraße Nr. 48, Stephansplatz Nr. 628, Schottenfeld Nr. 430
Priv. Seidenzeug-Manufaktur, Schafwoll-, Baumwoll- und Seidenzeugdruckerei
TM 1 T. 1843/1 M.
MAK 21 T. 1835–43/29 M.
Seidendamast, Satin royal, Satin liseré, reiche leonische Seidenstoffe
1835 Ausstlg. Wien: Silbermedaille und ehrenvolle Erwähnung
1839 Ausstlg. Wien: Aussteller
Lit.: Keeß 1829, S. 458; Bericht Wien 1835, S. 94 f., 109 f.; Bericht Wien 1839, S. 299; Slokar 1914, S. 351, 399

HOEHNNEL, Mathias, Wien
Bandfabrikant
TM 7 T. 1839/60 M.
Atlas-, Gros de Naplesbänder

HOLY, Anton, Wien
TM 1 T. 1823/5 M.
MAK 6 T. 1822–27/48 M.
Quadrillierte, façonnierte und broschierte Baumwollstoffe, Wallis
Lit.: Keeß 1820, S. 188; Jb. IV, 1823, S. 115

HORNBOSTEL, Christian Georg & Comp., Wien
Gumpendorf 190
K.k. priv. Seidenzeugfabrikant
TM 31 T. 1803–48/178 M.
MAK 488 T. 1803–48/1867 M.
Isphahan, Popeline, Barège, Renforcé, Serge, Marly, Virginets, Brillantine, Peruviennes, Samte, Plüsche, Felpel, Astrakan, Ecorces d'Arbres, Levantin, Chaly, Gros de Tours, Piqué, Bastzeug
1768 Georg Christian Gottlob (geb. 1741 in Hamburg) nach Wien
1769 Übernahme der Samtweberei Engelbert Königs
1774 Ankauf Seidenfabrik auf der Wieden mit 30 Webstühlen
1790 200 Webstühle
1800 260 Webstühle
1802 und 1804 Sohn Christian Georg (1778–1841) Reisen
1803 82 Bandstühle
1804 200 Stühle, 350 Beschäftigte
1809 Tod G.C.G. Hornbostel, Witwe und Sohn übernehmen
1811 Produktion in Liechtensteinschloß, Tullnerfeld
1816 Priv. (mit Bandfabrikant Thomas Bischof): ›selbstwebender‹ Stuhl aus Holz mit Wasserkraft (für Seide adaptierte englische Baumwoll ›Powerlooms‹)
1817 Leobersdorf a. d. Triesting (NÖ): Gebäude für mechanische Seidenweberei mit Wasserkraft, 40 ›Powerlooms‹ zusammen mit Fabrik in Gumpendorf: über 200 Webstühle
1818 Prüfungskommissär für die kommerzielle Abteilung am Polytechnischen Institut; Provis. Direktor der Nationalbank
1821 600 Arbeiter
1822 Priv.: Crèpe de Chine Leobersdorf: Baumwollspinnerei nach englischer Art
1824 Leobersdorf: 2 Filatorien mit 300 Spulen eingerichtet
vor 1825 Leobersdorf: Jacquardmechanismus für ›Powerlooms‹
um 1827 ausgezeichnete Modebänder
1829 Priv.: Maschine für Nadelstickerei und Näherei
1835 Ausstlg. Wien: Kommissionsmitglied; Goldmedaille und ehrenvolle Erwähnung
150 Webstühle, davon 40 selbstwebende in Leobersdorf
1837 Gründungsmitglied NÖ. Gewerbeverein zusammen mit M. Spörlin, R. von Arthaber
1839 Ausstlg. Wien: Kommissionsmitglied; Goldmedaille
1839 Ausstlg. Wien: Kommissionsmitglied; Bronzemedaille
1841 Tod C.G. Hornbostels, Übernahme: Söhne Theodor Friedrich (1815 bis 1888) und Otto; Verlagerung nach Böhmen und Mähren; 100 Stühle, davon 50 selbstwebende und 10 gewöhnliche in Leobersdorf; 100 Arbeiter
1842 Leobersdorf: Maschinenweberei in zweistöckigem Gebäude, Erdgeschoß und 2. Stock für Baumwollspinnerei
1844 Berliner Gewerbeausstlg.: Roter Adlerorden IV. Klasse
1845 Ausstlg. Wien: Beurteiler
150 Webstühle
1848 erster Handelsminister Österreichs
1848–52 Präsident des Niederösterreichischen Gewerbevereins
1849–51 Präsident der Handelskammer
1860 Nobilitierung
1890 Schließung der Firma

Lit.: Jb. I, 1819, S. 402; Jb. II, 1820, S. IX; Keeß 1821, 285, 288, 300 ff., 312 f., 317, 319 ff., 352, 356, 365 f., 411, 535; Jb. IV, 1823, S.126 f., 136; Blumenbach 1825, 5. H., S. 29 f.; Keeß 1829, S. 167, 316, 437 ff., 441, 443, 446, 457 f., 484, 501; Jb. XIV, 1829, S. 373; Keeß 1830, S. 783; Jb. XVI, 1830, 373; Bericht Wien 1835, S. 35, 78 ff.; Bericht Wien 1839, S. 5, 37, 255, 291 f.; Beschreibung I, 1841, S. 91; Tafeln 1841; Bericht Wien 1845, S. 497 f.; TE Bd. XIV, 1846, S. 431; Exner 1873, S. 262, 268; Slokar 1914, S. 221 f., 242, 283, 286, 389, 394 f., 398, 400, 407; Dreger 1915, S. 342 ff.; ÖBL, Bd. II, 1959, S. 423 f.; Luxbacher 1991, S. 86 ff., 95; Czeike 1994, Bd. 3, S. 267 f.; Luxbacher 1995, S. 76

HUBER, Wien
MAK 1 T. 1827/7 M.
Baumwolltaft (Hutfutter)

JABLONSKI, Wien
MAK 14 T. 1843/93 M.
Bast-, Glanz- und Strohgeflechte, Florentiner Strohgeflechte, Ansetzborten und Schnüre, Seiden-, Stroh- und Roßhaarbänder

JÄGER, Wien
Baumwolldrucker
MAK 2 T. 1829/3 M.
Croisétücher

JOHS, Brüder, Wien
MAK 1 T. 1828/3 M.
Nankin

JURANEK, Simon, Wien
Baumwollweber
TM 1 T. 1831/2 M.
MAK 6 T. 1831/33 M.
Englische Leinwanden, quadrillierte Baumwollstoffe, broschierte Jaconnets
Lit.: Jb. IV, 1823, S. 115

KARGL, Sebastian, Wien,
Halbseidenfabrikant
TM 2 T. 1819 und 1820/21 M.
MAK 7 T. 1822–27/6 M.
Kirchen-, Tapeten-, Möbel- und Mosaikstoffe, Lampas, Dünn- und Umhängtücher, Gilet- und Bastzeug
1796 gegründet
1821 40 Stühle mit 180 bis 190 Arbeitern
1823 Kirchenstoffe; Tapetenstoff mit Jacquardmaschine Johann Bausemmers
1835 Ausstlg. Wien: Bronzemedaille
Lit.: Keeß 1820, S. 212, 226; Keeß 1821, S. 301 f., 325, 333, 352 f., 356 ff., 359 f., 363, 365 ff.; Jb. IV, 1823, S. 127; Bericht Wien 1835, S. 85 f.; Völker 1981, S. 413, 418

KASTNER, Johann, Wien
Schottenfeld, Halbgasse Nr. 120
K.k. landespriv. und bürgerl. Seidenzeugfabrikant
MAK 12 T. 1835–38/14 M.
Reiche und unechte Kirchenstoffe
1835 Ausstlg. Wien: Aussteller
Lit.: Bericht Wien 1835, S. 100

KAUTNY, Franz, Wien
Gumpendorf, Hauptstraße Nr. 131
Bürgerl. Webermeister
TM 1 T. 1836/2 M.
MAK 8 T. 1836–41/11 M.
Batist-Vapeur, Batist-Musselin, ›Tüchelmuster‹
1835 Ausstlg. Wien: ehrenvolle Erwähnung
Lit.: Bericht Wien 1835, S. 63 f.

KIRCHNER, Joseph, Wien
MAK 5 T. 1829/37 M.
Englische Leinwanden, Jaconnets, Halstuch

KLETTNER, Wolfgang, Wien
MAK 2 T. 1825/10 M.
Tullinets

KLIMA, Josef, Wien
Seidenzeugfabrikant
TM 1 T. 1829/1 M.
MAK 1 T. 1829/1 M.
Barège, Umhängtuch
Lit.: Slokar 1914, S. 398

KLINGRUBER, Franz, Wien
Seidenbandmanufaktur
TM 2 T. 1847/8 M.
Bänder in Taft- und Dreherbindung

KNIEZAUREK (KNIZAURECK), Josef, Wien
Mariahilf Nr. 37
Bürgerl. Weber
MAK 42 T. 1822–36/217 M.
Organzin, Tüll, Baumwollstoffe, schottische Stoffe, Perkal, Möbeldamaste
1819 Priv.: Baumwoll- und Seidenbleiche
1822 Priv.: Verbesserung am Webstuhl
1823 Priv.: Nähstuhl; 1826 zurückgelegt
1835 Ausstlg. Wien: Silbermedaille
Lit.: Keeß 1820, S. 188, 222 f.; Jb. IV, 1823, S. 117 f.; Jb. VII, 1825, S. 366; Jb. XII, 1828, S. 351; Keeß 1829, S. 321, 332; Bericht Wien 1835, S. 55 f; Beschreibung I, 1841, S. 291

KOPPENSTEINER, Ignaz, Wien
Gumpendorf Nr. 174
Bürgerl. Baum- und Schafwollweber
TM 3 T. 1837–40/10 M.
MAK 57 T. 1835–41/172 M.
Englische Leinwanden, Musselin de laine, Hasparinstoff, Merino, Möbeldamast
1835 Ausstlg. Wien: Bronzemedaille
1839 Ausstlg. Wien: Bronzemedaille
Lit.: Bericht Wien 1835, S. 58; Bericht Wien 1839, S. 243, 264

KRAUSE, Friedrich, Wien
Stadt Nr. 733
MAK 2 T. 1839/2 M.
Wasserdichter Merino für Kappen
1839 Ausstlg. Wien: ehrenvolle Erwähnung
Lit.: Bericht Wien 1839, S. 240

KRITZENBERGER, Johann, Wien
Bürgerl. Seidenzeugfabrikant
TM 1 T. 1824/15 M.
MAK 5 T. 1822–24/62 M.
Linzer (Hauben)zeug, geblümte Atlasse

LANDESMANN, Christian, Wien
Schottenfeld Nr. 297, Niederlassung Stadt Nr. 550
Priv. Fabrikant wasserdichter Stoffe, Handlungs-Gesellschafter
TM 2 T. 1839/5 M.
MAK 3 T. 1839/4 M.
Möbelstoffe mit Gold- und Farbdruck, Katunpapier
1838 Priv.: glasierter Webe-Stoff (étoffe glissant, wasserabstoßend und hitzebeständig)
1839 Ausstlg. Wien: Aussteller
1840 Priv.: Druckverfahren mit Metalldessins
Lit.: Bericht Wien 1839, S. 241; Beschreibung IV, 1846, S. 9, 85

LAZARUS, Nicolaus, Wien
Zitz- und Katunfabrik
MAK 6 T. 1829/9 M.
Orientalische Tüchel, Croisétuch
Lit.: Jb. IV, 1823, S. 119; Keeß 1829, S. 370

LEHMANN (LEMANN), Josef & Sohn, Wien
Gumpendorf Nr. 24 und 25
Bürgerl. Seidenzeugfabrikant
MAK 12 T. 1835/23 M.
Reiche Kirchenstoffe, orientalische Kleiderstoffe
1835 Ausstlg. Wien: Bronzemedaille
1845 Ausstlg. Wien: Goldmedaille
Lit.: Bericht Wien 1835, S. 86 f.; Bericht Wien 1845, S. 498 f.; Slokar 1914, S. 399

LEITHNER, Sebastian, Wien
MAK 2 T. 1832/28 M.
Broschierte Jaconnets, englische Leinwanden

MACHA, Johann, Wien
Mariahilf Nr. 2
Bürgerl. Baumwoll- und Schafwollfabrikant
TM 1 T. 1839/1 M.
MAK 24 T. 1839/24 M.
Halbwollene Möbeldamaste
1839 Ausstlg. Wien: Bronzemedaille
Lit.: Bericht Wien 1839, S. 237

MAGISTRIS, Jakob Anton, Wien
Leopoldstadt Nr. 112
Modewaren-Druckerei
MAK 3 T. 1829/3 M.
Gedruckte Foulardtücher
1829 Lithographie auf Leinen-, Baumwoll-, Schafwoll- und Seidenstoffe
1830 Priv. gemeinsam mit Anton Hock auf beidseitig bedruckte Leinwand-, Sack- und Halstücher
1835 Ausstlg. Wien: ehrenvolle Erwähnung
Lit.: Keeß 1829, S. 664; Bericht Wien 1835, S. 118 f.; Beschreibung 1841, S. 185

MATZ, Joseph, Wien
MAK 10 T. 1831–33/7 M.
Façonnierte Gros de Naples, Giletstoffe

MAYER, Anton, Wien
MAK 18 T. 1823–30/60 M.
Shawlbordüren und -tuch, Shawlmuster en miniature, Empleintuch, Merino, Croisé
1814 bedeutender Umsatz
1829 Einrichtung zum Schlagen der Dessins, 1500 Tafeln am Tag
Lit.: Keeß 1829, S. 477, 484; Exner 1873, S. 253; Völker 1981, S. 416 f.

MESTROZI, Gebrüder, & Comp., Wien
Paul (1771–1858) und Vitalis (1774–1823)
Schottenfeldgasse
K.k. priv. Seidenzeugfabrikanten
TM 2 T. 1819/34 M.
MAK 23 T. 1819–22/248 M.
Dünntücher, Drap d'Argent, Drap d'Or, halbreiche Ornatzeuge, Pluvialstoff, halbreiche Linzer (Hauben)Zeuge, Semeline, Peau de poules, Fahnenzeug, Jacquardmuster, Taft, Felpel
1765 Vater Joseph Mestrozi (1742-1790) aus Görz nach Wien
1777 J. Mestrozi bürgerl. Seidenfabrikant, Söhne Heimweber bei Andrä & Bräunlich
1787–93 Paul u. Vitalis Mestrozi Schüler der Privatzeichenschule Grabner
1790 Tod J. Mestrozis, Söhne übernehmen, Umzug nach Landstraße
1796 Betrieb in Schottenfeld, 40 Beschäftigte
1798 19.10. Fabrikbefugnis
1800 180 Arbeiter, Männer und Frauen
1802 neue Fabrik Schottenfeldgasse: 37 Webstühle
1805 Paul Mestrozi votierender Stimmführer für Preis der k.k. Manufaktur-Zeichnungsschule bei St. Anna
1806 260 Arbeiter; Landes-Fabrikpriv.: Gebrüder Mestrozi; Exporte nach Rußland, London, Madrid, Konstantinopel
1809 eigene Tischlerei (1815 vergrößert)
1810/11 Anbau an die Fabrik, 400 Beschäftigte
Vitalis reist: Salzburg, Schweiz, Italien usw.
ab 1816 70 Webstühle für Dünntücher aus italienischer Seide
ab 1817 Jacquardmechanismus; 500–600 Beschäftigte; chinierte Samte, Farben dafür erfunden
1821 Paul Mestrozi erkrankt
1823 6.3. Vitalis Mestrozi stirbt, Schließung der Fabrik, Verkauf der Waren, Umbau begonnen
1824 April: Umbau fertig; Mai: Seidenzeugfabrik (L. Rüdelmann)
nach 1830 Hilfe beim Aufbau der Spitzenfabrik des Schwiegersohnes Ludwig Damböck (1798–1850)
vor 1839 Autobiographie Paul Mestrozi: ›Die wichtigsten Momente meines Lebens‹
1856 Tod Paul Mestrozis
Lit.: Keeß 1820, S. 135; Keeß 1821, S. 286 ff., 300 ff., 312, 319, 321, 323, 325 ff., 352, 535; Keeß 1829, S. 458; Jb. IV, 1823, S. 128; Mestrozi 1839; Mitteilungen I, 1865–67, Exner 1873, S. 288; Dreger 1915, S. 357 ff.; ÖBL, 28. Lieferung, 1974, S. 245; Völker 1995, S. 92, 95, 97

MILLEDER, Wien
Baumwollweber
TM 1 T. 1827/10 M.
MAK 2 T. 1827/22 M.
Spitzenartige Kleiderstoffe

NEUHOLD, Lorenz, Wien
MAK 1 T. 1840/1 M.
Broschierter Musselin (Vorhang)

NIGRI, Joseph, Wien
Neubau, Rittergasse Nr. 184
K. k. priv. Seidenzeug- und Modewarenfabrik
TM 4 T. 1835–42/9 M.
MAK 110 T., 1832–42/300 M.
Chaly, Grosgrains, Palmyrien-Kleiderstoff, halbwollene und halbseidene Möbelstoffe, façonnierte Seidenstoffe
1835 Ausstlg. Wien: Bronzemedaille
1839 Ausstlg. Wien: Silbermedaille
1841 wichtige Fabrik mit Filatorium für eigenen Bedarf
1845 Ausstlg. Wien: Aussteller
Lit.: Bericht Wien 1835, S. 41, 89, 122; Bericht Wien 1839, S. 31, 272 f., 300; Tafeln 1841; Bericht Wien 1845, S. 508; Slokar 1914, S. 400

OTTO, Carl, Wien-Fünfhaus
Bürgerl. Gilet- und Shawlfabrikant
TM 2 T. 1843/7 M.
MAK 2 T. 1843/2 M.
Giletstoffe
1835 Ausstlg. Wien: Aussteller
Lit.: Bericht Wien 1835, S. 41

PAWLICK, Engelbert, Wien
MAK 1 T. 1832/12 M.
Jaconnets

PERGER, Jacob, Wien
Niederlassung Rothenthurmstraße Nr. 128
K.k. Hof- und bürgerl. Fußteppichfabrikant
MAK 3 T. 1828/4 M.
Ausgezogene Teppiche, Seidenband für einen Glockenzug
1835 Ausstlg. Wien: Bronzemedaille
Lit.: Bericht Wien 1835, S. 33

PFANZERT, A., Wien
MAK 2 T. 1846
Leinen

PHILLISDORF, Philipp von, Wien
MAK 4 T. 1820–37/15 M.
Piqué, Croisé, Papeline mit Steindruck
1820 Steindruck auf Crèpe, Taft, Gros de Naples, Halbseiden
Lit.: Keeß 1820, S. 216, 226; Keeß 1821, S. 298, 326, 351, 367; Keeß 1829, S. 664

PITSCH, Adalbert, Wien
MAK 1 T. 1832/17 M.
broschierte Jaconnets

PÖHACKER, Wien
Weber
MAK 2 T. 1827/8 M.
Brillantine, halbseidene Tullinets

RESCHAUER, Conrad, Wien
MAK 1 T. 1827/13 M.
Broschierte Seidenzeuge

RÜDELMANN, Ludwig, Wien
Feldgasse 318
Mode-, Seidenzeug- und Bandfabrik
TM 9 T. 1827–46/28 M.
MAK 275 T. 1827–46/1239 M.
Levantin, moirierter Gros de Tours, Foulard de Reine, Isphahans, Musselin de laine, Pondichery-Stoffe, Seiden-Sparteriestoff, Ritzer-Samt
1817 gegründet
1824 Mai: übernimmt Mestrozis Fabrikgebäude
1845 Ausstlg. Wien: Goldmedaille
Lit.: Keeß 1829, S. 458, 484; Bericht Wien 1845, S. 499; Slokar 1914, S. 399

SCHALLER, Lorenz, Wien
MAK 1 T. 1822/2 M.
Broschiertes Umhängtuch mit Dünnstoffgrund
1814 bedeutender Umsatz
1822 Priv.: »Umhängtücher aus spitzenartigem Dünntuch-Grunde, mit Schafwoll-Broschirung«
Lit.: Keeß 1821, S. 352; Keeß 1829, S. 477 f., 484; Beschreibung I, 1841, S. 98, 112; Exner 1873, S. 253; Völker 1981, S. 412, 416 f.

SCHEUFFELE, Jacob, Wien
MAK 1 T. 1847/1 M.
Halbseidener Hutfelpel

SCHLECHT, Konrad, Wien
TM 1 T. 1823/1 M.
Façonniertes Samtband

SCHNABL, Carl, Wien
MAK 2 T. 1832/9 M.
Jaconnets

SCHULZ, Jacob, Wien
TM 1 T. 1825/12 M.
Modeseidenbänder (Atlasbänder)

SCHWARZ, Johann Nepomuk, Wien
MAK 1 T. 1825/9 M.
Baumwolltaft (Damenhut)

SECHSHAUSER Kattundruckerei, Wien
Besitzer: Albert und Emanuel Granichstätten
Kattun- und Tücher-Druck-Fabrik
MAK 2 T. 1824 und 1834/16 M.
Kattun, Musselin, Vapeur
1829 kleinere Druckerei
1841 ausgedehntester Betrieb
1845 über 300–400 Arbeiter, einfache, billige Ware
Ausstlg. Wien: ehrenvolle Erwähnung
1848 Zerstörung der Fabrik
Lit.: Keeß 1829, S. 370; Bericht Wien 1845, S. 554, 25; Slokar 1914, S. 281, 284; Tafeln 1841

SEEL, Franz, Wien
Modewarenhändler
TM 2 T. 1840/3 M.
MAK 11 T. 1825/19 M.
Façonnierte Baumwoll-Linonstoffe

SIEHS, Johann, Wien
MAK 1 T. 1825/4 M.
Leonische Bandzeuge
1784 gegründet
Lit.: Keeß 1829, S. 458

SOTTIL, Carl, Wien
MAK 1 T. 1831/1 M.
Seidenstoff

SOTTIL, Michael, Wien
Bürgl. Seidenzeug-Fabrikant
Schmalzgasse, Mariahilf
MAK 1 T. 1827/6 M.
Seidenstoffe (für den Export nach Bayern)
vor 1816 Ignaz Strenzel, Blumenmaler, Hospitant
1822 Priv.: Verbesserung am Seidenzeug-Werkstuhl
1837 Priv. verlängert
Lit.: Beschreibung I, 1841, S. 91; Beschreibung II, 1842, S. 70; Slokar 1914, S. 407; vgl. S. 106 und Anm. 192

SPÖRLIN & RAHN (Tapeten)
Michael Spörlin (1784–1857), Heinrich Rahn aus Mulhouse, Wien
K.k. Hof- und landesbefugte Papiertapeten-Fabrikanten
Gumpendorf Nr. 368
MAK 2 T. 1820–21/3 M.
Dünntücher
1809/11 Gründung der Tapetenfabrik mit Schwager Rahn
1823 Priv.: Irisdruck
1826 Verkauf Irisdruck an: Kettenhof, Sassin, Neunkirchen, Leitenberger
1827 Priv.: Kleister
1828 Hals- und Hemdenkrägen aus Papier für Winter
Lit.: Keeß 1821, S. 324; Jb. III, 1822, S. 507; Jb .VII, 1825, S. 395; Jb. XIV, 1829, S. 362; Keeß, 1829, 353 f.; Keeß 1830, S. 104, 779, 787; Beschreibung VI, 1847, S. 272; Slokar 1914, S. 275; Witt-Dörring 1995

STEINER, Ernst Franz, Mödling bei Wien
TM 4 T. 1836/20 M.
MAK 161 T. 1833–40/705 M.
Kammertuch, Merino, Musselin de laine, Kabul, englische Leinwanden
1827 Priv.: verschiedene Tinten
1841 Druck auf Wollstoff für Damenkleider
1845 Ausstlg. Wien: ehrenvolle Erwähnung
Lit.: Beschreibung I, 1841, S. 177; Bericht Wien 1845, S. 554

STRAUSS, Albert, Siebenhirten bei Wien
MAK 4 T. 1836 und 1837/4 M.
Baumwolltuch, Croisétuch
1824 Priv.: chemisches Entfärben von Leinen
Lit.: Keeß 1829, S. 275, 344

TIMMEL, Brüder, Wien
MAK 2 T. 1839/2 M.
Schafwoll-Canevas zum Sticken

ULLRICH, Dominik, Wien
Gumpendorf Nr. 379
Bürgerl. Webermeister
MAK 1 T. 1825/6 M.
Tullinets
1835 Ausstlg. Wien: Aussteller
Lit.: Bericht Wien 1835, S. 44, 73, 123

WALLIG, Johann Michael, Wien
MAK 1 T. 1830/1 M.
Reich broschierter Seidenstoff

WESTHAUSER, Johann, Wien
TM 1 T. 1827/1 M.
MAK 6 T. 1826–31/34 M.
Baumwollbrillantine, Piqué
Lit.: Keeß 1820, S. 187

WIMMER, Andreas, Wien
MAK 2 T. 1824/3 M.
Linzer Zeug, Amboin (Kirchenzeug)

WINTER, Joseph, Wien
Mariahilf, Windmühlgasse Nr. 9 (Wieden Nr. 817)
Trebitsch, Mähren: Baumwollwaren festerer Art
Tuppadl, Böhmen: Baumwollwaren festerer Art
Baumwoll- und Seiden-Fabrikant
TM 10 T. 1823–53/50 M.
MAK 244 T. 1820–53/887 M.
Musselin de laine aus Schaf- und Baumwolle, Kabul, Merino, englische Leinwanden, Möbeldamast, Piqué, Mantelstoff, Chaly, Jaconets
1820 Beispiel guter Produktion, erster mit gedruckten Piqués
1828 Priv.: Webverbesserung für Streifen
Priv.: Hals und Hemdkrägen bei Spörlin & Rahn verfertigt
1835 Ausstlg. Wien: Kommissionsmitglied; Goldmedaille
1836 Ausstlg. Prag: Silbermedaille für Tuppadl
1839 Ausstlg Wien: Kommissionsmitglied; Goldmedaille; Bronzemedaille
1841 Priv.: Spannen u. Trocknen des Tuches
Lit.: Keeß 1820, S. 187 f., 194, 211, 218, 221 f., 226; Keeß 1821, S. 523; Jb. XIII, 1828, S. 322, 376; Jb. XIV, 1829, 402; Keeß 1829, S. 322; Keeß 1830, S. 787; Bericht Wien 1835, S. 45, 50 ff., 123; Bericht Wien 1839, S. 239 f., 252, 289; Beschreibung VI, 1847, S. 270; Exner 1873, S. 264; Slokar 1914, S. 342

WOLF, Joseph, Wien
Schottenfeld Nr. 291; Niederlassung am Graben
Bürgerl. Shawlfabrikant
MAK 17 T. 1826–35/39 M.
Shawlbordüren und -eckstücke, Shawls mit Schafwollbroschierung, halbseidene Shawls
1814 bedeutender Umsatz
1835 Ausstlg. Wien: Silbermedaille
Lit.: Keeß 1821, S. 352; Bericht Wien 1835, S. 27; Keeß 1829, S. 484; Exner 1873, S. 253; Völker 1981, S. 416 f., 420

WÜST, Joseph, Wien
MAK 1 T. 1820/4 M.
Gepreßte Samte, Seide
Lit.: Keeß 1821, S. 325

ZEISEL, Josef, & BLÜMEL, Johann, & Co., Wien
ab 1834 **Josef ZEISEL (1804–1868)**
Schottenfeld Nr. 323
K. k. landesbefugter Shawlfabrikant
MAK 4 T. 1825–34/8 M. Zeisel & Blümel
MAK 5 T. 1834–39/8 M. Josef Zeisel

Shawltuch, -bordüren, broschierte Tücher en miniature, Bayadere
1809 von J. Blümel gegründet, Landesbefugnis
1823 J. Blümel: Priv.: reversible Shawls Jacquard- oder Walzenwebstuhl
1824 J. Blümel: Priv.: Guirlandentücher auf Jacquardstuhl
ab 1826 J. Blümels Fabriken in Wien und Warschau an J. Zeisel
1828 neue Tafelschlagmaschine eingesetzt
1833 Export nach Deutschland und Rußland über R. Arthaber
1837 neue Doppel-Jacquard-Maschine; Shawl-Ausschneide-Maschine (von Franzosen erfunden)
1839 Ausstlg. Wien: Silbermedaille für Zeisel
1841 100 Webstühle
1844 neues Musterzeichnungspapier zum Kopieren, Export USA
Ausstlg Berlin: Silbermedaille
1845 Ausstlg. Wien: Goldmedaille
12 300 Shawls produziert;
105 Webstühle, 320 Arbeiter
1846 Dampf-Appretur
Lit.: Bericht Wien 1839, S. 275 f.; Keeß 1821, S. 349; Beschreibung I, 1841, S. 98; Tafeln 1841; Bericht Wien 1845, S. 443 f.; Exner 1873, S. 254 ff.; Slokar 1914, S. 352; Völker 1981, S. 413, 416, 418 ff.

ZMUDITSCHZ, Simon, Wien
Bandfabrikant
TM 1 T. 1820/8 M.
Gros de Naples Bänder
Lit.: Keeß 1821, S. 391, 409, 411

Rußland

BELOUSSOFF, Brüder, Moskau
TM 1 T. 1835/1 M.
Manchester

BITEPAGE, St. Petersburg
TM 4 T. 1835/8 M.
Kammertuch, Musseline

GUTSCHKOFF, Gebrüder, Moskau
Baumwollwarenfabrik
TM 1 T. 1835/2 M.
Tibet
1798 gegründet von Fjodor Gutschkow
1833 Gebrüder Gutschkow
1860 Jefim Gutschkows Söhne
Lit.: L. Jefimowa/R. Belogoskaja (Hrsg.): *Russische Tücher und Schals.* Leningrad 1985, S. 167

KONDRASCHEFF, nahe Moskau
TM 2 T. 1835/3 M.
Façonnierter Atlas, quadrillierter Gros de Naples

POLAEKOFF, Moskau
TM 9 T. 1835/12 M.
Samt, façonnierter Silberstoff, broschiertes Dünntuch, Atlas, façonnierte und moirierte Gros de Naples

ROCHEFORT, Moskau
TM 16 T. 1835/44 M.
Giletstoffe, Mantelstoffe, façonnierte Seidenstoffe

ROGOSHIN, Brüder, nahe Moskau
TM 7 T. 1835/20 M.
Gedruckter Foulard, halbseidenes Dünntuch

SOLOVJEFF, nahe Moskau
TM 1 T. 1835/1 M.
Samt

TITOFF, Michail Iwanowitsch, nahe Moskau
TM 1 T. 1835/2 M.
Musseline
1810 gegründet
Lit.: L. Jefimowa/R. Belogoskaja (Hrsg.): *Russische Tücher und Schals.* Leningrad 1985, S. 171; Jacqué 1995, S. 111

URUSSOFF, Moskau
Baumwollwarenfabrik
TM 4 T. 1835/4 M.
Gestreifte, façonnierte Wollstoffe

WEBER, Zarewa, bei Moskau
Druckmanufaktur
TM 7 T. 1835/16 M.
Kammertuch, Batist

Abkürzungsverzeichnis

BNM München:	Bayerisches Nationalmuseum, München
Bolton Museum:	Bolton Metro Museums and Art Gallery, Bolton (GB)
GNM Nürnberg:	Germanisches Nationalmuseum, Nürnberg
HM Wien:	Historisches Museum der Stadt Wien
L-V:	Lombardo-Venezianisches Königreich
M.:	Muster
MAK Wien:	MAK-Österreichisches Museum für angewandte Kunst, Wien
MHM Wien:	Modesammlung des Historischen Museums der Stadt Wien
MIM:	Musée d l'Impression sur Etoffes, Mulhouse
NAK:	Neue Augsburger Kattunfabrik
NÖ:	Niederösterreich
ÖG Wien:	Österreichische Galerie Belvedere, Wien
OÖ:	Oberösterreich
Priv.; priv.:	Privileg, privilegiert
Rollettmuseum Baden:	Rollettmuseum der Stadtgemeinde Baden
SLM Zürich:	Schweizerisches Landesmuseum, Zürich
Stg. PSG Potsdam:	Stiftung Preußische Schlösser und Gärten, Aquarellsammlung, Potsdam
Stmk:	Steiermark
T.:	Tafel
TM Wien:	Technisches Museum Wien
Vlbg:	Vorarlberg
VLM Bregenz:	Vorarlberger Landesmuseum, Bregenz

Glossar

zu den Originalbezeichnungen der Stoffe

Adrianopel-Rot: nach der türkischen Stadt Edirne, auch Türkisch-Rot. Intensive Rot-Färbung mittels Krappwurzel und Ölbad
Alacza, Aladscha: buntgemusterte Baumwollstoffe
Verwendung: Orient-Export
Alepine, Aleppostoff: nach der syrischen Stadt Aleppo benannter halbwollener Stoff in Köperbindung; urspr. schwarz, später in allen Farben gebräuchlich
Verwendung: Damenkleider
Alumnatzeug: starker, dicht gewebter Wollstoff
Verwendung: Kleidung für Ordensgeistliche und Alumnen (Schüler)
Amiens (nach der Hauptstadt des franz. Département Somme)
siehe Droguet
Arabin (Arabias, Arabiennes): Halbleinen (Baumwolle und Flachs)
Verwendung: auswärtiger Handel (Südamerika)
Astrachangewebe (Astrakan): Lammfelle imitierendes Plüschgewebe aus Baumwolle und Mohair, im Stück gefärbt und ›zur Bildung des pelzartigen Aussehens griffweise in Längs- und Querfalten geknautscht, mit Bindfaden fest umschnürt und gekocht oder gedämpft‹
Azor, Kotzen: locker gewebter, dicker, langhaariger Wollstoff, aufgekratzt, gewalkt und gepreßt, nicht geschoren
Bajadere, Bayadere: a) leichte shawlartige Tücher; b) leichte Mischgewebe
Verwendung: Frühlings- und Sommerkleidung
Barcan, Baracan, Berkan: a) urspr. arabisch: Gewebe aus Ziegenhaar und Schafwolle oder nur aus Kamelhaar; b) dichter leinenbindiger Stoff aus Kammwollzwirn, auch moiriert oder mit eingepreßten Dessins; c) leichteres, aus ungezwirntem Kammgarn oder Baumwolle verfertigtes Gewebe
Verwendung: Möbelbezüge
Barchent, Barchet: dichtes Gewebe in Köperbindung aus Baumwolle oder aus Leinen und Baumwolle mit glatter oder gerauhter Oberfläche
Verwendung: Bett-, Futter- oder Kleiderstoff
Barège: a) musselinartiger Stoff, Kette und Schuß: Wolle; b) gazeartiges Gewebe aus Rohseide und Kammgarn
Verwendung: Kleiderfutter, Stickereigrund, Kleider
Bast, Bastzeug: a) Baumbast, dünne, zähe Haut der Bäume zwischen dem Splint und der äußeren Rinde. In Ostindien für feine, stark glänzende Gewebe benützt, nachdem man ihn wie Flachs geschlagen, geröstet und gesponnen hat; b) Mischgewebe in Leinwandbindung (Kette: Organzinseide, Schuß: Baumwolle)
Batist, vgl. auch Kammertuch: leichtes, feinfädiges, dünnes Gewebe in Leinwandbindung aus Baumwolle, Leinen, Zellwolle oder Seide
Bombasin (von lat. bombycinus: seidenartig): a) urspr. seidener Stoff in Leinenbindung aus Mailand, Como u.a. Orten Oberitaliens; b) weiches Kammgarngewebe in Köperbindung
Verwendung: Kleiderfutter, Kleider, Möbelbezüge
Brillantine: kleinteilig gemusterter Taft
Brillants: Wollstoff
Verwendung: Hosenstoff
Broschieren, Broché (von franz.: brocher, mit Seide, Gold oder Silber durchwirken): gemustertes Gewebe mit sog. Broschierschuß, der eine Musterfigur bildet und an ihrem Rand wendet
Bouillon *siehe* Leonische Waren
Cadis, Cardis, Kadis: dicker, wie Tuch geschorener und zugerichteter Wollstoff in Köperbindung
Verwendung: Winterkleider, schwarz gefärbt Kleidung für Geistliche, Futterstoff
Calicot *siehe* Kaliko
Cambric *siehe* Kammertuch
Camelot, Kamelott, Kamlot, auch Polamit: a) Stoffe aus Kamel- und Angoraziegengarn; b) später auch aus Kammgarn
Verwendung: Hosenstoff; c) Seiden-Camelot: leichter Gros de Naples: Kette aus zwei verschiedenfarbigen Fäden in schwacher Drehung gezwirnt, Schuß dritte Farbe; d) halbseidener Camelot: Schuß aus gezwirntem Baumwollgarn
Canevas *siehe* Kanevas
Cannelé, canneliert: durch Kettflottierungen erzeugte Bindung mit parallelen Rippen in der Schußrichtung
Cantillen *siehe* Leonische Waren
Casimir, Kasimir, Kasemir: a) feines tuchartiges Schafwollgewebe in Köperbindung; b) Gewebe mit Kette aus Kammgarn, Schuß aus Streichgarn; c) Circassienne: Kette Baumwolle, Schuß Streichgarn
Verwendung: Kleider (Sommerkleider)
Cassa *siehe* Kassa
Cattun *siehe* Kattun
Chainette: schwerer, kleingemusterter Seidenstoff in doppelter Köperbindung
Verwendung: Westen- und Hosenstoff
Chaly, Chally, Chalynette, Chalinet: weißgrundiger, bunt bedruckter Stoff aus Wolle und Seide in Köperbindung; billigere Variante aus Wolle und Baumwolle
Verwendung: Kleiderstoff
Chints *siehe* Zitz
Circassienne *siehe* Casimir
Codrington: köperbindiger Wollstoff
Verwendung: Hosenstoff
Concent, Conzentzeug: gestreifter oder melierter, gepreßter, leinenbindiger Wollstoff. Die ›glatten C.‹ waren auch als Polamit im Handel.
Verwendung: Frauenröcke, Kleider, Kleiderfutter, Theatergarderobe, schwarz gefärbt Kleidung für Geistliche
Cord *siehe* Struck
Cordonnet: Gewebe aus grob gezwirnter Seide
Creas: (von span. crea: weiße Leinwandsorte) Leinengewebe mit stärkerem Kett- und feinerem Schußgarn
Crêpe *siehe* Krepp
Crepon, Creppon: dichtes tuchbindiges Wollgewebe, das durch die Appretur ein kreppartiges Aussehen erhält
Verwendung: Kleiderstoff
Croisé (franz.: über Kreuz gearbeitet): alle Arten in Köperbindung gewebter Stoffe. Bunt gestreift auch Oriental oder Orientine
Verwendung: Futter- und Kleiderstoff

Damas-laine: damastartiges Gewebe, ein- oder zweifarbig, aus Seide und Wolle, auch aus Baumwolle und Seide oder aus Wolle und Baumwolle
Verwendung: Kleider- und Giletstoff, Umhängtücher
Damis, Tamis: appretierter Wollstoff in Leinenbindung
Verwendung: Futter- und Kleiderstoff
Dimantino: Wollstoff in Köperbindung
Verwendung: Möbel- und Kleiderstoff
Dimity, Dimitos (vom griech. di-mitor: vom doppelten Faden) *siehe* Wallis
Drap de Berry: dichtes, gewalktes Tuch in Köperbindung
Verwendung: Frauenröcke, Sommerkleider
Drap d'Argent (›Silberstück‹, Fond d'Argent): broschierter Stoff, dessen Grund aus Silbergespinst oder Silberlahn besteht
Verwendung: Kirchenstoffe
Drap d'Or (›Goldstück‹, Fond d'Or): broschierter Stoff mit Grund aus Goldgespinst oder Goldlahn
Verwendung: Kirchenstoffe
Drell, Drill, Drillich, Trillich *siehe* Zwillich
Dreykronentücher: mittelfeines, locker gewebtes und leicht gewalktes Tuch mit weißen und blauen Webkanten, meist in hellen Farben. Mit drei Kronen (nach der niederländ., sächs. böhm. Herkunft?) in Gold oder Seide gezeichnet, auf dem Bleistempel gleichfalls drei Kronen
Verwendung: Orienthandel
Droguet: allgemeine Bezeichnung für köper- oder leinwandbindiges Mischgewebe mit ein- und mehrfarbigen Mustern. Wollener D. wird auch Amiens genannt. D. lisière hat eine Musterung mit umrandeten Figuren, D. lustrine mit besonders glänzenden Figuren, z.T. mit Metallschuß.
Dünntuch, Dünnstoff: locker gewebter, durchsichtiger, gazeartiger, broschierter, gemusterter Stoff aus Seide
Verwendung: Shawl, Kleiderstoff
Ecorce d'Arbre (nach franz. écorce: Rinde, Bast, arbre: Baum): Baststoff
Emplein, Emplein-Tuch oder -Shawl: Stoffe oder Shawls mit einem kleinteiligen, das ganze Feld überspannenden Muster; farblich abgesetzte Streifen beim gestreiften Emplein-Shawl
Englische Leinwand: feiner, gestreifter Leinenstoff
Everlasting: fester, damastartig gewebter oder gerippter Wollstoff
Verwendung: Hosenstoff
Fassoniert, façonniert: mit eingewebtem Muster versehen
Fatsche (vermutl. von fascere, fascia): Wickelband
Felpel, Velpel: gemusterter, samt- bzw. fellartiger Plüsch, z.T. mit langem, oft umgelegtem Flor; Florkette meist aus Seide
Verwendung: Mantelfutter, Besätze, Hüte
Florence: zuerst in Florenz hergestellter glatter Seidenstoff in Leinenbindung, vom Taft unterschieden durch größeren Glanz, der durch die ganz gekochte Seide (tout cuit) oder durch sorgfältige Appretur entsteht
Verwendung: Kleiderfutter
Florettband, Frisoletband: Band aus minderwertiger Florett- oder Schappeseide, in Köper- oder Atlasbindung
Foulard: a) urspr. ostindisches seidenes bedrucktes Basttuch, mit rotem und braunem Grund; b) leichtes, bedrucktes Seidengewebe in Köper- oder Atlasbindung (Kette Rohseide, Schuß Florettseide)
Verwendung: Kleider- und Krawattenstoff
Galons, Galonen, Gallonen: franz. Bezeichnung für Tressen: alle für Kleidung, Trachten, Uniformen dienende Bänder, Borten, Tressen, Litzen, in Seide, Wolle, Gold, Silber u.a.m.
Ganzo: Stoff mit Grund aus Silber- und Dessins aus Goldfäden und gefärbter Seide
Verwendung: Export in die Türkei
Gaufrieren, Gaufré (von franz. gaufrer: in Falten pressen): Aufprägen von Mustern auf glatte Gewebe oder das Pressen in Falten durch erhitzte Metallplatten, Walzen oder spezielle Maschinen
Gaze (nach der ägyptischen Stadt Gaza): Gewebe in Dreher- oder Scheindreherbindung
Gingham, Gingan: urspr. leinenbindiges Gewebe aus Seide, später auch Mischgewebe, gestreift oder gewürfelt
Verwendung: Schürzen und Kleider
Gradel, Gradels: bunte Halbdrilliche oder Köperleinen
Gros de Naples: schwerer Taft, Kette und Schuß aus mehrfach gezwirnten Seidenfäden, Schuß oft einzelner, starker Faden
Gros de Tours: Seidengewebe in abgeleiteter Leinenbindung mit entweder einfachen Kettfäden mit mehrfachen Schußfäden oder umgekehrt, einfacher Schuß mit mehrfacher Kette. So entstehen feine Rippen in Kett- oder Schußrichtung
Gros-grains, Grobgrän: a) dunkler, barkanartiger Wollstoff; b) glatte Seidenstoffe mit verstärktem mehrfachen Schuß, der eine Art Rippe (Grain) bildet
Guillochieren: urspr. Guillochen (d. i. eine verschlungene Linienzeichnung) stechen; ätzdrucken
Halbcastor *siehe* Welser Zeuge
Harabin, Hayrbin: Mischgewebe (Kette halb Seide, halb Baumwolle) in Leinenbindung
Hasparin: leinenbindiges Mischgewebe aus Baumwolle und Seide, meist kariert
Verwendung: Kleiderstoff
Hernanituch: broschiertes Gewebe in weitläufiger Tuchbindung
Honeycomb, Honicomb (engl.: Honigwabe): a) in abgeleiteter Panamabindung gewebte Wolltücher
Verwendung: Kopf-, Schultertuch
b) mit kleinem Blumenstreumuster auf Streifengrund bedruckter Baumwollstoff
Indienne *siehe* Kattun
Irisdruck: regenbogenartig abschattiert verlaufender Zeugdruck
Ispahangarn, Genappegarn: stark gedrehter Kammgarnzwirn mit Glanzausrüstung
Jaconets, Jaconnets, Jaconas: feiner, glatter, weißer oder gestreifter Baumwollstoff
Jacquardwebstuhl: 1801 von Joseph-Marie Jacquard (1752–1834) aus Lyon patentiert. Musterbildung durch eine mechanische Vorrichtung – Nadeln und geschlagene, gelochte Karten – die durch einen einzigen Tritt betätigt wird
Kadis *siehe* Cadis, Cardis
Kalander: köperbindiger Wollstoff
Verwendung: Hosenstoff
Kaliko oder Calicot (nach der ostindischen Hafenstadt Calicut, Kalkutta): festes, glänzend appretiertes Baumwollgewebe, auch Leinen und Halbleinen in Leinwandbindung
Kalmuk, Kalamank, Kalmank: in Köperbindung gewebter Wollstoff, dicht gewalkt, stark gerauht und langhaarig
Verwendung: Winterkleiderstoffe
Kamelott *siehe* Camelot
Kammertuch, Cambrick, Cambric: (nach franz. Stadt Cambrai im Département Nord): bedruckter Baumwollstoff in Leinwandbindung
Verwendung: Kleider, Hemden, Möbelbezüge, Regenschirmstoff
Kanevas, Canevas, Canefas: weitmaschiges Gewebe aus Leinen, Halbleinen oder aus Baumwolle; unter der Bezeichnung Stramin als Grundstoff für Wollstickerei
Verwendung: Leibwäsche, Futterstoff, Fliegengitter
Karole (Carolé): gemusterter, gestreifter, geblümter Wollstoff
Verwendung: Möbelbezüge, Kleider, Westen und Hosen
Kasimir *siehe* Casimir
Kassa, Cassa: locker gewebter Baumwollstoff
Kattun, Katun, Cattun (von arab. Koton, Baumwolle): leinwandbindiges, aus ungefärbtem Baumwollgarn gewebtes und meist für den Druck bestimmtes Gewebe; weiß als **Shirting**, **Nessel** und Futterleinwand oder auch einfarbig als Futterkattun. K. wurde in England auch **Kaliko**, in Frankeich **Indienne** genannt. **Feine K.** mit mehrfarbigen Mustern auf weißem oder hellfarbigem Grund werden **Zitze** genannt.
Verwendung: Kleider, Futter und Möbelbezüge, Buchbinderarbeit
Konzent, Concent *siehe* Polemit, Polamit
Kotzen: Wollzeug, ›ordinäres‹ Tuch
Verwendung: Decken, Kleider (›Bauernrock‹)
Köperbindung: Grundbindungen auf der Basis von drei oder mehr Kett- oder Schußfäden, wobei die schräg nebeneinander angeordneten Bindungspunkte einen diagonal verlaufenden Grat im Gewebe bilden.

Krepp (franz.: crêpe, von lat. crispus: kraus): leichter, durchsichtiger Seidenstoff mit unregelmäßiger, durch besondere Bindung oder durch außergewöhnlich starke Garndrehung erzeugter Oberfläche
Verwendung: Kleider (schwarzer K.: Trauerstoff)
Lampas: a) urspr. ostindische bemalte Seidenstoffe; b) gemustertes Gewebe, bei dem das Muster aus durch eine Bindekette abgebundenen Schußflottierungen und aus einem aus Hauptkette und Grundschuß gebildeten Grund besteht.
Verwendung: Möbel-, Tapeten- und Kirchenstoffe
Lapisdruck: Zeugdruck für bunte Muster auf Küpengrund; auf weiße Baumwolle wird eine Reservage, die eine Beize (Tonerde = Eisenbeize) enthält, aufgedruckt, dann der Stoff mit Indigo gefärbt und schließlich mit einem Beizenfarbstoff bearbeitet, der nur an den bedruckten Stellen fixiert wird.
Leonische Waren, lyonische Waren, Bouillon, Cantillen (von der span. Stadt Leon oder von der franz. Stadt Lyon): Fabrikate aus versilberten oder vergoldeten Kupferdrähten und sogenannten ›Platten‹, d.h. bandartig glatt gewalzten Drähten; Borten, Drahtflittern, Frisé oder Krausgespinst.
L. Bandzeug: Gewebe mit Metallfädeneintrag
Levantin, Levantine: gestreifter Seidenstoff in Köperbindung
Verwendung: Kleider, Blusen, Mäntel und Futter
Levantiner Tücher, Levantische Tücher: Bezeichnung für Dreykronen- und Serailtücher, auch Mahouts. Unter diesen Namen begreift man die für den Export nach der Levante, nach Griechenland und nach Ägypten bestimmten verschiedenen Tuchsorten.
Linon: a) Schleierleinwand: weißer, locker gewebter, oft gestärkter Leinenstoff; b) Baumwoll-Linon und Batistlinon gibt es auch gestreift, gegittert, geblümt
Linzer Zeug: Atlasse oder Croisés mit broschierten Blumen
Verwendung: Hauben
Lisère: schweres Seidengewebe mit broschierten Blumen auf Gros-de-Tours-Grund
Lustrinell: halbseidener gestreifter oder geblümter Stoff
Verwendung: Hosenstoff
Lyonische Waren *siehe* Leonische W.
Mahout, Mahouds, Mahous auch Mahons *siehe* Levantiner Tücher
Manchester (nach der Stadt in der engl. Grafschaft Lancaster): Schußsamt aus Baumwollgarn, Flornoppen in Längsreihen angeordnet. Englische Bezeichnung: Velvets, Velverets und Velveteens
Marceline, Marcelline, Marcelinette (vermutlich nach der franz. Stadt St. Marcellin im Département Isère): dünner Seidenstoff in Leinenbindung
Verwendung: Kleider und Mäntel (vorzügl. in schwarz), Futterstoff
Marly: großmaschige Gaze aus Zwirn oder Leinengarn, auch mit Baumwolle, Wolle oder Seide
Merino: leichte Kammwollstoffe (auch mit Seide und Wolle) mit dreifädigem, auch vierfädigem, auf beiden Seiten rechtem Köper
Verwendung: Kleider, Umschlagtücher
Minacord: köperbindiges Mischgewebe aus Baumwolle und Wolle
Moiriert, Moiré (nach Mohr, Ausdruck für eine gewässerte Oberfläche): gewässerte seidene oder wollene Stoffe. Man unterscheidet verschiedene Arten der Wässerung:
a) die Stoffe werden mit Wasser besprengt, gemangelt oder mit heißen Metallplatten gepreßt (Wässerung verschwindet aber in der Nässe); b) seidene Stoffe, Kammgarne und dicht gerippte Zeuge werden appretiert, die rechten Seiten einander zugekehrt, aufeinandergelegt und langsam durch zwei heiße, scharf aufeinanderdrückende Walzen gelassen; c) dünne, z.B. baumwollene Stoffe, zuerst gesteift, dann geglänzt, darauf durch fein gerippte Metallwalzen gelassen
Moll, Molton: weiches, langhaariges Wollgewebe in Leinen- oder Köperbindung, auf beiden oder nur einer Seite gerauht und geschoren, weiß oder gefärbt
Verwendung: Unter- und Überkleider
Mosaikstoffe: bedruckte Stoffe mit mosaikartiger, farbig abgesetzter Musterung
Musselin, Mousseline, Surban: feinfädiges Gewebe in Leinwandbindung
Verwendung: Kleiderstoff
Musselin de laine: reinwollene Musseline; *siehe* auch Vapeur
Nanking, Nankin, Nankeen: kräftiger, leinwandbindiger Baumwollstoff, urspr. leicht bräunlichgelbe Farbe (d. i. Farbe der dazu verwendeten chinesischen Baumwolle), später aus allen Baumwollarten, gedämpft oder gefärbt
Verwendung: Kleider, Sommerhosen
Organsin, Organtin, Organzin: hochwertiges, gezwirntes, zwei- und dreifädiges Seidengarn für die Kette
Ostindes: Gewebe mit Kette aus Organzin, Schuß aus Baumwollgarn und Musterung mit Rohseide
Palmyrien, Palmyrenne: Mischgewebe aus Seide und Wolle, oft changierend
Papelines, Popelines, Popelins: leichter, glänzender, halbseidener Stoff in Leinwandbindung (Kette: Seide, Schuß: Kammgarn oder Baumwolle)
Passefin: leichtes Taftband
Perkal, Percal: urspr. ostindische, feine, leinwandbindige Baumwollzeuge, oft bedruckt
Verwendung: Kleider, Damenhosen, Futter, Hemden
Persiennes, Peruviennes, auch Droguet liseré oder lustriné: schwerer, bunt gemusterter Seidenstoff; Organzinkette, Baumwoll-Grundeintrag und Wollmusterung
Verwendung: Export (Griechenland, Türkei), Kleiderstoffe
Pesämi *siehe* Scalli
Pikee (piqué): dichtes Baumwollgewebe mit bindungstechnisch plastischer Musterung. P. ist bedruckt oder auf der unteren Seite rauh als Molton-P.
Plaids oder Plaidings: karierte Gewebe, meist in Köperbindung, aus Wolle, Halbwolle und Baumwolle oder Kammgarn
Verwendung: Umschlagtücher, Bettvorhänge, Tapeten, Schlafröcke, schottische Nationaltracht, (Plaid oder Tartan, eine Art Mantel)
Plüsch: Kettsamt mit hohem Flor
Verwendung: Hutplüsch, Kleidung
Polamit *siehe* Camelot, Concent
Popelines *siehe* Papelines
de Poule, peau de poules: einfarbiger Seidenstoff mit ›erhabenen Wärzchen nach Art der Hühner- oder Ganshaut‹
Prunel, Prunelle: fester, atlasartiger Kammgarnstoff, urspr. aus Abbeville und Amiens im franz. Département Somme
Verwendung: schwarz zu Frauenschuhen und Möbelbezügen
Quadrilliert, Quadrillé: Stoffe mit gewebtem Karomuster
Rasch (nach Arras, der Hauptstadt des franz. Département Pas-de-Calais): Kammgarn-, Streichgarn- oder Wollstoffe in Köperbindung
Verwendung: Kleider, Hosen, Westen
Raß: Mischgewebe, aus Leinen und Wolle gezwirnt
Rauhmaschine: Vorrichtung zum Aufrauhen von Wollgeweben, um einen Florcharakter zu erzielen
Rayé, rayiert (von franz. rayé: gestreift): Sammelbezeichnung für langgestreifte Webwaren
Reiche Stoffe: broschierte Stoffe mit Gold- oder Silbereintrag. Man unterscheidet halbreiche (mit Seide und Metall) und ganzreiche (nur Metall).
Renforcé, Toile renforcé: starke, dichtgewebte Leinwand
Verwendung: Segeltuch, Band
Ritzer: ungeschnittener Samt
Rubanet *siehe* Toilinet
Samt, Sammet, Semit: Florgewebe, meist mit zusätzlicher Kette (Polkette) oder selten mit zusätzlichen Schüssen; die Polkette wird zur Schlingenbildung über sog. Ruten geführt. Die Schlingen werden aufgeschnitten oder als solche belassen, eine Kombination aus beiden ergibt ein Muster und wird als ziselierter Samt bezeichnet.
Sarsche *siehe* Serge
Satincloth, Satinglot: dichter, glänzender Baumwoll- oder Halbwollsatin (auch Kargliots genannt, weil sie erstmals von S. Kargl erzeugt wurden)

Scalli, Stamboul Scalli, Pesämi: gemusterter Baststoff
Verwendung: Export Griechenland und Türkei, Kleiderstoff
Schockleinen, Schockleinwand: in Böhmen und Schlesien Bezeichnung für eine 60 Ellen lange Leinwand
Scotto: Wollstoff in Köperbindung aus dem Venezianischen, glatt oder aufgekratzt
Verwendung: Kleiderstoff
Semeline, Semline: Halbseidenstoff (Kette: Seide, Schuß: Baumwollzwirn)
Serail, Serailtücher: locker gewebte, leicht gewalkte Tücher aus feiner Wolle mit hellblauen und weißen Webkanten, gewöhnlich im Stück gefärbt
Verwendung: Orient-Export, Kleiderstoff
Serge, Sersche, Sarsche: seidene, halbseidene, wollene Gewebe in Köper- oder Atlasbindung
Verwendung: Futter und Kleider
Sparterie: Gewebe aus feinen, dicht nebeneinanderliegenden Strohstreifen
Verwendung: Hüte
Spinadon: Seidenköperstoff
Stamboul *siehe* Scalli
Steindruck: am 1.7.1837 meldete J. Häußle ein Patent an, »wollene, baumwollene, seidene Stoffe mit lithographischen Pressen und zwar auf einer oder beiden Seiten in allen Farben« zu bedrucken.
Struck, Strock, Cord: wollenes dickes Gewebe mit Grund aus erhabenen Rippen oder Streifen
Verwendung: Hosenstoff
Surban *siehe* Musselin
Talles, Talis, Thales: weiße Wolltücher mit blauer Kante; Einfuhr vor 1840 verboten Verwendung: jüdischer Gebetsschal bzw. -mantel
Tartan *siehe* Plaid
Tabouret, Taboret, Taborett: buntgemusterter, glänzender Wollstoff
Verwendung: Möbelbezüge, Röcke für Bauernfrauen
Thales *siehe* Tales
Thibet *siehe* Tibet
Thikset: baumwollener, gestreifter oder gerippter Manchesterstoff mit aufgedruckten bunten Mustern
Tibet, Thibet: feiner Wollstoff in Köperbindung
Toilinet, Toillinet, Tullinet oder Rubanet: feiner Stoff aus Woll- und Baumwollgarn mit gestreiften und schattierten Mustern
Verwendung: Giletstoff
Trillich *siehe* Zwillich
Tüll, Tull, Tulle (nach der Hauptstadt Tulle des franz. Département Corrèze): durchsichtiges, lockeres, mit netzartigen, regelmäßigen Öffnungen versehenes Gewebe aus Seide oder feinem Baumwollgarn, auf Petinet- oder Bobinnetstuhl gewebt
Türkisch-Rot *siehe* Adrianopel-Rot
Vapeur (franz.: Dampf, Dunst): Wollmusselin; der feinste V. wird auch **Zephir** genannt
Velpel *siehe* Felpel
Velvets, Velverets, Velveteens *siehe* Manchester
Vigogne: Mischgewebe (Kette: Organzin; Schuß, Vigogne- oder Vikunjawolle)
Verwendung: Umhängtuch
Virginie, Virginet: köperbindiger Seidenstoff, einfarbig oder in zwei kontrastierenden Farben
Wallis, Dimity: dicht gewebter, gerippter, gemusterter weißer Köperstoff, Streifen gewöhnlich durch Wechsel von Kett- und Schußköperstreifen erzeugt
Verwendung: Negligé- und Unterkleider
Wässerung, wässern *siehe* Moiré, moiriert: einem Gewebe Wasserzeichnung geben
Watergarn: auf der Watermaschine, einer wasserbetriebenen Spinnmaschine, hergestelltes, stark gedrehtes, baumwollenes Kettgarn
Waterloo: mit kleinteiligen Blumenstreu- bzw. -streifenmustern bedruckter leinwandbindiger Baumwollstoff (vermutl. nach W. in der belg. Provinz Brabant, wo 1815 Napoleons letzte Schlacht stattfand)
Welser Zeuge, **Halbcastor**: Halbwollenstoff
Wickler: Umhang, Cape
Zephir, Zephyr *siehe* Vapeur
Zitz, Ziz, Zitse, Chits, Chints, Chintz: leinwandbindiger, feiner, meist bedruckter Kattun, oft gewachst. Vom indischen Wort ›Chint‹: leinwandbindiges, bemaltes Baumwoll-Gewebe mit einem dünnen Wachsüberzug auf der rechte Seite
Verwendung: Möbelbezüge, Kleiderstoff
Zwillich, Zwilch, Drell, Drill, Drillich, Trillich: gemusterter Köperstoff aus Leinen, Baumwolle oder Hanfgarn mit damastähnlicher Bindung. Der Stoff ist entweder roh belassen, weiß gebleicht oder durch Hinzunahme farbigen Garns gestreift, kariert, meliert. **Steinarbeit oder Schachwitz**: Zwillichart, bei der durch den regelmäßigen Wechsel von Kett- oder Schußköper Würfel- oder Steinmuster in Leinenzeugen gebildet werden.
Verwendung: Bett- und Tischwäsche, Matratzen, Rouleaux, Strohsäcke, Hosenstoff

Ortsnamenkonkordanz

Arnau (Böhmen)	Hostinné
Brünn (Mähren)	Brno
Butschowitz (Mähren)	Bučovice
Elbogen (Böhmen)	Loket
Engelsberg (Böhmen)	Andêlská Hora
Georgenthal (Böhmen)	Jiřetín
Hohenelbe (Böhmen)	Vrchlabi
Janowitz (Mähren)	Janovice nad Úhlava
Josefsthal (Böhmen)	Josefův Důl
Jungbunzlau (Böhmen)	Mladá Boleslav
Karolinenthal (Böhmen)	Karlín
Komotau (Komothau, Böhmen)	Chomutov
Königgrätz (Böhmen)	Hradec Králové
Königinhof a. d. Elbe (Böhmen)	Dvůr Králové
Kosmanos (Böhmen)	Kosmonosy
Landskron (Böhmen)	Lanškroun
Lipnik (Leipnik, Galizien)	Lipnik nad Bečvou
Lomnitz (Böhmen)	Lomnice nad Lužnicí
Mährisch-Trübau	Moravská Třebová
Namiest (Mähren)	Náměšt nad Oslavou
Neugedein (Böhmen)	Kdyně
Neutitschein (Mähren)	Novy Jičin
Niemes (Böhmen)	Mimoň
Prag (Böhmen)	Praha
Rosenthal (Böhmen)	Rozstáni
Rothenhaus (Böhmen)	Cerveny Hrádek
Rumburg (Böhmen)	Rumburk
Reichstadt (Böhmen)	Zákupy
Schönfeld (Mähren)	Krásno
Sassin (Ungarn)	Saštin straže
Starkenbach (Böhmen)	Jilemnice
Starkstadt (Böhmen)	Stárkov
Suczawa (Galizien, Rumänien)	Suceava
Teplitz (Böhmen)	Teplice
Trebitsch (Mähren)	Třebič
Warnsdorf (Böhmen)	Varnsdorf
Wernstadt (Böhmen)	Verněrice

Verzeichnis der abgekürzt zitierten Literatur

Quellen

Bericht Prag 1829
Bericht der Beurtheilungs-Commission über die im Jahre 1829 ... stattgefundene öffentliche Ausstellung der Industrie Erzeugnisse Böhmens. Prag 1831

Bericht Prag 1831
Bericht der Beurtheilungs-Commission über die Ausstellung der Industrie-Erzeugnisse Böhmens vom Jahre 1831. Kundgemacht vom Vereine zur Ermunterung des Gewerbegeistes in Böhmen am 4. Oktober 1833, dem Tag des Prämienfestes. Prag 1833

Bericht Wien 1835
Bericht über die erste allgemeine österreichische Gewerbsproduktenausstellung im Jahr 1835. Wien 1836

Bericht Wien 1839
Bericht über die zweite allgemeine österreichische Gewerbsprodukten-Ausstellung im Jahr 1839. Wien 1840

Bericht Wien 1845
Bericht über die dritte allgemeine Gewerbe-Ausstellung in Wien 1845. Wien 1846

Beschreibung
Beschreibung der Erfindungen und Verbesserungen für welche in den k.k. österreichischen Staaten Patente erteilt wurden, und deren Privilegien-Dauer nun erloschen ist. Wien 1841 ff.

Blumenbach 1825
Blumenbach-Wabruschek, Wenzel Carl: *Wiener Kunst- und Gewerbsfreund oder der neueste Wiener Geschmack ...*
5. H. 29–30: ›Chr.G. Hornbostel‹; 6. H. 34–38: ›Über die österr.-technische Sammlung Seiner kaiserlichen Hoheit des Hrn Erzherzog Ferdinand, Kronprinz von Österreich‹. Wien 1825

Jb.
Jahrbücher des k.k. polytechnischen Institutes in Wien I-XX. 1819–1839

Jb. IV, 1823
Karmasch, Karl: ›Kurze Beschreibung des National-Fabriksprodukten-Kabinetts am k.k. polytechnischen Institute‹. In: Jb. IV, 1823, S. 1–197

Keeß 1819
Keeß, Stephan Edler von: *Darstellung des Fabriks- und Gewerbewesens im österreichischen Kaiserstaate vorzüglich in technischer Beziehung,* Erster Theil. Wien 1819
Keeß 1820
Zweyter Theil. Erster Band. Wien 1820
Keeß 1821
Zweyter Theil. Erster Band. Zweyte Lieferung. Wien 1821
Keeß 1823
Zweyter Theil. Zweyter Band. Wien 1823

Keeß 1829
Keeß, Stephan Ritter von – Blumenbach-Wabruschek, Wenzel Carl: *Systematische Darstellung der neuesten Fortschritte in den Gewerben und Manufacturen und des gegenwärtigen Zustandes derselben.* Als Fortsetzung und Ergänzung des im J. 1823 beendigten Werkes: Darstellung des Fabriks- und Gewerbswesens etc. Erster Band. Wien 1829
Keeß 1830
Zweyter Band. Wien 1830

Mestrozi 1839
Mestrozi, Paul: *Die wichtigsten Momente meines Lebens gewidmet seinen Nachkommen zur stäten Erinnerung im Jahre 1839.* Handschrift im Österr. Museum für angewandte Kunst, Wien, Sign. S. 13

Tafeln 1841
Tafeln zur Statistik der österreichischen Monarchie 14 (1841) Tafel 41. Wien 1844

TE
Technologische Enzyklopädie oder alphabetisches Handbuch der Technologie, der technischen Chemie und des Maschinenwesens. Johann Joseph Prechtl (Hrsg.), Stuttgart 1830–1855

Wiener Moden
Wiener Moden-Zeitung und Zeitschrift für Kunst, schöne Literatur und Theater. Wien

Ausstellungskataloge

Kat. Wien 1981
Moderne Vergangenheit. Wien 1800–1900. Idee und Organisation: Paul und Stefan Asenbaum, Christian Witt-Dörring. Wien 1981

Kat. Dortmund 1984
Mein Feld ist die Welt. Musterbücher und Kataloge. Dortmund 1984

Kat. München 1987
Biedermeiers Glück und Ende. ...die gestörte Idylle 1815–1848. München 1987

Kat. Wien 1988
Bürgersinn und Aufbegehren. Biedermeier und Vormärz in Wien 1815–1848. Wien 1988

Kat. München 1988
Himmelheber, Georg: *Kunst des Biedermeier 1815-1835. Architektur, Malerei, Plastik, Kunsthandwerk, Musik, Dichtung und Mode.* München 1988

Ausgewählte Literatur

Beckmann 1991
Beckmann, Uwe: *Gewerbeausstellungen in Westeuropa vor 1851. Ausstellungswesen in Frankreich, Belgien und Deutschland, Gemeinsamkeiten und Rezeption der Veranstaltungen.* Studien zur Technik-, Wirt-

schafts- und Sozialgeschichte. H.-J. Braun (Hrsg.), Bd. 3. Frankfurt/Main, Bern, New York, Paris 1991

Bell 1993
Bell, Christine: ›Die Geschichte des Blaudrucks. Zur Geschichte des Zeugdrucks in Mitteleuropa‹. In: *Ein blaues Wunder. Blaudruck in Europa und Japan.* Hartmut Walravens (Hrsg.). Berlin 1993, S. 53–68

Bellezza Rosina, Cataldi Gallo 1993
Bellezza Rosina, Margherita – Cataldi Gallo, Marzia: *Cotoni Stampati e Mezzari dalle Indie all Europa.* Genua 1993

Braun-Ronsdorf 1954
Braun-Ronsdorf, Margarethe: ›Dessinateurschulen und Mustersammlungen‹. In: *CIBA Rundschau* Heft 114, April 1954, S. 4201–4204

Brédif 1989
Brédif, Josette: *Classic Printed Textiles from France 1760–1843. Toiles de Jouy.* London 1989

Bucek 1974
Bucek, Margarete: *Geschichte der Seiden-fabrikanten Wiens im 18. Jahrhundert (1710–1792),* Dissertation. Wien 1974

Bujatti 1893
Bujatti, Franz: *Die Geschichte der Seidenindustrie Österreichs, deren Ursprung und Entwicklung bis in die neueste Zeit.* Wien 1893

Clabburn 1988
Pamela Clabburn: *The National Trust Book of Furnishing Textiles.* London 1988

Coural 1980
Coural, Jean: *Paris, Mobilier national. Soieries Empire. Inventaire des collections publiques françaises 25.* Paris 1980

Csendes 1987
Csendes, Peter (Hrsg.): *Österreich 1790 bis 1848.* Wien 1987

Czeike 1992, 1993, 1994
Czeike, Felix: *Historisches Lexikon Wien.* Wien Bd. 1, 1992; Bd. 2, 1993; Bd. 3, 1993

Dreger 1915
Dreger, Moritz: ›Beginn und Blüte der Wiener Seidenweberei‹. In: *Kunst und Kunsthandwerk,* XVIII. 1915, S. 325 ff.

Dreger 1916
Dreger, Moritz: ›Über die älteste Zeugdruck-Industrie in Österreich‹. In: *Kunst und Kunsthandwerk,* XIX. 1916, S. 1ff.

Dreger 1917
Dreger, Moritz: ›Die Linzer Wollenzeug- und Teppichfabrik‹. In: *Kunst und Kunsthandwerk,* XX. 1917, S. 289 ff.

Durian-Ress 1988
Durian-Ress, Saskia: ›Mode zur Zeit des Biedermeier‹. In: Kat. München 1988, S. 65–70

Exner 1873
Exner, Wilhelm Franz (Hrsg.): *Beiträge zur Geschichte der Gewerbe und Erfindungen Österreichs von der Mitte des 18. Jahrhunderts bis zur Gegenwart.* Wien 1873

Fabiankowitsch 1989
Fabiankowitsch, Gabriele: *Funktion und Wesen des Zeichenunterrichts für Handwerker und seine Auswirkung auf die Möbelentwürfe des Empire und Biedermeier in Wien,* Dissertation. Salzburg 1989

Föhl, Hamm 1988
Föhl, Axel, und Hamm, Manfred: *Die Industriegeschichte des Textils.* Düsseldorf 1988

Großindustrie 1898
Die Großindustrie Österreichs 1848–1898. Festgabe zum glorreichen fünfzigjährigen Regierungsjubiläum seiner Majestät des Kaisers Franz Josef I. Dargebracht von den Großindustriellen Österreichs 1898. Wien 1898, Bd. 4, IX Textil-Industrie

Habacher 1971
Habacher, Maria: ›Das k.k. Fabriksproduktenkabinett in Wien (1806–1815)‹. In: *Technikgeschichte,* 38. 1971, S. 39–47

Hartkamp-Jonxis 1987
Hartkamp-Jonxis, Ebeltje (Hrsg.): *Sits. Oostwest relaties in textiel.* Zwolle 1987

Hefford 1992
Hefford, Wendy: *The Victoria & Albert Museum's Textile Collection. Designs for Printed Textiles in England from 1750 to 1850.* London 1992

Heinz 1955
Heinz, Dora: *Linzer Teppiche. Zur Geschichte einer österreichischen Teppichfabrik der Biedermeierzeit.* Wien/München 1955

Heinz 1988
Heinz, Dora: ›Linzer Teppiche‹. In: Kat. Wien 1988, S. 387-390

Himmelheber 1988
Himmelheber, Georg: ›Biedermeier als Vorbild‹. In: Kat. München 1988, S. 71–75

Jacqué 1995
Jacqué, Jacqueline: *Adrianople. Le Rouge Magnifique. De la teinture à l'impression, une cotonade à la conquête du monde.* Paris/ Mulhouse 1995

Kluge 1991
Kluge, Andrea: *Der Stoff aus dem die Mode ist ... Die Stoffmustersammlung der Neuen Augsburger Kattunfabrik.* Rosenheim 1991

Komlos 1986
Komlos, John: *Die Habsburgermonarchie als Zollunion. Die Wirtschaftsentwicklung Österreich-Ungarns im 19. Jahrhundert.* Wien 1986

Komlosy 1991
Komlosy, Andrea (Hrsg.): *Spinnen. Spulen. Weben. Leben und Arbeiten im Waldviertel und anderen ländlichen Textilregionen.* Schriftenreihe des Waldviertler Heimatbundes 32. Horn 1991

Lackner 1995
Lackner, Helmut: ›Das Fabriksprodukten-Kabinett, das polytechnische Institut und die Anfänge der Industrialisierung in der österreichischen Monarchie‹. In: Werner 1995, S. 44–65

Lackner, Mikoletzky 1995
Lackner, Helmut und Mikoletzky, Juliane: › »Zur Aufmunterung der Künste und Gewerbe«. Die Geschichte des Fabriksprodukten-Kabinets‹. In: Werner 1995, S. 28–43

Lausecker 1975
Lausecker, Sylvia: *Vor- und frühindustrielle Produktionsformen am Beispiel der Seiden- und Baumwollindustrie in Wien und Niederösterreich 1740–1848,* Dissertation. Wien 1975

Leisching 1915
Leisching, Eduard: ›Kunst und Industrie in Österreich vor hundert Jahren‹. In: *Kunst und Handwerk,* XVIII, 1915, S. 1 ff.

Leisching 1916
›Neuerwerbungen des k.k., österreichischen Museums seit Kriegsbeginn‹. In: *Kunst und Handwerk,* XIX, 1916, S. 185 ff.

Lemire 1991
Lemire, Beverly: *Fashion's Favorite. The Cotton Trade and the Consumer in Britain 1660–1800,* Pasold Studies in Textile History 9. Oxford 1991

Lorber 1981
Lorber, Kurt: *Friedrich Freiherr von Leitenberger. Eine Biographie.* Wien 1981

Luxbacher 1991
Luxbacher, Günther: *Arbeitsmaschinen. Produktionstechnik und Maschinenbau in der Spinnerei- und Webereiindustrie des niederösterreichischen Industrieviertels von der Pottendorfer Garnmanufaktur bis zu den ersten Eisenbahnwerkstätten,* Diplomarbeit Universität Wien, Studienrichtung Geschichte, 1991

Luxbacher 1995
Luxbacher, Günther: › »Alles Baumwollgespinst ist nunmehr Maschinengespinst«. Die Maschinisierung der österreichischen Textilindustrie und ihre Ergebnisse im National-Fabriksprodukten-Kabinett‹. In: Werner 1995, S. 68–89

Matis 1991
Matis, Herbert: ›Protoindustrialisierung und »Industrielle Revolution« am Beispiel der Baumwollindustrie Niederösterreichs‹. In: Komlosy 1991, S. 15-48

Mitteilungen I/II, 1865–67
Anonym: *Die Mestrozische Sammlung von Mustern in Seide und Sammt.* Mitteilungen des k.k. österr. Museums für Kunst und Industrie, 1.–2. Jg. Wien, 1865–67, S. 308 f.

Mittendorfer 1991
Mittendorfer, Konstanze: *Biedermeier oder das Glück im Haus. Bauen und Wohnen in Wien und Berlin 1800–1850.* Wien 1991

ÖBL
Österreichische Akademie der Wissenschaften (Hrsg.): *Österreichisches Biographisches Lexikon.* Graz/Köln, Wien 1957 ff.

Ottomeyer 1987
Ottomeyer, Hans: ›Von Stilen und Ständen in der Biedermeierzeit‹. In: Kat. München 1987, S. 91–127

Rothstein 1987
Rothstein, Natalie: *Barbara Johnson's Album of Fashions and Fabrics.* London 1987

Rothstein 1994
Rothstein, Natalie: *The Victoria & Albert Museum's Textile Collection. Woven Textile Designs in Britain from 1750 to 1850.* London 1994

Sandgruber 1982
Sandgruber, Roman: *Die Anfänge der Konsumgesellschaft. Konsumgüterverbrauch, Lebensstandard und Alltagskultur in Österreich im 18. und 19. Jahrhundert.* Wien 1982

Sandgruber 1991
Sandgruber, Roman: ›Weltspitze oder Nachzügler? Österreichs Textilindustrie und Österreichs Industrialisierung in der ersten Hälfte des 19. Jahrhunderts‹. In: Komlosy 1991, S. 49–64

Schoeser, Dejardin 1991
Schoeser, Mary, & Dejardin, Kathleen: *French Textiles from 1790 to the present.* Singapur 1991

Schoeser, Rufey 1989
Schoeser, Mary, und Rufey, Celia: *English and American Textiles 1790 to the present.* London 1989

Schümann 1984
Schümann, Carl-Wolfgang: ›Anmerkungen zu Textilmusterbüchern‹. In: Kat. Dortmund 1984, S. 139 ff.

Schützenhofer 1947
Schützenhofer, Viktor: ›Vom k.k. Fabriksprodukten-Kabinett zum Wiener Technischen Museum von heute‹. In: *Blätter für Technikgeschichte,* 9. Wien 1947, S. 1–33

Slokar 1914
Slokar, Johann: *Geschichte der österreichischen Industrie und ihrer Förderung unter Kaiser Franz I.* Wien 1914

Tuchscherer 1972
Tuchscherer, Jean-Michel: *The Fabrics of Mulhouse & Alsace 1801–1850.* Leigh-on-Sea 1972

Victoria & Albert Museum 1960
Victoria & Albert Museum: English Printed Textiles. Large picture books no. 13. London 1960

Völker 1981
Völker, Angela: ›Die Produktion von »Wiener Shawls« in der ersten Hälfte des 19. Jahrhunderts‹. In: *Documenta Textilia.* Festschrift für Sigrid Müller-Christensen. München 1981, S. 409–422

Völker 1995
Völker, Angela: ›Die Textilmuster aus dem Fabriksprodukten-Kabinett‹. In: Werner 1995, S. 90–105

Wagner 1967
Wagner, Walter: *Die Geschichte der Akademie der bildenden Künste in Wien.* Wien 1967

Werner 1995
Werner, Thomas (Hrsg.): *Das k.k. National-Fabriksprodukten-Kabinett. Technik und Design des Biedermeier.* München/New York 1995

Wikidal 1994
Wikidal, Elke: *Gewerbe- und Industrieausstellungen im österreichischen Vormärz. Ihre Entstehung und Bedeutung im Kontext der industriellen Entwicklung der Zeit,* Diplomarbeit Universität Wien, 1994

Witt-Dörring 1988
Witt-Dörring, Christian: ›Der differenzierte Konsum. Das Wiener Möbel 1815–1848‹. In: Kat. Wien 1988, S. 368-387

Witt-Dörring 1995
Witt-Dörring, Christian: ›Die Wiener Tapetenfabrikation der ersten Hälfte des 19. Jahrhunderts am Beispiel der Fabrik Michael Spörlin & Heinrich Rahn‹. In: Werner 1995, S. 162–171

Zander-Seidel 1989
Zander-Seidel, Jutta: ›Politik als Dekor. Zeitgeschichtliche Motive auf Stoffdrucken des 18. und 19. Jahrhunderts‹. In: *Anzeiger des Germanischen Nationalmuseums.* 1989, S. 309–340

Fabrikantenliste

Kursiv gedruckte Namen erscheinen in den angegebenen Firmengeschichten im Katalog

ANDRÄ (siehe Mestrozi, Wien)
ANDRÄ, C., Ritter von, & Comp., Wiener Neustadt (NÖ)
D' ANGELI, D., GRAPPUTO, J., Triest L-V)
ANTIVARI, J., Udine/Wien (L-V)
ARTHABER, J., (Rudolph) (Wien)
ARTHABER, J., (Rudolph, vgl. Burde, Wien)
AUERSPERG, K., Fürst, Tuppadl (Böhmen)
BAADER, J. (Wien)
BANHOLZER (siehe Linz, OÖ)
BAUSEMMER, J. (siehe Kargl, Wien)
BELLON, A. (Wien)
BELOUSSOFF, Brüder, Moskau (Rußland)
BERGER, J.G., HAUPTMANN & Co., Prag (Böhmen)
BERGER, T., Edler von & Co, Penzing (Wien)
BERTIOLO, J. (siehe Piutti, P., L-V)
BETTIO, T., Venedig (L-V)
BEYWINKLER, I. (Wien)
BISENZ, A., Gaudenzdorf (NÖ)
BITEPAGE, St. Petersburg (Rußland)
BLAUENSTEINER (OÖ)
BLÜMEGEN, Graf C. von (siehe Kettenhof, NÖ)
BLÜMEL, J. (siehe Zeisel, Wien)
BORGHI, A., Canale in Illyrien (L-V)
BRACHETTI, J.B., Ala (Tirol)
BRACHT, F.W. & KÖNIGS, Penzing (Wien)
BRAYCZNER (BRAYZNER, BRAITZNER), E. (Wien)
BREVILLIER, C.W., & Co., Margarethen am Moos (NÖ)
BRUNNER, W. (Wien)
BUCHMÜLLER, J. (Wien)
BUFFALI, F.M., CEROI, J.B., Görz (L-V)
BURDE, J. (Wien)
BURDE, J. (vgl. Arthaber, Wien)
CANCIANI, V., Udine (L-V)
CAVALLI, D., und Comp., Mailand (L-V)
CAVENEZIA, Brüder, Venedig (L-V)
CEROI, J.B. (siehe Buffali L-V)
CHAZEL, K., Perchtholdsdorf (NÖ)
CODECASA, B., & MALFATTI (Wien)
COIZET, I., und Brüder, Mailand (L-V)
CUMERLONDER (CAMERLENDER), F.A., Görz (L-V)
DAMBÖCK, L. (siehe Mestrozi, Wien)
DAUMAS, A. (Wien)
DELHAES, Brüder, Brünn (Mähren)
DIERZER'S, J., Erben, Linz (OÖ)
DITL (Wien)
DOLESCHAL, J., & PITSCH, J., Pottenstein (Böhmen)
DOPPELMAYER, K.A., Mittelweyerburg (Vlbg)
DORFLEITHNER, L. (Wien)
Du BOIS (siehe Neunkirchen, NÖ)
Du PASQUIER (siehe Neunkirchen, NÖ)
DUSL, I., & Sohn (Wien)
DWORATSCHEK, P. (Wien)
EBERL, Graz (Stmk)
EBREICHSDORFER Zitz- und Kottonfabrik (NÖ)
ENDER, C. (Wien)
ENTMAYR, F.X., Wels (OÖ)
ERXLEBEN, C.P., Brüder & Comp., Landskron (Böhmen)
FALTIS, J. (siehe Harrach, Böhmen)
FASSBENDER, J. (Wien)
FAVAY, P. (Wien)
FEHR, J., Fischamend (Wien)
FEHR, J., jun. (Wien)
FELBERMAYER, F.X., Brüder (Wien)
FESSL, J. (siehe Linz, OÖ)
FESTI (VESTI), P. (Wien)
FICHTNER, J., Atzgersdorf (NÖ)
FISCHER, J.M., Como (L-V)
FLOTH, J., Schönfeld (Mähren)
FORAMITI, L., Cividale (L-V)
FRIDAU (siehe auch Sassin, Ungarn)
FRIDAUER Barchent- und Kattunfabrik (NÖ)
FRIES, A., & Comp., ZEPPEZAUER (Wien)
FRIES, J. (siehe Brevillier, NÖ; Fridau, NÖ; Kettenhof, NÖ)
FRÖHLICH, F., Sohn & Co., Warnsdorf (Böhmen)
FÜRGANTNER, J. (Wien)
GALBIATI di Carlo, Brüder, Mailand (L-V)
GANAHL, J.J., WOHLWEND & Comp., Feldkirch (Vlbg)
GERLIN, M., Venedig (L-V)
GIANICELLI, P. (Wien)
GIESSAUF, J. u. I., Brüder (Wien)
GÖBEL, J. (Wien)
GOGOLI, J., & SERUSSIZ, A., Görz (L-V)
GÖTTGES, H. (Wien)
GRANICHSTÄTTEN (siehe Sechshauser, Wien)
GRAPPUTO, J. (siehe D' Angeli L-V)
GRECHTLER, Baron (siehe Fridau, NÖ)
De GREGORI, C., Mailand (L-V)
GRILLER, G. (Wien)
GRUBER, I. (Wien)
GRÜNMÜHLE/ Neuffer, Wreden & Komp. (NÖ)
GSCHLIESER, J., Meran (Tirol)
GUARNIERI, J., Verona (L-V)
GUTSCHKOFF, Gebrüder, Moskau (Rußland)
HAAS, J. (Wien)
HAAS, Ph. (Wien)
HAAS, W.J.C. (Wien)
HACKHOFER, I. (Wien)
HADWIGER, C. (Wien)
HARPKE, A. (Wien)
HARRACH, Starkenbach (Böhmen)/Janowitz (Mähren)
HARTENROTH (Wien)
HARTMANN's Brüder (Wien)
HARTMANN's Söhne (Wien)
HARTMANN, J.G. (Wien)
HASSA, A. (Wien)
HAUPT, L., Brünn (Mähren)
HAUPTMANN & Co. (siehe Berger, Böhmen)
HÄUSSLE, J. (Wien)
HAVEKOST/ HAFELKOST, A. (Wien)
HECHT, S. (Wien)
HELL d. J., G. (Wien)
HELLER, F. (Wien)
HERMANN, D. (Wien)
HEROSE, Schwefel (Vlbg.)
HIRSCH, J.M., & F.M., Brüder (Wien)
HOEHNNEL, M. (Wien)
HOLY, A. (Wien)
HORNBOSTEL, C.G., & Comp. (Wien)
HUBER (Wien)
JABLONSKI (Wien)
JÄGER (Wien)
JENNY & SCHINDLER, Hard/Weyerburg/Kennelbach (Vlbg)
JERUSALEM, M., & PRIBRAM (PRZIBRAM), A.B., Karolinenthal/Rosentahl/Smichov (Böhmen)
JOHS Brüder (Wien)
JOSS, B. (siehe Leitenberger F., Böhmen)

JURANEK, S. (Wien)
KÄHNEL (siehe Berger, Wien)
KARGL, S. (Wien)
KASTNER, J. (Wien)
KAUTNY, F. (Wien)
KETTENHOF (siehe auch Spörlin & Rahn, Wien)
KETTENHOFER Zitz- und Kattunfabrik (NÖ)
KIESLING, J.F., Brüder, Hohenelbe (Böhmen)
KIRCHNER, J. (Wien)
KLETTNER, W. (Wien)
KLIMA, J. (Wien)
KLINGRUBER, F. (Wien)
KNIEZAUREK (KNIZAURECK), J. (Wien)
KOECHLIN, A. (siehe auch Leitenberger, F., Böhmen)
KOECHLIN, C., & SINGER, J., Jungbunzlau (Böhmen)
KOKESCH (siehe Arthaber, Wien)
KONDRASCHEFF, nahe Moskau (Rußland)
KÖNIGS (siehe Bracht)
KOPPENSTEINER, I. (Wien)
KRAMER, G.A., & Comp., Mailand (L-V)
KRAUSE, F. (Wien)
KRITZENBERGER, J. (Wien)
KUENZER, J., Bozen/Lienz (Tirol)
LAMBERTI, J., & ROSSIGNOL, Mailand (L-V)
LACASA, J. Edler von (siehe Linz, OÖ)
LANDESMANN, C. (Wien)
LANG, Frhr. v. (siehe Ebreichsdorfer, NÖ)
LANGER, A., & LODER, F., Pottenstein (NÖ)
LAZARUS, N. (Wien)
LEHMANN (LEMANN), J., & Sohn (Wien)
LEITENBERGER, C., Niemes (Böhmen)
LEITENBERGER, E. (siehe auch Leitenberger, F., Leitenberger, I., Böhmen)
LEITENBERGER, F., Josefsthal-Kosmanos (Böhmen)
LEITENBERGER, F. (s. a. Spörlin & Rahn, Wien; Koechlin & Singer, Böhmen)
LEITENBERGER, Fri. (siehe Leitenberger, F., Böhmen)
LEITENBERGER, I., Neu-Reichstadt (Böhmen)
LEITENBERGER, I., & Söhne (siehe auch Spörlin & Rahn, Wien)
LEITENBERGER, J.J., Wernstadt (siehe Leitenberger, F., Leitenberger I. Koechlin & Singer, alle Böhmen)
LEITHNER, S. (Wien)
LINZ, k.k. ärar. Wollenzeug-Manufaktur (OÖ)
LODER (siehe Langer NÖ)
LORENZ, Brüder, & PFEIFER, A., Arnau/Starkstadt (Böhmen)
THE LOSEN, Gebrüder, Rittersfeld (NÖ)
LURASCHI, J.B., Como (L-V)
MACHA, J. (Wien)
MAGISTRIS, J.A. (Wien)
MALFATTI (siehe Codecasa, Wien)
MANIZALEW, G., Suczawa/Lipnik (Galizien)
MARTINOLLE, B., Venedig (L-V)
MATZ J. (Wien)
MAY, J., Graz (Stmk)
MAYER, A. (Wien)
MAYER, S. (siehe Kettenhof, NÖ)
MAYER, V. (siehe Kettenhof, NÖ)
MESTROZI (siehe auch Rüdelmann, Wien)
MESTROZI, Gebrüder (Wien)
MILLEDER (Wien)
MORO, Gebrüder, Edle v., Klagenfurt/Viktring (Kärnten)
MÜNZBERG, A., Georgenthal (Böhmen)
NAMIEST (Mähren)
NEUFFER (siehe Grünmühle, NÖ)
NEUGEDEIN (Böhmen)
NEUHOLD, L. (Wien)
NEUNKIRCHEN (siehe auch Spörlin & Rahn, Wien)
NEUNKIRCHNER Zitz- und Kattunfabrik (NÖ)
NEUTITSCHEIN (Mähren)
NIGRI, J. (Wien)
OFFERMANN, J.H., Brünn (Mähren)
ORLANDO, I. von (siehe Leitenberger, F., Böhmen)
OTTO, C. (Wien)
PACHER, J.J., Peilstein (OÖ)
PAVESI, C., Crema (L-V)
PAWLICK, E. (Wien)
PECCAR, J., Ala (Tirol)
PERGER, J. (Wien)
PERKARK, F., Verona (L-V)
PERSCH (siehe Popper, Mähren)
PFANZERT, A. (Wien)
PFEIFER, (siehe Lorenz, Böhmen)
PHILLISDORF, P. von (Wien)
PITSCH, A. (Wien)
PITSCH, J. (siehe Doleschal, Böhmen)
PIUTTI, P., & BERTIOLO, J., Friaul (L-V)
PÖHACKER (Wien)
POLAEKOFF, Moskau (Rußland)
POLINA, J., Verona (L-V)
POPPER & PERSCH, C., Gebrüder, Brünn/Butschowitz (Mähren)
PORGES, Brüder, J.L. und M., Prag/Smichov (Böhmen)
PRERAUNER, K. (Mähren)
PRIBRAM, A.B. (siehe Jerusalem, Böhmen)
PUTHON, Frh. v. (siehe: Fridau, NÖ, Namiest, Mähren, Sassin, Ungarn)
RAHN (siehe Spörlin, M., & Rahn, H., Wien)
RESCHAUER, C. (Wien)
RIPKA, M. (Böhmen)
ROCHEFORT, Moskau (Rußland)
ROGOSHIN, Brüder, Moskau (Rußland)
ROSSIGNOL (siehe Lamberti, L-V)
ROTTENHAN, Graf, Rothenhaus (Böhmen)
RÜDELMANN, L. (Wien)
SASSIN (siehe auch Fridau, NÖ; Spörlin & Rahn, Wien)
SASSINER k.k. Priv. Zitz- und Kattunmanufaktur, Puthon (Ungarn)
SAVI, F. , Vicenza (L-V)
SCHALLER, L. (Wien)
SCHEUFFELE, J. (Wien)
SCHINDLER (siehe Jenny Vlbg.)
SCHLECHT, K. (Wien)
SCHLECHTA, P.A., & Sohn, Lomnitz (Böhmen)
SCHLEGER, F. (siehe Neugedein, Böhmen)
SCHMIDT & Co. (siehe Neugedein, Böhmen)
SCHNABL, C. (Wien)
SCHÜLE, J.H. (siehe Fridau, NÖ)
SCHULZ, J. (Wien)
SCHULZ, L., Brünn (Mähren)
SCHWARZ, J.N. (Wien)
SECHSHAUSER Kattundruckerei (Wien)
SEEL, F. (Wien)
SEITTER, M.A. (siehe Delhaes, Brüder, Brünn, Mähren)
SIEHS, J. (Wien)
SILBERER, J., Komothau (Böhmen)
SIND, C. (siehe Linz, OÖ)
SINGER, J. (siehe Koechlin, Böhmen)
SKENE, W., Brünn (Mähren)
SOLOVJEFF, nahe Moskau (Rußland)
SÖRGEL von SORGENTHAL, K. (siehe Linz, OÖ)
SOTTIL, C. (Wien)
SOTTIL, M. (Wien)
SPÖRLIN, M., & RAHN, H. (Wien)
St. SIEGMUND, St. Lorenzen (Tirol)
STARKE, A. (siehe Leitenberger, I., Leitenberger C., Böhmen)
STEINER, E.F. (Wien)
STOLLE, Gebrüder, Warnsdorf (Böhmen)
STRAUSS, A. (Wien)
STREHLE & Co., Imst (Tirol)
STRENZEL, I. (siehe Linz, OÖ)
SUESS, A., Graz (Stmk)
TIMMEL, Brüder (Wien)
TITOFF, M.I., nahe Moskau (Rußland)
ULLRICH, D. (Wien)
URUSSOFF, Moskau (Rußland)
VALERO & Co., Pest (Ungarn)
VERNAY, A., Mailand (L-V)
VESCOVI, O., Venedig (L-V)
VIDEMARI, A., Mailand (L-V)
WAGNER, Gebrüder, Engelsberg (Mähren)
WALLIG, J.M. (Wien)
WEBER, Zarewa (Rußland)
WECKERLIN, C., Königinhof (Böhmen)
WEINSTABL, F., Steyr (OÖ)
WESTHAUSER, J. (Wien)
WIENER & Söhne, Prag/St. Pölten (Böhmen)
WIMMER, A. (Wien)
WINTER, J. (Wien)
WOHLWEND (siehe Ganahl Vlbg)
WOLF, J. (Wien)
WONDRA, J.I., Mährisch-Trübau (Mähren)
WREDEN (siehe Grünmühle NÖ)
WÜST, J. (Wien)
ZEISEL, J., & BLÜMEL, J., & Co. (Wien)
ZEPPEZAUER (siehe Fries, Wien)
ZIEGLER, J. (siehe Kettenhof, NÖ)
ZMUDITSCHZ, S. (Wien)
ZURHELLE, H. (siehe Namiest, Mähren)

Herausgegeben vom MAK–Österreichisches Museum
für angewandte Kunst, Wien

Auf dem Umschlag:
J. Ziegler, Ladenschild für die Modewarenhandlung ›Zur Französin‹, Wien 1839. Öl auf Eisenblech. HM Wien (Detail; vgl. Abb 70)

Abbildungen auf Seite 1:
Spörlin & Rahn, Tapetenbordüren, Wien, 1829. TM Wien

Frontispiz:
Tageskleid aus ombrierter Seide mit eingewebtem Muster und Applikationen, nach 1820 (Detail)

Abbildung auf Seite 5:
Linzer Wollenzeug-Manufaktur, 1835. »Gedruckte Bordur zu einem Tischteppich von Tuch«

Die Deutsche Bibliothek – CIP-Einheitsaufnahme:
Biedermeierstoffe: die Sammlungen des MAK–Österreichisches Museum für Angewandte Kunst, Wien, und des Technischen Museums, Wien / [hrsg. vom MAK – Österreichisches Museum für Angewandte Kunst, Wien]. Angela Völker. Mitarb. Ruperta Pichler. – München ; New York : Prestel, 1996
ISBN 3-7913-1647-8
NE: Völker, Angela; Österreichisches Museum für Angewandte Kunst <Wien>

Prestel-Verlag · Mandlstraße 26 · D-80802 München
Tel. (089) 38 17 09-0 · Fax (089) 38 17 09-35

Gestaltung: Robert Gigler, München
Lektorat: Katharina Wurm, München
Reproduktionen: Repro Ludwig, Zell am See
Satz: BuchHaus.Robert Gigler.GmbH, München
Druck: Schoder Druck GmbH & Co. KG, Gersthofen
Bindung: Friedrich Pustet, Regensburg

Printed in Germany

ISBN 3-7913-1647-8

Abbildungsnachweis:

Alle Objekte ohne Standortangabe stammen aus dem MAK – Österreichisches Museum für angewandte Kunst, Wien

Bayerisches Nationalmuseum, München: Abb. 42

Bolton Metro Museums and Art Gallery, Bolton: Abb. 37

Germanisches Nationalmuseum, Nürnberg: Abb. 27

Historisches Museum der Stadt Wien, Georg Mayer: Abb. 2, 13, 17, 45, 89, 92, 94; Fotostudio Otto: Umschlagvorderseite, Abb. 70

Modesammlung des Historischen Museums der Stadt Wien, Georg Mayer: Abb. 5, 9, 10, 12, 14, 15, 16, 58, 74, 88; Fotostudio Otto: Abb. 3

Musée de l'Impression sur Etoffes, Mulhouse: Abb. 38, 39

NAK Stoffe Aktiengesellschaft, Augsburg, Brice Le Frere: Abb. 43

Österreichisches Museum für angewandte Kunst, Wien, Georg Mayer: Frontispiz, Abb. 19, 23, 24, 26, 40, 64, 86, 93, 95, 100–103; Vladimir Narbutt-Lieven: Abb. 81; Ruperta Pichler: Abb. 4, 8, 18, 20, 21, 25, 29, 30–32, 46–57, 59–63, 65–68, 71–73, 75, 77–79, 82–84, 90, 91, 96–99

Regionâlni Muzeum Teplice, Jan Kašpar: Abb. 76

Rollettmuseum der Stadtgemeinde Baden, Georg Mayer: Abb. 1, 33, 34, 36, 87

Schweizerisches Landesmuseum, Zürich: Abb. 41

Stiftung Preußische Schlösser und Gärten, Aquarellsammlung, Potsdam: Abb. 6, 80, 85

Technisches Museum Wien, Gerhard Sedlacek: Abb. 44; Georg Mayer: Abb. 11, 22; Ruperta Pichler: S. 1, 5, Abb. 7, 28, 69

Vorarlberger Landesmuseum, Bregenz: Abb. 35